典型喀斯特山区水资源安全利用研究
——以贵州省为例

苏维词　杨振华　周　奉　苏　印　张凤太　郑群威　等著

科学出版社

北　京

内 容 简 介

本书针对喀斯特山区地表破碎、村落和耕地分散、地表水与地下水转换频繁等特点以及传统的集中供水方式难以完全解决分散村户用水需求等现实问题，围绕水资源安全和分散供水的需求，开展喀斯特山区"三水"转换、水资源赋存类型特征、水资源安全影响因子等研究，从多视角、多时空尺度构建喀斯特山区水资源安全评价指标体系，采用集对分析和系统动力学等多种方法对典型喀斯特区域（流域）水资源安全性、敏感性进行实证评价和预测分析；比较系统地研究和总结提炼喀斯特山区多样化水资源开发利用的实用技术、模式及相应对策等。

本书可供地理、水资源、水环境、水文地质、工程地质、喀斯特资源环境与生态相关专业研究生、技术人员以及喀斯特地区相关管理部门的工作人员参考。

图书在版编目（CIP）数据

典型喀斯特山区水资源安全利用研究：以贵州省为例 / 苏维词等著.
— 北京：科学出版社，2021.6
ISBN 978-7-03-068273-4

Ⅰ.①典… Ⅱ.①苏… Ⅲ.①喀斯特地区—山区—水资源管理—安全管理—研究—贵州 Ⅳ.①TV213.4

中国版本图书馆 CIP 数据核字（2021）第 041181 号

责任编辑：郑述方/责任校对：彭映
责任印制：罗科/封面设计：墨创文化

科 学 出 版 社 出版
北京东黄城根北街 16 号
邮政编码：100717
http://www.sciencep.com

成都锦瑞印刷有限责任公司印刷
科学出版社发行 各地新华书店经销
*
2021年6月第 一 版 开本：787×1092 1/16
2021年6月第一次印刷 印张：14 1/4
字数：338000

定价：128.00 元
（如有印装质量问题，我社负责调换）

自　序

　　饮水安全是基本民生问题，进入"十二五"以后，国家加大了对喀斯特地区水资源开发利用保护研究力度和西南各省市区水利建设的投入力度，一些关键科技问题逐步得到解决，一批大中型水利工程逐步铺开、完成，人畜饮水安全问题在 2019 年底基本得到解决。其中，布局在主要干支流上的大中型骨干水源工程主要解决大中城市、集镇、大的村落和连片耕地的用水问题，而深山区、石漠化山区等边远山区和分散的农村村落及耕地，采用集中式供水会因管网路线太长、管护困难、供水效率偏低、运行成本高等原因难以全面实施，针对喀斯特地区部分山区村落和耕地的分散供需水问题，因地制宜采用三小工程(小水池、小水窖、小山塘)及其配套(输水管网)设施则可灵活有效解决这类问题，该书探讨一些水资源安全开发利用技术模式，这些模式也是针对喀斯特山区这种分散供需水问题提出的，是对传统的集中供水技术方案的有益补充。

　　该书通过总结喀斯特地区水资源脆弱生态环境和相对滞后的经济社会发展背景，引入典型喀斯特山区水资源安全存在的关键影响因素，多视角、多尺度开展喀斯特山区水资源安全评价及趋势分析，从分散供水的角度总结、提炼出水资源安全利用技术与模式，可为喀斯特地区分散供水问题的解决提供技术支撑和模式参考，对喀斯特山区饮水安全问题全面解决具有良好的应用示范意义，也可为喀斯特地区水资源安全相关研究和管理工作提供借鉴。

前　言

　　喀斯特地区是一种相对独特的地域单元，在热带、亚热带湿润半湿润地区是一种特殊的物质体系（地球化学过程占主导地位的双重含水介质碳酸盐岩系）、能量体系（碳、钙循环交换、贮存转移强烈）、结构体系（地表、地下二元三维空间地域系统）和功能体系构成的多相多层次复杂界面体系，并明显体现出环境变异敏感度高、空间转移能力强、地表地下水转换快、水体易受联动污染且治理难、水土资源承载力低、环境容量小、承灾能力弱、生态系统竞争程度高、被替代概率大、稳定性差、生物量小等脆弱性特征。

　　在我国以贵州为中心包括桂、滇、川南、渝东南、鄂西、湘西、粤北等在内的地区，是全球喀斯特集中连片出露面积最大、发育最典型、类型最齐全、景观最丰富、人地矛盾最突出的地区。一方面，该地区位于长江和珠江上游，是我国重要的生态屏障，是确保长江和珠江中下游地区特别是沿岸地区生态安全和用水安全的关键区域，生态地位极为重要；区内地质构造复杂，气候和地貌垂直分异明显，小生境类型多种多样，孕育了丰富的矿产资源、水能资源、生物资源、旅游资源等，是我国未来加快发展的重要潜力所在。另一方面，该地区褶皱、断层活动比较明显，由于断层密度大、地形切割深、地表起伏大、地势（海拔）相对较高、地质灾害与不良地质现象多、地质工程处理难度大等特殊地质地貌环境条件，导致区域发展成本大幅度增加，这是该地区经济社会发展相对滞后的重要原因；同时，由于广泛分布的碳酸盐岩抗风化能力强、成土过程慢、土层瘠薄且不连续、山多坡陡的地表结构及钙性环境等因素，导致喀斯特区域水土流失和石漠化问题及其危害比较严重、生态环境十分脆弱、生态建设任务繁重；加上少数民族聚集、人口密度大，人地矛盾突出，面临着加快发展和保护生态的双重压力，是全国生态治理修复和脱贫攻坚（脱贫成效巩固与乡村振兴）的重点区域。

　　西南喀斯特地区属于湿润季风气候区，降水充沛，大部分地区年降水量在 800～1300mm，但以碳酸盐岩为主的可溶性岩石在溶蚀、侵蚀、搬运、堆积或沉积作用下，加上地表裂隙、漏斗、落水洞及溶洞、地下河等发育，地貌及水文系统呈现出独特的地表地下二元结构，丰富的地表降水或快速汇入深切河谷，或快速下渗进入地下水系统，地表可方便利用的水资源不足，在缺乏拦蓄等水利工程措施的背景下，地表水留不住、地下水用不上，容易出现人畜饮水困难问题，属于典型的"工程性"缺水区，饮水困难成为影响喀斯特山区经济社会发展、民生改善的瓶颈。例如，2011 年以前，贵州省农村饮水不安全人口达到 1100 多万人（包括水量不足、水质不达标或取水不便等），除了与"十二五"以前喀斯特地区水利投资不足、水利设施建设严重滞后等原因有关，还与喀斯特地区水资源赋存规律复杂，水资源形成过程及"三水"转化规律、水资源开发潜力，以及找水、探水、取水、配水、高效用水等水资源开发与保护系列应用基础理论和关键实用技术尚未摸清有关。

　　近十多年来，课题组相继得到国家科技攻关（支撑）计划"西部开发"重大项目——贵州喀斯特山区三水开发利用与合理配置技术研究及示范（2003BA901A12）、喀斯特水资源合理利用及节水农业技术开发与示范（2001BA606A0901）、典型小流域基于生态水文过程的生态需水的时空分异及其需水量计算（2006CB403204）、喀斯特水资源优化调度与配套节水技术(2006BAC01A0905)、西南喀斯特山区工程性缺水区地下水开发利用关键技术集成与示范(2012BAJ25B0901)、石漠化区水利水保优化配套及极度干旱应急调控技术与示范(2011BAC09B01—12)、喀斯特山区水资源演变规律及监测技术研究(2014BAB03B01)等,以及毕节"试验区"表层带喀斯特水开发潜力研究与示范(黔科合重大专项字〔2006〕6014号)、贵州省小城镇喀斯特水资源安全保障技术研究与示范(黔科合重大专项字〔2012〕6015号)、贵州水资源分布与开发利用途径研究(黔科合重大专项字〔2015〕2001号)、贵州喀斯特山区水资源环境系统服务功能创新科技人才团队(黔科合人才团队〔2014〕4014)、两湖一库山水林田湖生命共同体健康评价及调控技术途径研究(黔科合支撑S〔2020〕4Y008)、国家"十三五"重点研发计划项目"喀斯特高原石漠化综合治理与山地旅游产业技术与示范"(2016YFC0502606)和"西部典型缺水地区农村供水排水一体化技术及应用示范"(2016YFC0400708)等支持,围绕水资源安全利用这个主题,开展了喀斯特山区"三水"转换、水资源赋存类型特征、水资源安全性及敏感性评价、水资源安全格局演变及驱动因素、水资源安全利用实用技术及模式应用与典型示范、水资源安全管理措施等研究工作,尤其是从多视角、多时空尺度构建了喀斯特地区水资源安全评价指标体系与评价模型并开展一系列案例研究;针对喀斯特山区分散供水需求,比较系统地研究和梳理总结提炼了喀斯特山区多样化水资源开发利用的实用技术及组合模式等,研究视角比较新颖,水资源安全评价成果具有一定的系统性。

本书在上述课题研究工作基础上,从宏观上针对西南(贵州)喀斯特山区水资源安全和微观(实施层面)"三小工程"分散供水需求等两个层面,结合实证案例开展喀斯特山区水资源安全的状态、程度、格局、时空演变过程、趋势及影响机制研究,基于小微型水资源开发工程,研究和总结提炼喀斯特山区分散供水的实用技术模式及相关对策。本书共7章。第1章为喀斯特地区生态与社会经济环境,主要阐述喀斯特山区脆弱的生境、地表地下水文与地貌二元结构,以及贫困与工程性缺水问题,由郑群威、苏维词执笔。第2章为喀斯特地区水资源赋存特征,主要阐述喀斯特地区三水(雨水、地表水、地下水)特别是地下水的赋存类型、时空格局及变化特征,由杨振华、苏维词、张凤太、吴克华、吴建峰等执笔。第3章为喀斯特地区水资源安全影响因素分析,主要从气候、地质、地貌、生态环境、土地利用、经济发展等角度阐述喀斯特地区水资源安全的影响因素,揭示喀斯特地区水资源安全变化的主导影响因子,由苏维词、周奉、郑群威等执笔。第4章为喀斯特地区水资源开发利用现状与存在的问题,着重以贵州为例,分析喀斯特山区水资源安全利用现状,揭示水资源安全利用当中存在的主要问题,由苏维词、周奉执笔;第5章:喀斯特地区水资源安全评价,从水资源安全(含敏感性)评价指标体系构建、水资源安全评价方法模型选择等方面,结合贵州省域、乌江流域、普定与平塘等县域的不同空间尺度案例,开展水资源安全实证评价及预测、模拟研究,由杨振华、苏维词、郑群威、张凤太、张军以、赵卫权、苏印、潘真真等执笔。第6章为喀斯特地区水资源安全开发利用技术与模式,从水资源探测、收集、高效开发利用及配置技术等方面进行分析研究,并结合不同喀斯特地貌类型区的实际案例进行阐述,研究和总结提炼不同地域类型区水资源安全开发利用的技术及模式,由杨振华、苏维词、赵卫权、吴克华等执笔。第7章为喀斯特地区水资源开发利用与管理对策,从技术、经济、管理、政策等方面提出了喀斯特地区水资源安全利用的对策措施,由周奉、郑群威、苏维词执笔。全书由苏维词、杨振华统稿统修。在相关研究、试验示范以及本书资料收集、构架、写作过程中，贵州科学院鄢贵权、贵州省山地资源研究所李坡、贺卫、高渐飞、易武英、周文龙、车家骧、吕思思、朱生亮等，重庆师范大学郭跃及研究生朱玲燕、尹航、杨吉、潘真真、郭晓娜、谢柱军、邓灵稚、曾东东、周子琴、陈亭旭等，重庆交通大学官冬杰、刘丽颖、张梦婕、龚巧灵等，南京大学王腊春、蒙海花、戴明宏等，贵州大学范荣亮、范新瑞、刘力阳等，贵州师范大学周秋文，贵州工程应用技术学院左太安等参与完成了部分工作。

　　本书相关研究工作得到贵州省地质调查局、贵州地质工程勘察设计研究院(贵州省地矿局 111 地质大队)、中国科学院地球化学研究所、南京大学、中国地质科学院岩溶地质研究所、重庆师范大学、普定岩溶站、贵州大学、重庆大学等单位的大力支持，引用了这些单位王明章、蒋忠诚、王伟、白晓永、宋小庆等部分专家的一些资料，特此说明并诚挚致谢。本书的系列研究虽历时十余年，但作者系统总结和撰写成书时间仓促，特别是水平所限，许多研究不够深入，有些评价方法尚欠检验，一些认识不够全面，书中疏漏之处难免，恳请各位读者批评指正。

苏维词

2021 年 1 月

目　录

第1章　喀斯特地区生态与社会经济环境

"喀斯特(Karst)"一词源于前南斯拉夫西北部伊斯特拉半岛碳酸盐岩高原的名称,意为岩石裸露的地方。"喀斯特地貌"因近代喀斯特研究发轫于该地而得名,指以碳酸盐岩为主的可溶性岩石,在水和重力的作用下,经过溶蚀、侵蚀(冲蚀)、搬运和沉积作用形成的一种地面坎坷嶙峋的地貌形态。"喀斯特"一词自1774年首次见于科学文献以来,其拼音和文字逐渐得到广泛应用(谢翠华,1981),现在已成为国际上通用的名称。1961年,在中国科学院主持下召开的第一次喀斯特学术会议上,对"喀斯特"一词并无异议。1966年,在我国第二次喀斯特(广西桂林)学术会议上,部分专家建议将"喀斯特"一词改为"岩溶",后来"喀斯特"与"岩溶"又几经反复,现在国内"喀斯特"和"岩溶"等同,可以通用。

喀斯特在世界上有广泛分布,现代碳酸盐岩在全球的分布面积达2200万km²,约占陆地面积的15%(袁道先,1997),中国西南及东南亚、地中海沿岸、加勒比海地区、澳大利亚、新西兰、英国、北欧、美国中东部和东南部等区域喀斯特发育良好。中国是世界上喀斯特最发育的国家之一,中国喀斯特面积达346万km²,约占全球喀斯特总面积的15.78%(袁道先,2014),其中裸露型和(浅)覆盖型喀斯特面积约为90万km²,接近国土面积的10%。中国喀斯特主要分布在南方的贵州、广西、云南、四川、重庆、湖南、湖北以及北方的山西、河北、山东等省(区、市),居住人口超过1.5亿人,人口密度约为180人/km²。其中,西南地区是世界上喀斯特集中连片面积最大、类型最齐全、景观最丰富、人地矛盾最突出的区域,按含可溶岩地层出露面积计算为78.3万km²,按可溶岩出露面积计算为46.9万km²,居住人口超过1亿人,总体人口密度大于200人/km²。

喀斯特地区是一类重要的人居环境,也是一种特殊的地域环境单元,具有独特的地表地下二元结构(地表与地下地貌系统、水文系统、生态系统等)。西南地区分布广泛的碳酸盐岩抗风化能力强、成土过程慢、土层瘠薄、山多坡陡、地表破碎、地表径流与地下径流转换快、工程性缺水突出、水土流失(漏失)严重、石漠化问题突出,属于典型的生态环境脆弱地区,与西北黄土高原区、沙漠边缘区、农牧交错带、海陆交替带等并称为我国典型生态脆弱区(带)。喀斯特区内经济社会发展相对滞后、少数民族分布集中,近年来一直是我国生态建设和扶贫开发的重点区域,面临着加快发展和保护生态的双重压力。

1.1　脆弱的多样化生态环境

西南喀斯特地区地质构造复杂,碳酸盐岩与碎屑岩交错分布,地貌形态多样,包括高原、台地、峰林、峰丛、峡谷、槽谷、盆地、洼地等类型,垂直气候分布明显,小生境多样,生态系统异质性强。桂林山水、黄果树瀑布、路南石林、九寨沟、黄龙、武隆芙蓉洞、荔波小七孔、施秉云台山、小寨天坑地缝等自然景观和旅游资源丰富多样,道地中药材资源、水能资源和生物多样性资源富集,自然生境优美多样,这是喀斯特地区巨大的后发优势,但喀斯特地区生境本底脆弱、资源环境的承载力较低、生态系统的脆弱性和敏感性强、易受破坏、恢复较难。

1. 脆弱生境的地质及水文地质背景

西南喀斯特系多层组合结构的碳酸盐岩，覆盖的地层从三叠系到前寒武系，碳酸盐岩古老、坚硬、质纯，抗风化能力强，成土过程缓慢，形成的喀斯特形态挺拔、陡峭，这是西南喀斯特地区生态脆弱和易出现石漠化的地质背景（袁道先，2008）。西南碳酸盐岩分布区受褶皱和断裂作用影响，形成了以中、小型为主的裂隙-溶隙、溶隙-管道多重介质组合的喀斯特含水介质系统。该区域的地下水主要是管道流、溶洞水和地下河。受复杂的构造运动和气候变化影响，喀斯特水动态变化较大，从上到下依次出现包气带、季节变动带、水平流动带和深部滞留带。常年潜水面以下的水平流动带地下水具有承压性质，其溶蚀和冲蚀能力很强，容易出现溶洞水、地下河。同时，西南喀斯特地区受多次构造运动的影响，其岩性错综复杂，含水岩组富水性极不均一，为该地区喀斯特地下水的研究及找水、配水和用水工程带来了极大难度；而北方奥陶系灰岩组成的地台地区，其地质背景相对简单，为纯碳酸盐岩连续巨厚沉积并以构造断块为主要形式的地区，主要是裂隙水含水层（玛·斯维婷和包浩生，1990；袁道先，1992；韩至钧和金占省，1996）。此外，我国南、北方喀斯特泉的动态也有明显的地域差别。南方的喀斯特泉对降水反应灵敏，流量随季节变化大，最大流量常比最小流量大几十到上百倍，降水入渗常达降水量的 80% 以上；而北方的喀斯特大泉流量动态则较稳定，降水入渗量一般为40%～50%。

2. 山多坡陡的地表结构，水土流失和石漠化比较严重

喀斯特地区大多地表崎岖破碎、山地（丘陵、高原）分布广、坡度陡、水土流失和石漠化比较严重。以贵州为例，全省主要以喀斯特化的山地高原地貌为主，地表切割密集，地块小、土层瘠薄。贵州省内有山地 10.87 万 km²，占全省总面积的 61.7%；丘陵 5.42万 km²，占全省总面积的 30.8%，山间平坝区面积占 7.5%，面积达到 10km² 的平坝共有 285 个，总面积只有 5539km²。全省最大高差达 2793m，最低为黎平水口河（148m），最高为赫章韭菜坪（2901m），全省地表平均坡度为 17.8°，其中 0～6°地区占全省总面积的13.5%，6°～15°的缓坡区占 26.9%，15°～25°的陡坡区占 38.4%，25°～35°的极陡坡区占15.9%，35°～90°的极强陡坡区占 5.3%。喀斯特出露面积占全省土地总面积的 61.9%，其余地区多与沙、页岩相间分布，砂页岩区是水土流失最严重的地区。根据《贵州省水土保持公报（2011～2015）》，2015 年全省水土流失面积为 48791.87km²，占土地总面积的27.71%，其中，轻度流失面积为 26105.19km²，中度流失面积为 13601.45km²，强烈流失面积为 4841.21km²，极强烈流失面积为 2711.16km²，剧烈流失面积为 1532.86km²。侵蚀方式主要以沟蚀和崩塌侵蚀为主；从土地利用的角度看，水土流失主要发生在坡耕地、荒山荒坡、低覆盖林地等地类和采矿区；从空间分布来看，由黔西北的毕节、六盘水至黔东南地区逐渐减轻，西部六盘水、西北部毕节及东北部务川、正安、道真、沿河等水土流失最严重，强烈流失等级以上的水土流失主要分布在这一区域，西南部黔西南州、安顺地区、黔南州、遵义地区次之，南部荔波、黔东南州变质岩区森林覆盖率高，属于轻度流失区；从流域来看，主要分布在赤水河上游、乌江上游（乌蒙山区）与下游（武陵山区）河流峡谷沿岸等地；从水土流失的方式看，既有与常态地貌区类似的地表流失方式，更有独特的地下漏失途径，在贵州典型的喀斯特峰丛山区，通过地下漏失的方式流失的土壤量占比达 50% 以上，部分峰丛洼地的土壤流失基本上都是通过地下漏失途径流走。从石漠化来看，根据国家林业和草原局公报资料，截至 2016 年底，西南喀斯特地区石漠化土地总面积为 10.07 万 km^2，占喀斯特面积的 22.3%，占区域总面积的 9.4%，涉及黔、桂、滇、川、渝、鄂、湘、粤 8 个省(区、市)和 457 个县(市、区)，其中贵州省石漠化土地面积最大，为 2.47 万 km^2，约占西南地区石漠化土地总面积的 1/4；按流域来看，长江流域石漠化土地面积为 5.993 万 km^2，占石漠化土地总面积的 59.5%；珠江流域石漠化土地面积为 3.44 万 km^2，占 34.2%；红河流域石漠化土地面积为 0.459 万 km^2，占 4.6%；其余怒江流域和澜沧江流域石漠化土地面积分别为 0.123 万 km^2、0.057 万 km^2，分别占石漠化面积的 1.2%、0.6%。水土流失(漏失)和石漠化，是西南喀斯特地区特殊生境和人类活动共同作用的产物，也是西南喀斯特地区生态脆弱性的重要体现。

3. 土壤瘠薄且缺乏连续性，土体剖面缺乏过渡层

土壤是在漫长的地质年代里，在物理、化学以及生物的作用下，由基岩风化产物、各种松散沉积物发育形成的近地表自然介质。其形成主要受母质、气候、地形、生物、时间 5 大成土因素控制，在人类历史时期，还受人类活动的影响，且各因素相互影响、相互制约，共同作用形成不同的土壤类型。碳酸盐岩的抗风化能力强、成土过程缓慢，据统计，岩溶地区碳酸盐溶蚀风化形成 1m 厚的土层需要 200～8000 万年，黔桂地区碳酸盐风化成土速率大约为 0.12～6.8g/m^2·a，成土速率极慢。

从土壤的发育与分布看：碳酸盐岩上覆土壤的连续分布与地貌形态及发育有较密切的关系，其中喀斯特地区只能见到局部保存的黑色石灰土，而厚层风化壳只能形成于地貌起伏小、垂向喀斯特作用不活跃的条件之下，因此，从地理循环的角度来看，这样的景观就是地貌发育的最终阶段——准平原阶段。当地壳长期相对稳定时，喀斯特地下水作用以水平作用方式为主，喀斯特作用以剥蚀夷平为主，喀斯特演化从溶洼向溶原方向发展，地下裂隙减少，土壤流失减弱，风化残积物开始在地表聚集，因此，逐渐形成较厚连续的红色风化壳。青藏高原红色风化壳在大的地貌部位上与主夷平面是一致的，在局部的缓丘或山顶上连续分布。云贵高原红色风化壳较连续，厚度一般在 3～5m。湘桂丘陵红色风化壳主要位于喀斯特平原、盆地上(如桂林、永州等地)。这些地区的喀斯特风化壳主体基本上都与开阔平坦的地貌联系在一起。红色风化壳的剥落程度从青藏高原的完全剥落，到云贵高原逐渐演变为局部连续，到湘、桂等地逐渐转变为完全覆盖。喀斯特地貌制约石灰土的类型及分布，并延缓其地带性土壤演化。在热带、亚热带湿润喀斯特地区，石灰土经长期的淋溶过程，逐渐向地带性砖红壤、红壤或黄壤演化。

西南喀斯特的核心区——贵州省喀斯特，发育典型，具有耕地质量差、生产力低、人口密度大等特点。20 世纪 90 年代以前，为维持温饱，毁林开荒现象严重，地块分割、土层瘠薄质量差的坡耕地占比不断增大。在国家实施大规模的退耕还林还草政策前，贵州省境内坡度大于 25°的陡坡耕地面积多达 73 万 hm^2，占耕地总面积的 17.2%，其中大于 35°的陡坡耕地占耕地总面积的 10%。进入 20 世纪 90 年代中后期，随着外出务工人员增加，单块坡耕地由于规模小且分散、耕种成本高、产量低且不稳，许多地方坡耕地处于一边弃耕一边开垦的恶性循环，更加剧了水土流失，致使土层变得更加瘠薄。

在喀斯特地区土体剖面构型中，土层和下伏基岩(母岩)之间通常缺乏过渡层。一旦遇到下雨，地表径流侵入土石之间，其润滑作用加剧了母岩石上土层的流失，增加了生态脆弱性。

据统计分析，喀斯特平坝区土层厚度较大，常达 100cm 以上，耕作层厚 30cm；坡耕地则土层瘠薄，整个土层均为 70～80cm，耕作层仅厚 10cm 左右；在石漠化严重的坡地上，耕地多属石旮旯地，岩石裸露率在 70% 以上，土壤仅残存在溶隙和溶沟之中，土层更薄；因此，土层田间的持水能力特别低。据贵州普定峰丛洼地区的长观站水文资料分析研究，田间持水量大多为 10～30mm，最少的仅为 5mm（普定县母猪洞水库的峰丛洼地区），远远低于非喀斯特湿润区 100～130mm 的田间持水量，"土壤水库"作用难以发挥。可见，喀斯特地区雨量虽多，但由于土薄、持水量低、数日不雨，即可出现"喀斯特旱情"，甚至酿成旱灾。

4. 植被群落及其生态系统稳定性低、生物生产力低、种间差异大

西南喀斯特地区主要的植被类型有：裸岩地、草丛、灌草丛、灌丛和乔木林等，这些植被类型的形成与发展主要受岩性、气候、地貌、土壤、水文等自然因素及人类活动的制约，各因素综合作用下发育的植被类型乃至植物个体、种群，具有一定的空间选择性和喜钙、耐旱、石生等特点。其次，喀斯特地区由于地表土层薄、水分下渗严重，植物无法获得充足的养分和水分，植被的生长发育受到限制。因此，与相似气候条件的非喀斯特区相比，喀斯特种群生态系统的树木胸径、树高具有生长速率慢、绝对生长量小等特点；同时喀斯特地区的岩-水-土-气循环系统，因其丰富的钙离子及水土资源匹配性差，导致生境异质性高，具有种间、个体间生长过程差异较大等特征。一般而言，喀斯特地区植被的生态服务功能（产品供给能力、生物量、生产力等）均低于气候条件类似的非喀斯特地区，不仅仅因为植被结构等级较低，还因为植物种群及群落生态系统的抗干扰能力和受到干扰或破坏后的自我恢复、修复能力较低以及植被群落的稳定性差、易受干扰中断、恢复难度大。

5. 降水年际变化大，旱涝灾害频繁，水土资源匹配差、承载力较低

西南喀斯特地区大部分属于亚热带季风型气候区，气候湿热、雨热同季（这种气候条件促进了喀斯特作用的进行）、降水充沛，但年际、年内波动大，旱涝灾害频繁。以贵州省 1961～2015 年水温数据为例，40 余年间贵州省年平均气温在波动中呈明显上升趋势（显著性水平的 $P<0.01$），2000 年以来的年平均气温比 1961～1995 年的年平均气温增加了约 0.4℃。最低气温出现在 1984 年，为 14.57℃，最高气温为 2013 年的 16.35℃，多年平均值为 15.47℃。年平均气温累计距平的主要特征表现为：1998 年以前以负距平为主，之后以正距平为主。这与全国 20 世纪 90 年代之前是偏冷时期、之后为偏暖期基本同步。1961～2015 年这 55 年间，贵州省年降水量多年平均值为 1198.77mm，年际波动比较大，最高年降水量为 1977 年的 1422mm，最低年降水量出现在 2011 年，为 848.27mm，只相当于最高年的 60% 左右，但总体表现为变化趋势不明显（显著性水平的 $P>0.05$）。贵州省年降水量变化大致可分为 4 个阶段，分别以 1983 年、1992 年、2002 年为界。1983 年以前降水量偏多，1983～1992 年降水量偏少，1992～2002 年降水量又偏多，而 2002 年以后降水量又呈现减少趋势。特别是贵州省内 2009～2010 年的夏秋连旱叠加冬春干旱、2011 年的夏秋连旱和 2013 的夏旱，给农业生产和国民经济造成了严重影响，损失巨大。2011 年 8 月 19 日～10 月 1 日，贵州省 50 个县（市、区）持续重旱，全省 2148.33 万人受灾，高峰时，因旱饮水困难人口达 720.18 万人（其中需救助 457.7 万人），因旱饮水困难大牲畜达 299.98 万头；农作物受灾面积为 172 万 hm²，其中成灾面积 115 万 hm²，绝收面积 46 万 hm²；因灾造成直接经济损失 157.64 亿元，其中农业直接经济损失 138.8 亿元，其他直接经济损失 18.84 亿元。2013 年夏旱，全省 83 个县(市、区) 和 1311 个乡(镇)不同程度受灾，受灾人口达 1705.59 万人，临时饮水困难人口达 317.3 万人(其中需救助 259.46 万人)，另有 149.25 万头大牲畜遭受临时饮水困难；农作物受灾面积为 134.13 万 hm²，其中成灾面积 77.26 万 hm²，绝收面积 26.79 万 hm²；造成直接经济损失 95.38 亿元。降水时空差异大是造成旱涝灾害的直接原因，喀斯特地区地形起伏明显、土层瘠薄以及特殊的二元三维地貌水文结构等一系列因素，则是导致喀斯特区域性夏旱、洪涝灾害频发及加剧灾情的间接原因。

山高水低、田(土)高水低、雨多地漏、石多土少和土薄易旱等喀斯特地区的特点，以及水土资源匹配差，是导致雨量丰沛的西南包括贵州喀斯特地区成为特殊干旱缺水区的重要原因。解决此类缺水问题的关键在于，在总量丰富的天然水资源中增加可利用水量和实际供水量。在喀斯特地区大中型城镇，主要由国家投资的水利工程通过集中供水解决，而人畜饮水和生产用水困难的主要是广大的农村地区，因此，需要解决供水的主要对象即分散型农业和农村用水。采用传统的解决"工程型"缺水办法，修建大中型蓄水工程，进行集中拦蓄和集中供水可解决部分问题，但由于农村聚落和耕地分散、管网铺设长、管理跟不上等原因，加上岩溶渗漏问题，导致"十库九漏"，因此这种集中供水方法难以解决此类问题。应该根据该山区特殊的雨水、地表水及地下水转化规律、水资源的形成机理和过程，在喀斯特深山区、石漠化山区因地制宜发展分散型的小微型蓄水工程，增加可利用水量和供水量，协调水土资源配置，这是解决喀斯特地区干旱缺水问题的有效选择。

由于喀斯特地区土层瘠薄且不连续、地表可方便利用的水资源不足，致使喀斯特地区水土资源的人口承载力偏低，通过自然生产潜力估算在目前生产技术水平下大部分喀斯特地区水土资源的人口承载力在 100～120 人/km²，但目前贵州喀斯特地区平均人口密度已超过 220 人/km²，许多地区人口处于超载状态。近年来，随着新型城镇化、生态移民扶贫和乡村振兴的推进，喀斯特地区的许多青壮年农民已在城里找到相对稳定的工作或在农村从事非农产业，人口超载现象得到一定程度缓和，部分地区甚至出现耕地弃耕撂荒等现象。

1.2　多元而相对滞后的社会经济发展状况

1.2.1　多民族聚集区、农业人口占比大，增长快，属于典型的老少边穷地区

西南喀斯特山区是少数民族聚集区，包含喀斯特地貌最发育的三个省区——滇、桂、黔，这也是我国少数民族人口最多的三个省份，少数民族人口均在 1500 万以上，占所在省份总人口的 1/3 以上，农业人口占比大、增长快。以贵州为例，户籍人口从 1949 年的 1403 万增加到 1998 年的 3657 万，农业人口占总人口的 80% 以上，自然增长率比全国高 5 个千分点，人口平均密度已达 200 人/km²，根据有关文献［《贵州省发展和改革委员会，贵州喀斯特石漠化综合防治规划（2006－2050）》］，贵州小康型人口承载量为 2428 万，超载率在 30% 以上。人口增长快、密度大，加上文化素质相对较低，使西南喀

斯特地区在过去很长一段时间内陷入了人口增加—过度开垦—土壤侵蚀性退化—石漠化扩展—经济贫困的恶性循环中。进入 20 世纪 90 年代，尤其是 2000 年以后，随着国家退耕还林还草政策的实施和外出务工增多，以及国家帮扶力度的加大，目前这一状况已有明显改观。

1.2.2 城乡发展差距大，人口城镇化趋势明显

近年来，许多喀斯特地区地方政府开始推行城镇化发展战略。例如，贵州省在 2010 年提出加快推进城镇化发展战略，使喀斯特地区城镇化进程加快，人口逐渐向城镇集聚，2001～2015 年，贵州省城镇人口从 910 万增加到 1482 万，人口在城市（镇）的聚集性明显。城镇化促使着社会经济的发展和人民生活水平的提高，人均 GDP、人均可支配收入持续增加，但是城乡收入差距呈增大趋势，两极分化现象较突出。2001～2015 年城镇人均总收入从 5463 元增加到 24568 元，人均年可支配收入从 5451 元增加到 23568 元。农村人均总收入从 1987 元增加到 10417 元，人均年可支配收入从 1411 元增加到 7387 元。城乡人均总收入差距也从原先的 3476 元增加到 14151 元，收入差距扩大显著，这种收入差距的扩大吸引了更多农村人口向城市聚集，人口的这种聚集趋势使过去喀斯特地区的农村普遍面临的生态破坏现象（砍伐薪炭林、陡坡垦荒、水土流失、石漠化等）得到遏制，农村山地生态系统逐步良性化发展；但城市（镇）快速发展造成下垫面性质改变，影响喀斯特城镇化地区的地表地下水分循环、地表地下水体的联动，使污染风险大幅提高、城镇化地区的岩溶塌陷等不良地质现象增加，以及城镇化周边生态景观的破碎化、生态廊道中断等生态环境问题日趋突出。

1.2.3 产业结构与发展质量有待优化

自西部大开发战略实施以来，西南喀斯特地区省份的经济发展加速，先前是重庆、贵州，现在是云南、贵州、四川等，社会经济发展成效显著。以贵州为例，2001～2015 年全省地区生产总值从 1084.9 亿元增加到 10502.5 亿元，贵州地区生产总值占全国的比例由 2001 年的 1.1% 提高到 2015 年的 1.6%。2015 年全省第一产业、第二产业、第三产业增加值占地区生产总值的比例，分别为 15.6%、39.5%、44.9%，较之 2001 年的 25.3%、38.7%、36.1% 发生了极大改变。其中，第一、二产业所占比例逐渐下降，第三产业所占比例不断增加，第一、二产业的从业人员正转向旅游、商贸、金融、信息服务等第三产业，产业结构正在不断地转型升级，这也在某种程度上减轻了人口和经济活动对喀斯特生态环境的直接压力，但产业发展、国民生产总值的增长和生态建设对水的需求量也逐年增大。

1.2.4 喀斯特相对贫困现象突出

西南喀斯特地区是典型的老少边穷地区，社会经济发展相对滞后，武陵山区、乌蒙山区、黔桂滇石漠化山区都是全国特困人口集中连片分布区。根据原国家林业局（现国家林业和草原局）统计，西南喀斯特（石漠化）山区有国家扶贫重点县 227 个，贫困人口超过 5000 万（陈洪松 等，2018），人口密度相当于全国的 1.5 倍，人口压力大，极易产生对生态资源的破坏现象。截至 2011 年底，按 2300 元扶贫标准，贵州有贫困人口 1149 万人，

约占全国贫困总人口的 9.4%，贫困发生率为 33%。

1. 喀斯特贫困原因

喀斯特地区特殊的生态环境、相对闭塞的区位条件、过去很长时间存在的落后的思想观念以及历史因素的影响，造成了喀斯特地区尤其是少数民族聚集地区特殊的喀斯特贫困现象。其原因主要有两个方面。

(1)客观原因。喀斯特地区特殊的地质地貌决定了该区域农业生产条件"较差"，这是造成喀斯特贫困现象的主要自然因素。

①土层贫瘠，耕地多为坡耕地，机械化生产程度较低。由于喀斯特地区"地无三尺平"，岩多土少，坡度陡峭，大多数农户只能采用牛耕或锄头挖等传统的耕作方式，对于一些缺乏牛、马等生产资料的特困户，只能采用人工操作，机械化生产程度很低，甚至在许多村落基本没有。土层贫瘠和机械化生产程度低成了农村传统经济发展的主要障碍，在贵州的瑶山和麻山，这种状况尤其严重，滇黔桂喀斯特地区大部分县(市、区)都是国家级或省级贫困地区。

②水土流失、石漠化现象严重。喀斯特地区山多坡陡，许多地方不适合传统农耕，但过去很长一段时间因为过度强调粮食安全而采用毁林开荒、顺坡耕作等不合理的耕作方式(另外还包括不合理的采石采矿等行为)，更是造成了严重的水土流失(漏失)和石漠化现象。石漠化过程会造成表层肥土流失的"死地板"或表层只剩下岩石的"光地板"，因此，农户只能在"死地板"或石缝中有土壤的地方种植作物，产量极低，如再遇到干旱或其他天灾，则还会减收甚至颗粒无收。为了生存，粮食的缺乏又会迫使农户进一步毁林开荒、乱砍滥伐等，造成贫困—环境恶化—贫困的恶性循环，石漠化的严重后果是会造成可耕土地的丧失。

③可方便利用的水资源缺乏。喀斯特地区虽然降水比较充沛，但因其特殊的"二元三维"空间结构，加上地表山高坡陡、石多土少、地表水快速汇入深切河谷或下渗地下，干谷现象多发，有的河流、泉水等逐渐枯竭，造成地表可方便利用的水资源不足。工程性缺水引起水资源的缺乏，威胁粮食产量，2010 年以前许多深山区、高原斜坡区、峡谷地区的村落和耕地只能"靠天吃饭"，农作物产量极低，遇到干旱则减收甚至绝收。

④交通不便，信息闭塞。喀斯特地区道路崎岖，"十二五"以前广大喀斯特地区农村基础设施较差，农民购买生产资料或销售农产品等都不方便，对农业生产机械化的实施也带来很大困难，影响了农村经济的发展。此外，受历史的原因以及一些落后的民族观念的影响，民族聚居区文盲、半文盲比重较高，许多农民读不懂报纸杂志或科技书籍，甚至有部分农民不懂汉语，这些因素使得他们不能及时或根本无法接收到市场信息和一些先进的科技信息，严重影响经济发展。

(2)主观原因。相当一部分农民文化教育程度不高，文化素质较低，还有一部分农民的思想观念落后，是造成喀斯特贫困的重要原因。

2. 喀斯特贫困地区水利扶贫成效显著

"十二五"期间，滇桂黔石漠化片区(贵州片区)省级以上水利建设投入达 176.23 亿元，建成安顺市油菜河水库等 8 座中型水库，黔中水利枢纽一期工程(大型水库)成功下闸蓄水；新开工建设马岭水利枢纽等 64 座骨干水源工程，其中大型水库 1 座、中型水库 25 座、小型水库 38 座，建成后可新增供水能力 12.46 亿 m³，解决片区 82.76 万农村人口及

113.54 万亩耕地的饮水和灌溉用水问题。2011～2015 年，累计解决片区 607.69 万农村人口（包括学校师生）的饮水安全问题。

1.3　区域水资源概况

西南喀斯特地区地处亚热带季风气候区，广西多年平均降水量为 1100～3400mm、云南为 600～2700mm（全省总平均水平为 1100mm）、贵州为 850～1600mm，可见该地区的天然水资源相当丰富。但是，由于碳酸盐岩区溶隙、落水洞、溶洞等喀斯特通道发育、山区坡度大、地表土层瘠薄等原因，降水形成的地表径流快速汇入深切河谷或极易快速渗入地下深处，其入渗系数较高，一般为 0.3～0.5，裸露峰丛洼地区可高达 0.5 以上，从而造成地表严重干旱缺水（杨明德，1998）。如靠近云贵高原的广西西北部，降水量为 1100～1700mm，喀斯特地貌类型基本上全为峰丛洼地，地面高程在 800m 以上，峰高洼浅，相对高差为 150～250m，喀斯特发育强烈，洼地密度为 0.9～2 个/km²。该地带除过境河流红水河，基本无地表水系发育。喀斯特地下水则以管道流为主，多形成羽状或树枝状地下河系统，地下喀斯特发育带多在洼地底 120～150m 深的范围内，地下水埋深 50～200m，造成地表水资源极缺，地下水资源则因含水岩组富水性极不均一，造成难以开发利用的状况（唐健生和夏日元，2001）。但喀斯特地下水资源丰富，其喀斯特地下水的天然水资源量为 $1.76 \times 10^{11} \, \text{m}^3/\text{a}$，占区域地下水天然资源总量的 81.75%，约占全国地下水资源总量的 1/4，喀斯特水在中国的城市和工业级的供水中占有重要地位。

贵州省长度大于 2km 的地下河有 1030 条，流量大于 50L/s 的喀斯特大泉有 1700 个。至"十五"期末，全省有地下水开采机井 1231 口，年供水能力为 9.01 亿 m³。已经开发地下河及喀斯特大泉 708 条，尚未开发的地下河及喀斯特大泉约为 2302 条。地下水开发主要用于城镇生活用水、工矿生产用水、农村人畜饮用及农田灌溉、小水电等方面。

参 考 文 献

陈洪松，岳跃民，王克林，2018. 西南喀斯特石漠化综合治理：成效、问题与对策. 中国岩溶，37(1)：37-42.

李大通，1985. 中国可溶岩类型图说明书. 北京：地图出版社.

玛·斯维婷，包浩生，1990. 从世界展望中国喀斯特研究. 中国岩溶(4)：57-67.

韩至钧，金占省，1996. 贵州省水文地质志. 北京：地震出版社.

唐健生，夏日元，2001. 南方岩溶石山区资源环境特征与生态环境治理对策探讨. 中国岩溶，20(2)：140-143，148.

谢翠华，1981. 岩溶不等于喀斯特. 地质科学(4)：409.

杨明德，1998. 论喀斯特地貌地域结构及其环境效应//贵州省环境科学学会. 贵州喀斯特环境研究. 贵阳：贵州人民出版社：19-25.

袁道先，1992. 中国西南部的岩溶及其华北岩溶的对比. 第四纪研究(4)：352-361.

袁道先，1997. 现代岩溶学和全球变化研究. 地学前缘(Z1)：17-25.

袁道先，2008. 岩溶石漠化问题的全球视野和我国的治理对策与经验. 草业科学(9)：19-25.

袁道先，2014. 西南岩溶石山地区重大环境地质问题及对策研究. 北京：科学出版社.

第2章 喀斯特地区水资源赋存特征

喀斯特地区水资源包括雨水资源、地表水资源和地下水资源,其中雨水资源的赋存特征与其他非喀斯特地区基本一样,主要受大气环流、海陆位置及地形条件等影响。喀斯特地区地表水资源赋存条件与类似气候生物带非喀斯特区域相比相对复杂,由于喀斯特地表裂隙、漏斗、溶蚀洼地等存在,喀斯特区域地表像一个筛子,地表水下渗严重,地表径流系数明显偏小,在小雨甚至连绵阴雨的情况下,许多喀斯特地区地表径流都偏小甚至难以产生地表径流;但另一方面由于喀斯特地区山多坡陡,在高原斜坡或深切河谷地带,地表径流汇流快,加上喀斯特地区土层瘠薄且不连续、植被生态系统的结构及服务功能也不理想,造成喀斯特地区"森林水库""土壤水库"调蓄作用相对较弱。因此,许多地势陡峻的中小流域或深切河谷的"洪枯径流比"很大。至于地下水资源,非喀斯特地区的地下水资源主要以裂隙水、孔隙水形式存在,喀斯特地区含水介质复杂多样,除了裂隙水、孔隙水,还有溶洞-管道水,地下水的富集程度远较非喀斯特地区丰富,喀斯特地区地下水的富集规律及驱动机制也有其独特性。本章以喀斯特发育的贵州、云南等省为例,对西南特别是贵州水资源赋存特征进行初步分析。

2.1 雨水资源的时空格局及变化

2.1.1 降雨空间特征 *

(1)西南三省(贵州、云南、四川)整体降水空间特征。本章根据西南地区站点 1960~2014 年逐日降水资料,计算出每个站点的年降水量,通过反距离加权插值的方法即可得出区域降水量,即西南地区近 55 年的多年平均年降水量的空间分布。从整体上看,降水量自西北到东南明显增加,降水量由 600mm/a 增加到 2000mm/a;在四川省的中部存在一个多雨中心,其降水强度达到 1400mm/a。另外,云南省的东部地区由于位于云贵高原,水汽由南向北的输送受到较高地势的阻挡,使其难以继续北进,降水量明显低于周边地区。川西高原位于青藏高原东缘、横断山脉附近,地势较其他地区明显偏高,是整个西南地区的大范围少雨区,其年降水量小于 800mm。四川省的东北部年降水量达到 1200mm,为降水中心。另外,1000mm 降水等值线将云南从中心划分为两个部分:西南多雨区和东北少雨区,西南多雨区多年平均降水量达到 1200mm,强降水中心峰值接近 2000mm/a,为整个西南地区降水量的最高值。贵州省几乎全部位于降水量高于 1000mm/a 的地区,多年降水量平均值在 1100mm 左右。

(2)贵州省干旱空间特征。基于贵州省 19 个气象站 1962~2015 年 SPI12 值所得到的各站点干旱频率,干旱(含轻旱及以上)发生的频率在 26.7%~31.8%。根据所计算的干旱发生频率,使用 Arc GIS10.1 软件中克里金(Kriging)方法得到贵州省干旱频率分布图。贵州省干旱发生频率总体较高,其中铜仁市、黔东南州、黔南州和黔西南州部分地区干

* 本节内容引用自:

张凤太,2017. 中国西南地区季节性降水特征与大尺度环流因子的关系研究. 南京:南京大学.

旱频率高达 30%，而低频区则集中分布于贵州省西北部，即遵义市、贵阳市和毕节市部分地区；中旱(含中旱以上)发生频率为 3.7%～14.7%，其频率分布图与年重旱、特旱在空间分布上相似，呈片状分布，贵州省中部的贵阳市、南部的黔南州部分地区及黔东南州的榕江区域、铜仁市东部边缘的铜仁区域中旱发生频率较高，遵义市、毕节市部分地区中旱发生频率相对较低；重旱(含重旱以上)发生频率在 0.04%～9.2%，其重旱发生高频区位于铜仁市的思南、遵义市的遵义、黔东南州的凯里和榕江、毕节市中部及安顺市区域，而重旱发生低频率区有东部的铜仁、中部的贵阳、西部的六盘水市和黔西南州部分地区；特旱发生的高低频(在 0.04%～5.2%)区分别位于贵阳市、黔南州部分地区和黔东南苗族侗族自治州的榕江区域。综上分析来看，贵州省遵义市和毕节市地区是干旱、中旱低发区，而贵州省中部、南部重旱和特重旱较为常见。

2.1.2　降水时序特征

(1)西南三省(贵州、云南、四川)年降水量变化规律。本章根据西南地区 94 个站点 1960～2014 年逐日降水资料，通过反距离权重插值分别求出四川省、云南省、贵州省地区年降水量。图 2-1 为西南地区年降水量变化趋势(陆文秀 等，2014)和距平/累计距平，西南地区多年平均降水量为 1063.2mm，其中在 1983 年年降水量达到最大值，为 1177.1mm，在 2011 年年降水量达到最小值，为 857.8mm(2009～2011 年为近百年西南地区三年连续大旱，大旱的分布与喀斯特分布高度相关)。另外，降水量的年际变化可以用以下比值来反映：其一是降水量的年际变化＝时间序列降水量最大值/多年平均降水量；其二是降水量的年际变化＝年最大值/年最小值。在 1960～2014 年，西南地区年最大降水量为该区域多年平均降水量的 1.1 倍，年最大值为年最小值的 1.37 倍，由此可见，西南地区总体年降水量在时间尺度上变幅较小。另外，在 1960～2014 年，年降水量有一定的下降趋势，即旱化趋势，年均减小幅度为 1.2mm/a。从整体来看，年降水量的年际波动较大。在 2000 年以前，年降水量基本维持在多年平均值上下，没有明显的趋势变化，但是在最近 15 年间，年降水量有了明显的下降趋势。由图 2-1 可以看出，在 1986 年以前，年降水距平正负交替，表明这段时间内，年降水量年际波动大，丰水年和枯水年交替；1986 年之后出现连续四年距平为负的情况，表明这四年降水持续偏低；在 1990～2002 年，距平为正值，表明降水量较为充沛；2002 年以后降水量再次明显低于平均值，其中在 2011 年降水量低于平均值 200mm，为整个研究时间尺度上的最小值。同时，累计距平曲线先上升、后下降、再上升、最终下降的变化趋势也表明了降水量呈现多—少—多—少的过程。其中在 1986 年以前，正距平和负距平的年份交替出现，但距平大于 0 的年份和量级占有明显的优势，其中大概每两个正距平年出现一个负距平年。累计距平下降后至上升的过程中，年降水量维持在多年平均值附近，没有出现明显的高于或低于平均值量级的降水量的情况。

从年降水量来看，年际之间的降水量相对变化程度较小，各年份的降水量较为均匀地分布在多年平均降水量线上下。在 1980 年之前，旱涝年交替出现，并整体分布在多年平均线之上，表明在 1980 年之前，旱涝的持续时间较短，并呈降水量偏多的特点，出现干旱的情况较少。在 1980 年之后，旱涝的持续时间明显增长，出现连续干旱和连续洪涝的特点，导致连续多年降水量位于平均降水量线之上或者之下，尤其近年来，降水量持续位于平均线之下，表明西南地区出现干旱的可能性有增大的趋势。根据以往研究，旱涝的持续时间增长表明该地区降水量受大时间尺度的气象要素影响较大。

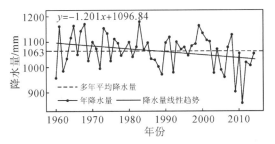 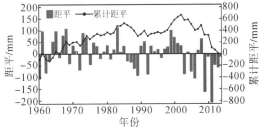

图 2-1　西南地区年降水量变化趋势和距平/累计距平图

吴建峰等(2018)对西南地区年降水量序列进行小波周期分析，图 2-2(a)是西南地区年降水量小波变换系数，反映降水量随时间的变化，进而对基于时间变化特征的年降水量的将来变化情况进行判断。通过该图可以观察出，降水量在 1960~2014 年的演变过程中存在着(14~20 年)的主震荡周期；1960~2014 年，正负相位交替出现，丰水年和枯水年轮流出现，降水量波动变化明显。

图 2-2(b)为该区域年降水量的小波方差图，该图能够对降水序列波动在整个时间上的分布情况进行反呈现，年降水量主要存在 14 年、20 年和 42 年三个主周期，其中 14 年为第一主周期，20 年为第二主周期，42 年为第三主周期。西南地区年降水量在 42 年尺度的小波方差极值相对较小，波动能量较低，其中 20 年、14 年左右尺度的小波方差值显著，表示波动能量高，同时两者小波方差值基本一致，表明 20 年、14 年波动周期决定着年降水量在整个时间域上的周期变化特征。

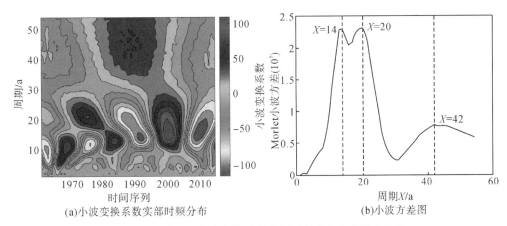

(a)小波变换系数实部时频分布　　　　　(b)小波方差图

图 2-2　年降水量小波变换系数实部时频分布和小波方差图

(2)贵州省年际降水特征。联合国政府间气候变化专门委员会(Intergovernmental Panel on Climate Change，IPCC)2007 年的报告指出：在 1995~2006 年这 12 年里，有 11 年位列自 1850 年以来最暖的 12 个年份中。在全球气候变暖的背景下，1951~2009 年，中国年平均温度总共上升了 1.38 ℃，变暖速率达到 0.23 ℃/10 年，与全球变暖趋势一致。同时，中国对流层上层与平流层下层温度略有下降，中国的降水量无明显的变化趋势。在此背景下，对这 55 年间喀斯特最发育的贵州省的降水变化趋势进行分析(图 2-3)，发现 1961～2015 年这 55 年间，贵州省年降水量的总体表现为趋势性变化不明显（$P>0.05$），但年降水量围绕某一均值波动性变化较显著，年际间波动比较大，研究时段最低年降水量出现在 2011 年，为 848.27mm，最高年降水量为 1977 年的 1422mm，贵州省年降水量多年平均值为 1198.77mm。从累计距平曲线图可知，贵州省年降水量变化大致可分为 4 个阶段，分别以 1983 年、1992 年、2002 年为界：1983 年以前降水量偏多，1983～1992 年降水量偏少，1992～2002 年降水量又偏多，而 2002 年以后降水量又呈现减少趋势。在降水量波动性下降过程中，降水对地表水、地下水资源的补给能力不断下降，季节性干旱等问题呈加剧趋势。另外，极端降水事件也是影响喀斯特地区水资源安全的重要影响因素之一，在极度干旱的年份，容易出现地表水资源缺乏、农业受灾、生活用水保证程度低等问题。例如在 2011 年前后，贵州省遭受了百年一遇的特大旱灾，全省有 84 个县市受灾，影响人口达 1700 万人，其中有 500 多万人、200 多万头牲畜发生饮水困难的情况，一些旱情严重的中小城市和县域的工业用水几乎处于断供状态。在降水充沛的年份也容易因排水不畅，造成严重的喀斯特内涝灾害。2016 年 6 月 24～28 日，部分区县出现了强降雨的天气过程，甚至暴雨成灾，导致 21 个县（市、区）不同程度受灾，全省受灾人口达 47.4 万人，其中因灾死亡 2 人，失踪 1 人，紧急转移安置 1.5 万多人，农作物的受灾面积达 1 万多公顷。这次强降雨直接造成的经济损失达到 5.98 亿元，并导致全省多地发生内涝。

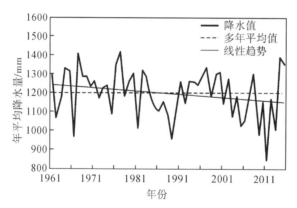

图 2-3　贵州省 1961～2015 年降水总体变化趋势

（3）贵州省春季降水特征。根据贵州春季降水年际变化趋势（图 2-4）得到，1961～2013 年贵州春季降水整体呈下降趋势，但呈现出增加和减少交替变化的特点。数值上表现为平均每 10 年下降 11mm 左右，研究近 53 年春季平均降水量为 297mm，其中年降水量最多为 1961 年和 1972 年，达到 387mm，最少年为 2011 年，只有 164mm，这与 2011 年西南大旱现象吻合。从近 53 年春季 5 年滑动平均降水曲线可以看出，1986 年是一个明显的转折点，曲线趋势表现为先下滑，达到 1986 年最低值，然后逐渐呈现上升趋势。从数值上看，1986 年以前，有 1979 年和 1982～1986 年 6 年春季降水量低于春季平均降水量，1986 年以后，有 1998～2002 年和 2012～2013 年 7 年春季降水量高于春季平均降水量。在 1986 年以前，春季降水平均值为 317mm，比近 53 年平均值高 20mm；在 1986 年以后，春季降水量平均值为 286mm，比整个研究时段的平均值低 11mm。可以得到，在 1986 年以后，贵州春季降水量整体上比 1986 年以前春季降水量要少。

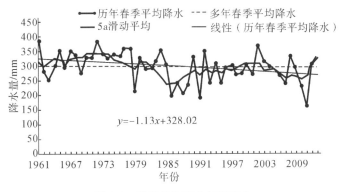

图 2-4　贵州春季降水年际变化

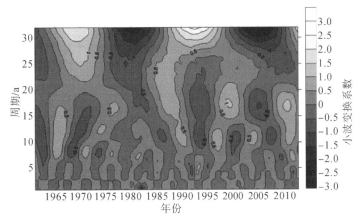

图 2-5　贵州省春季降水的 Morlet 小波变换实部等值线图

由图 2-5 可以看出，贵州春季降水在 53 年内存在明显的不同尺度的周期振荡信号，分别为 8～12 年、16～17 年、32 年。在 16～17 年的振荡周期里面，20 世纪 60 年代初期、20 世纪 60 年代后期、20 世纪 80 年代初期、20 世纪 90 年代初期和 21 世纪 00 年代中期小波实部为负值区，表明这些阶段为贵州春季降水偏少期；20 世纪 60 年代中期、20 世纪 70 年代中期、20 世纪 80 年代后期、20 世纪 90 年代后期、21 世纪 00 年代后期小波实部为正值区，表明这些阶段为贵州春季降水偏多期。小波系数的最小值和最大值都出现在 32 年的周期里面，分别在 1987～1997 年和 1999～2009 年这些年份里面，表明这一时期贵州春季降水振荡最强，气候活动变化剧烈。在 32 年的周期里面，存在着明显的 1965～1975 年的多雨、1975～1985 年的少雨、1987～1997 年的多雨、1999～2009 年的少雨 4 个循环。2010 年以后小波等值线并未完全闭合，表明在未来的几年里，贵州春季降水量将持续增多。

2.2　地表径流特征及变化

贵州河流以苗岭为界分属长江、珠江两大流域，苗岭以北属长江流域，苗岭以南属珠江流域。长江流域面积为 11.57×10^4 km^2，占全省流域总面积的 65.7%；珠江流域面积为 6.04×10^4 km^2，占全省流域总面积的 34.3%（表 2-1）。全省河网密布，且多发源于西部高原，水流方向受地势和地质构造条件制约，多数河流上游河谷狭隘、水力坡度大，中游束放相间、水流湍急,下游河谷狭窄、急流深切,导致山高水低、田(土)高水低,可利用和便于利用的水资源相对匮乏,特别是峰丛峡谷地区,坡耕地分布在峡谷两岸斜坡或台地上,在峡谷斜坡上难以形成地表径流,而峡谷谷地过境河流与坡耕地海拔高差一般在50m以上,部分地区达300m以上,严重制约了地表水资源的有效利用。

贵州省河流大多属于多雨源性河流,地表径流主要靠降水补给,地表径流量的变化基本与降水量的空间变化一致,一般南部多于北部,东部多于西部,山区多于河谷地带。地表径流多年平均径流深为300~1100mm,全省平均径流深为588mm。径流的年际变化差异比降水量大,年径流变异系数在0.25~0.35,径流年内分配极不均衡,多年平均丰水期连续4个月径流量占全年径流总量的56%~73%。省内河流径流系数为0.43~0.63,其中喀斯特发育区年径流系数一般低于0.60,碎屑岩占主要的地区径流系数可达0.60以上,如铜仁地区松桃河等流域的径流系数大多在0.60以上,地表径流季节性变化易形成夏秋伏旱,威胁农村居民生活用水及灌溉用水安全。

表2-1 贵州省主要河流(河段)的降水、径流等水文特征

流域	水系	面积/km²	年降水量		年径流量		陆地蒸发量/mm	年径流系数
			水深/mm	水量/亿 m³	径流深/mm	水量/亿 m³		
长江	金沙江	4927	931	45.87	402	19.81	529	0.43
	赤水河	11453	1026	117.51	483	55.32	543	0.47
	綦江	2249	998	22.45	614	13.81	384	0.62
	乌江上游	17621	1141	201.06	596	105.02	545	0.52
	乌江中游	33083	1104	365.24	502	166.08	602	0.45
	乌江下游	16145	1134	183.08	650	104.94	484	0.57
	清水江	17086	1240	211.87	650	111.06	590	0.52
	洪州河	1048	1137	11.92	647	6.78	490	0.57
	舞阳河	6480	1147	74.33	551	35.70	596	0.48
	锦江	4115	1383	56.91	870	35.80	513	0.63
	松桃河	1540	1450	22.33	896	13.80	554	0.62
珠江	南盘江	7651	1349	103.21	665	50.88	684	0.49
	北盘江	20982	1248	261.86	578	121.28	670	0.46
	红水河	15978	1258	201.00	561	89.64	697	0.45
	都柳江	15809	1386	219.11	668	105.60	718	0.48

2.3 喀斯特地下水赋存类型、特征及开发利用条件

西南喀斯特地区具有二元三维空间,其地表崎岖破碎,地表溶洼、漏斗与地下裂隙、洞腔、管道都十分发育,含水介质和赋存规律复杂,地下水丰富。根据中国地质科学研究院岩溶地质研究所牵头完成的“西南岩溶石山地区地下水资源与生态环境地质调查评价成果”表明:西南岩溶石山地区表层岩溶水年资源量可达$247×10^8 m^3/a$,相当于黄河年径流量的一半,占区域降水补给量的8%,是西南岩溶地区水量比较稳定、比较优质的

水资源。探讨并摸清喀斯特地下水赋存特点规律、评估开发潜力、采取适宜方式合理开发利用与保护地下水资源对维护喀斯特地区用水安全具有十分重要的意义。

2.3.1　喀斯特地下水类型划分及含水岩组状况

溶孔、溶隙、溶洞（管道）是碳酸盐岩中存在的三种最基本的溶蚀空间类型，受岩石的可溶性、透水性，以及水体的流动性、溶蚀能力等因素控制，不同类型的碳酸盐岩溶蚀机理不同，岩层中溶蚀空间及其组合类型差异较大。其中，溶孔-溶隙组合是白云岩中的典型组合类型，溶洞-管道是以石灰岩为主的深厚碳酸盐地层中溶蚀空间的主要组合形态，而裂隙-溶洞组合则主要发育于白云岩与石灰岩的过渡类型（如白云质灰岩、石灰质白云岩）、石灰岩与白云岩互层以及含泥质、硅质的不纯石灰岩等地层中。不同（介质）类型的碳酸盐岩及其岩石中的溶蚀空间组合不同，地下水的赋存状态、富集程度、水体运动特征、水动力特征存在较大的差异。据此，根据含水介质的组合及水动力特征，可将西南（贵州）喀斯特水类型分为溶洞-管道水、溶孔-溶隙水及溶隙-溶洞水三个亚类。

1. 溶洞-管道水

溶洞-管道水是主要赋存于热带、亚热带湿润气候背景下的石灰岩岩层中（少量也存在于年代较老、深厚的白云岩岩层中），含水空间以溶洞-管道组合为主，并多以暗河形式出现的地下水类型。地下水多集中在喀斯特管道-溶洞中，以地下暗河形态出现，流态大多呈紊流状态，岩层含水性极不均匀，地下水动态表现为暴涨暴落、极不稳定，常常以地下河（或伏流）、大中型岩溶泉等形式出现。

2. 溶孔-溶隙水

溶孔-溶隙水赋存于白云岩和不纯白云岩地层中，含水空间主要为细小的溶蚀孔洞、裂隙，岩层含水性相对较均匀。喀斯特盆（谷）区地下水运移缓慢，流速小，径流分散，流态有时呈层流状态，具有统一的流场和地下水位，地下水位埋藏浅，常在地表以季节性的井、泉等形式出现露头。

3. 溶隙-溶洞水

溶隙-溶洞水主要赋存于白云质灰岩、钙质白云岩、石灰岩与白云岩互层等地层中，含水空间主要为岩层中脉状的溶蚀裂隙和与之相通的溶蚀洞穴，岩层含水性一般不够均匀，地下溶隙-溶洞宽窄差异大，该类地下水的动态稳定性介于溶洞管道水和溶孔-溶隙水之间，总体上不稳定，并以井、泉、河流等形式出现，水量（或潜水位）的季节性变化较大。

2.3.2　水文地质分区及水文地质问题

由于西南喀斯特地区碳酸盐岩沉积的时间跨度大，地层岩性复杂，差异性的地壳升降运动比较频繁，导致西南（贵州）喀斯特地区不同类型水文地质区的地质环境、地下水的形成和赋存状况及开发利用条件差别较大，在此基础上形成的水文地质特征差异明显。以贵州为例，全省除黔东南三穗—凯里—三都一线以东的华南褶皱带浅变质岩、遵义北部赤水—习水的四川台拗以及黔西南册亨—望谟右江褶皱带有碎屑岩连片分布，贵州省内其他地区碳酸盐岩地层大面积出露，是我国西南碳酸盐岩分布最广、喀斯特发育最典型的省份。结合贵州省水文地质的相关资料和喀斯特地貌类型以及分布特点，再根据贵州省地质矿产勘查开发局(王明章 等,2018)相关研究成果,可以把贵州省水文地质划分为以下六个类型。不同水文地质类型区的地下水的赋存状况及水文地质环境问题有明显地域差异,直接影响喀斯特地区(或流域)水资源的开发利用方式、开发难度和水资源的安全利用。

1. 高原斜坡峰丛山地型水文地质区

此类型在贵州高原向川、渝、湘、桂低山丘陵的过渡地带以及乌江上游河谷斜坡地带比较典型。高原斜坡峰丛山地型喀斯特水文地质区岩层褶皱强烈,碳酸盐岩与碎屑岩相间分布,在石灰岩分布地带,地表与地下喀斯特发育并形成地表与地下相通的双重排水系统,并受地表深切河谷控制,岩层含水极不均匀,斜坡地带地下水位埋藏普遍较深,在六冲河谷、三岔河谷等地可达 50~200m,地下水多在深切河谷中集中排泄。例如,以贵州省西部乌蒙山区为主体的南北盘江之间的河间地块等,在斜坡地带地表径流流失快、地下径流埋深大、开发利用困难,是喀斯特地区典型的工程型缺水区。

2. 黔北垄岗槽谷喀斯特水文地质区

在黔北一带有分布广泛的喀斯特谷地或槽谷,这类地区地下水埋藏较浅,开发条件较好,适合采用机井开采地下水,并且可充分利用向斜成山、高位地下河(如道真等)及喀斯特大泉众多的优势,拦截、堵蓄地下河以及引泉进行地下水的开发利用,解决或缓解工程性缺水问题。例如,綦江、桐梓河、芙蓉江和洪渡河流域,这类地区的人口及社会经济活动主要集中在槽谷,而槽谷区地表水和地下水均较丰富,开发利用比较容易,因此,人畜饮水问题得到基本解决,存在的主要问题是人口活动强烈,传统的农耕活动影响大,农药、化肥以及生活污水排放处理率低等,导致农业面源污染比较突出。此外,在 2009~2011 年大旱时,贵州实施"水利大会战"等措施,在容易找水的槽谷区打了数以千计的钻孔,不仅导致部分地区富含地下水的地层可能被打"漏",而且受到生活、生产污水,特别是很容易沿着钻孔进入地下的农业面源污染的地表水影响,形成地表地下水联动污染,给水污染防治和水安全带来隐患。

3. 峰丛洼地水文地质区

该类水文地质区在以平塘、罗甸为中心的黔南片区很典型。总体上该片区的生态环境极为脆弱,宽缓的背斜大面积分布石灰岩和地表与地下喀斯特强烈发育的地质背景、深切割的地表河谷及由此形成的多个河间地块,使得区内地表如"筛"漏失严重、地表河网稀疏,地下河系统发育但地下水深埋且循环交替强烈,导致地表水资源极为匮乏,许多洼地缺乏地表河流,洼地底部则是居民生活和生产集中分布区,底部的喀斯特溶洞、溶孔水极易随泥沙漏失堵塞而改道,峰丛洼地的生活、生态、生产用水均极为困难,是喀斯特地区典型的工程型缺水区。

4. 高原台面丘原盆谷型水文地质区

此类型在贵州毕节至威宁一带以及长江、珠江分水岭的安顺至平坝一带等区域比较典型。可分为两亚类:一是一级高原台面上出露了大面积的石炭系中上统白云质灰岩,受喀斯特溶蚀、侵蚀、搬运、堆积作用的影响,地表喀斯特地貌演化进入戴维斯的第三阶段老龄化——趋向"准平原化"阶段,"台面"上地形平缓,山原起伏不大,岩层中喀斯特发育程度高,含水相对均匀,地下水埋藏浅,多见喀斯特潭(俗称"海子")出现;二是喀斯特丘峰之间的山间盆(谷)分布较广,在贵州的安顺、平坝一带比较典型,其中丘峰之间的盆谷地补给面积较大，地下水埋藏也较浅，富水性良好且含水性和透水性较均匀，是该类型区突出的水文地质特征。该区域存在的主要环境地质问题为地表水文网发育密度较小，抗旱能力较弱，遇到极端气候条件，容易出现工程性缺水问题。由于该类型区人口密度比较大、海拔较高（部分地区属于分水岭台面）、分散的农村村寨缺水，使分散村落不同时空水资源供需平衡问题成为本区需要解决的主要问题。合理开发地下河、岩溶泉，以及在地下水富集的盆地中采用机井开发利用地下水，是解决该类分散农村地区人畜饮水和生产用水的有效途径，如普定阿宝塘岩溶上升泉的开发利用就是一个比较成功的案例。

5. 河谷斜坡峰丛山地型水文地质区

　　该类水文地质区在主要河流中下游河谷地带比较典型。首先是以乌江中下游干流为主，受水文网控制，区内总体上西南高、东北低，西北和东南高，腹部低。最高点为梵净山主峰，标高 2573m，最低点位于沿河县城乌江干流河床，标高 225m。地表水集中在深切河谷中，地下水也主要集中汇聚在河谷干流中排泄，河谷斜坡地带地下水埋藏深，岩层含水的均匀性总体较差，因此，地表工程性缺水严重是本类型区的主要地质环境问题。其次是位于北盘江—红水河的峰丛峡谷区，因地形破碎、起伏大，地势总体上东北、西南高，分别向腹部北盘江河谷急剧倾斜，相对高差达 200m 以上，导致可供有效开发利用的地表水和地下水严重缺乏，地表蓄水能力弱，因此，合理高效开发利用表层带岩溶水对于维护区域用水安全有着重要意义，但根本性的解决途径是通过大中型水利工程的建设，依托管道供水解决问题。区内水土流失和石漠化现象严重，导致该区成为贵州省内生态环境最差的区域。

6. 断陷盆地水文地质区

　　断陷盆地在贵州西部六盘水、兴义市等片区比较典型。这类地区发育了较大的构造盆地，其中与地下水有关的环境地质问题有三点：一是盆地中浅层地下水虽然丰富，但地下喀斯特极为发育并形成大量较大规模的与基岩面相通的"开口"状溶蚀洞穴，采用抽提地下水易引发喀斯特地面塌陷，历史上，水城盆地中开采地下水曾引发喀斯特地面塌陷 1000 余处，成为贵州省内喀斯特塌陷易发区；二是盆地周边的山区地带，地表水严重缺乏，地下水埋深较大，并且以煤矿为主的矿山开采，地下大规模排水，区域地下水降落漏斗面积广，在本来地下水埋深就大的基础上，加大了水位的埋深，工程性缺水极为严重；三是众多矿井排水及煤矸石、废石堆淋滤造成地表水乃至相当大范围内浅层地下水的污染，使本来水资源就缺乏的状况更加严重。

2.3.3　峰丛洼地水资源形成与水循环过程

1. 水文地貌结构及水资源形成过程

　　喀斯特地区标准的峰丛洼地地貌结构是锥状（或塔状）峰林正地形与似倒锥状（漏斗状）、筒状洼地负地形共同组成的正负地形组合系统，即单个的石峰呈锥状或塔状，单个的洼地呈五边形或六边形，正负地形相互依存、互为补偿，构成相对稳定的平衡态结构（杨明德和梁虹，2000）。土层覆盖范围及厚度均小，基本上为裸露型喀斯特区，其垂直剖面上有三个主要水文作用带：即皮下带、渗流带和管流带，各具不同水文特性。皮下带发育于包气带上部；渗流带位于包气带下部，在皮下带之下、管流带之上，其中洪枯季节地下水流动有近似水平和垂直的交替运动；管流带为地下河系的组成部分，同落水洞、漏斗和溶隙相通，为地下径流的排泄通道。上述三个水文作用带，在降雨过程中对雨水起不同的分配和调蓄作用(图 2-6)。

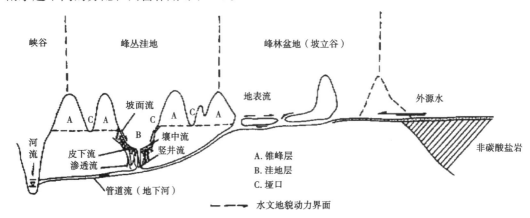

图 2-6　峰丛洼地水文地貌结构模式

当雨水降落地表后，皮下带入渗能力大，大部分雨水渗入该带。只有出现暴雨或长时间下雨时，皮下带产生蓄满产流，部分超渗雨水沿坡面侧向运动，形成坡面流，直接向洼地内落水洞或漏斗汇集注入，以集中方式补给地下河。渗入皮下带的水量中，满足该带持水量后，剩余水量中部分水量继续向下部渗流带供水入渗；部分水量形成侧向流动皮下带流，流速较快称为快速裂隙流。如遇该带岩溶不发育地段，常溢出地表成泉，同坡面流一起流入落水洞或漏斗，补给地下河。渗流带常在饱和状态，水量损失极小，渗漏水沿垂向裂隙、节理缓慢地向管流带渗漏，称为慢裂隙流。当雨强度很大时，形成大量超渗坡面流，洼地内漏斗、落水洞消水不及，出现积水，此时补给水流具有承压性质。当超渗坡面流补给地下河道水量过大，其补给强度超过裂隙流补给的强度时，管道迅速充水，可临时反补给管壁周围的裂隙；雨止或雨强小时，管道流泻出部分水量，裂隙流补给管道，形成管道流和裂隙流在雨洪过程中相互补给和交换过程。雨后，储蓄在皮下带的水量，部分以蒸发形式返回大气。峰林洼地组合类型喀斯特径流补给，以裂隙流分散补给和落水洞、漏斗集中灌入补给为主。

在峰丛洼地区水文循环过程中，入渗地下的雨水，除土壤吸附、蒸发和植物蒸腾，经过喀斯特裂隙、喀斯特管道，或集中或分散，随喀斯特地下河、喀斯特泉排泄；此外，未能入渗地下的雨水，则随地形汇集至地势低洼处，通过落水洞、天坑进入地下汇流管网，成为喀斯特地下水，其简要过程如图 2-7 所示。

峰丛洼地特殊的自然环境，虽有丰富的降水资源，但地势起伏落差大、土壤植被蓄水能力差等地貌水文特点，导致雨水转化为地下水速度快，且地下水开发难度大。其中土层散薄、抗旱能力差，加上交通不便、水利设施不足，导致喀斯特干旱问题突出、生态环境脆弱，是典型的工程性缺水区。长期以来，峰丛洼地可方便利用的水资源短缺成为制约该类地区发展社会经济和改善生态环境的重要瓶颈。

2. 典型峰丛洼地水资源赋存特点(平塘县克度镇金科村刘家湾)

平塘县克度镇金科村刘家湾，坐落于一个典型峰丛洼地负地形(坑状洼地)之中，该

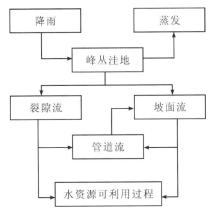

图 2-7　峰丛洼地水资源形成过程

洼地集雨面积为 62.44hm²，其底部到顶部相对高差从几十米到 250m 不等，海拔为 924~1176m。区内共有居民 13 户，人口 40 余人，旱耕地 400 余亩，主要种植玉米等粮食作物和李子、石榴等经济作物。其中，峰丛洼地水资源赋存有以下几个特点。①雨水资源相对丰富，但季节差异明显：该地属亚热带湿润季风气候区，多年平均降水量为 1180~1328mm，一年内降雨一般始于 4 月中旬，终于 10 月。其降水量分配不均，每年 4~10 月降雨集中，占年降水量的 89%，每年 11 月至次年 3 月为旱季，多年平均蒸发量为 1254mm，年平均相对湿度为 75%~79%。②坡面水资源比较丰富，但时空分布不均且停滞时间短：该地降水量较大且集中程度高，每年 4~10 月的雨季地貌植被较好的区域易形成坡面流，但总体来说，该类地区地表坡度较大，加上植被覆盖较差，植物及其枯枝落叶的拦挡作用比较弱，因此，坡面径流能较快地顺坡而下、汇入洼地底部排水管道，或沿着垂直发育的喀斯特裂隙、节理、孔道快速渗入地下，通过皮下带、进入渗透带甚至管流带成为地下水，一部分遇到局部隔水层或表层岩土体蓄满后以泉（如喀斯特裂隙泉等）的形式再次出露地表，大部分则进入地下水系管网。③以平塘 FAST 周边峰丛洼地为核心的区域过境河流少，大部分区域无明显地表水系：区内地质构造以褶皱为主，地下水赋存于喀斯特裂隙及溶洞中。地质构造中裂隙纵横交错，洼地、漏斗、落水洞、溶洞等星罗棋布，喀斯特发育程度高，每平方公里有喀斯特洼地 3~5 个，并伴有一个或多个漏斗、落水洞发育。岩层导水性极强，降水几乎全部汇流于封闭的洼地底部，通过裂隙、漏斗、落水洞等直接垂向补给地下水，而且石漠化严重，岩石裸露，区内基本上无常年地表水流，地表干旱缺水状态比较突出。④地下水资源丰富，但埋藏深：该区喀斯特垂直方向的裂隙、节理、溶蚀管道十分发育，地表降雨极容易沿垂向的裂隙、节理、溶蚀管道快速进入地下深处；而进入地下深处的水体，其存储、迁移、溶蚀又主要受岩溶发育强烈的地下管网控制；受这些因素的影响，导致地下水资源的埋深较大，浅层地下水的埋深一般为 50~100m，深的达 100m 以上。

2.3.4　喀斯特裂隙水的形成基础、发育特征及控制因素

与非喀斯特地区的地下水相比，喀斯特地下水包括溶孔水、溶隙（裂隙）水和溶洞（管道）水，其中最常见、分布最广的就是喀斯特裂隙水。广义的喀斯特裂隙水就包含上述三种类型及其组合的地下水。狭义的喀斯特裂隙水则是指碳酸盐岩中各种裂隙（如节理、构

造、层间等)中的水,喀斯特裂隙水出露广泛,是喀斯特地区最常见、可方便利用的地下水资源。由于西南喀斯特地区具有气候温湿、降雨丰富、碳酸盐岩广布、岩石裂隙发育等特征,造就了喀斯特程度强、地势崎岖、地下水深埋大、地表水缺乏等特殊的区域环境背景。裂隙水资源合理、高效地开发利用关系这些喀斯特地区人畜饮水及部分生产用水的安全保障问题和区域经济社会的可持续发展及裂隙水资源的可持续利用。以贵州为例,喀斯特裂隙水的发育特征及控制因素如下。

1. 裂隙水储集的碳酸盐岩分布广泛,地质构造复杂、节理裂隙发育,具有喀斯特裂隙水赋存的良好物质基础和储水空间

贵州是一个典型的亚热带喀斯特地区省份,喀斯特地区属扬子准地台一级构造单元,震旦纪以来至晚三叠纪多处于稳定地台的浅海沉积环境,沉积了厚度巨大的碳酸盐岩沉积盖层,分布广泛。全省除赤水、雷山、榕江和剑河等少数县基本无碳酸盐岩分布,其余县(市、区)均有碳酸盐岩分布,且出露面积较大,碳酸盐岩沉积时间跨度大、类型多,从震旦纪至新生代的晚三叠纪,均有不同厚度和不同类型的碳酸盐岩分布,碳酸盐岩总厚度达 17000m,占贵州沉积岩总厚度的 70% 以上,碳酸盐岩发育总面积为 12.96万 km²,占全贵州省总面积的 73.6%,且多以质纯、层厚的石灰岩和白云岩为主,这就为贵州省喀斯特裂隙水的发育准备了碳酸盐岩物质基础。

自元古宙以来,贵州各种类型地壳运动频繁,从前震旦纪的武陵运动到第四纪喜马拉雅运动,贵州高原经历了 20 余次性质和规模不同的褶皱运动和升降运动,主要表现为贵州高原的褶皱隆起和不同规模的断裂、断块运动,特别是第四纪以来的新构造运动,总体表现为间歇性的抬升,不仅使贵州省整体地质构造面貌愈趋复杂,地貌景观的垂直分异明显,多期多层次的构造形迹相互交接、复合、叠加,而且使贵州沉积岩特别是碳酸盐岩内褶皱、断裂、节理、裂隙等地质构造环境更加发育,岩层裂隙率高,为裂隙水的赋集创造了丰富的空间条件。

2. 裂隙水分布和聚集受构造及裂隙的控制

据调查分析,贵州省典型类型喀斯特区裂隙水的发育特征与碳酸盐岩岩石结构、类型、岩性、喀斯特发育程度、地质构造和水文及生态环境等背景条件密切相关,特别是与裂隙类型、发育程度、方向及裂隙性质等因素有关。贵州喀斯特裂隙水的分布、运移、补给和排泄特征受地质构造、裂隙的发育特征控制。各种类型裂隙的特性是喀斯特裂隙水最重要的控水条件之一,在不同的构造部位,由于裂隙具有很大差异,导致不同构造位置裂隙水赋存、运移和出露具有不同的特征。在紧密褶皱带、断裂密集带及区域裂隙发育密集带等构造应力集中部位,裂隙发育程度高,裂隙水最容易富集,也是布井找水的优先区域;在裂隙不发育或根本无裂隙存在的构造部位,裂隙水缺乏存在的空间,裂隙水少。一般在褶皱构造的核部,构造应力集中,岩层较破碎,且张裂隙发育较宽深,裂隙水赋存分布深度大,且向下渗流向岩溶管道或地下河排泄;在构造断裂带、挤压破碎带、节理密集发育带等构造裂隙发育区均有可能成为裂隙水的赋存带,而且在岩石可溶性好、地下水径流量大且通畅、水流交替强烈的地段是喀斯特发育良好的地段,也是喀斯特裂隙水富集的地段;在层厚、质纯的碳酸盐岩分布区、岩层较破碎的部位(构造破碎带)以及碳酸盐岩与非碳酸盐岩或喀斯特化极强与喀斯特作用弱的岩层交界面附近都是裂隙水富集和出露的较佳位置。

　　岩石的岩性、裂隙类型等不同，其中赋存的裂隙水具有不同的性质，据此可将裂隙分为构造裂隙、层面裂隙和溶蚀裂隙三种类型，不同类型的裂隙具有差异的裂隙水赋存特征（贺卫 等，2006）。

　　①构造裂隙。构造裂隙为贵州裂隙水储存和运动最重要的裂隙类型，出露广泛，主要为碳酸盐岩受地壳内部构造应力作用而产生的裂隙。构造裂隙具有边缘平直、方向性明显、分布集中、长度大等特征（图2-8）。构造裂隙的方向、性质和密度主要取决于岩层产状及褶皱断裂等地质构造的发育情况。

图 2-8　灰岩内的构造裂隙

　　②层面裂隙。层面裂隙在碳酸盐岩层中也是较常见的一种裂隙类型，主要指碳酸盐岩成岩过程中形成的层理裂隙。对岩石中地下水的赋存和渗透性能及喀斯特发育程度有较大的影响，贵州喀斯特地区沿层面出露的裂隙水较常见，多沿岩层面在重力作用的驱动向下运动，如普定县哪叭岩村农户张永和家屋后山坡脚，裂隙水沿碳酸盐岩层面渗出，在出露点附近形成一小水塘（图2-9）。

图 2-9　层面裂隙及裂隙水

　　③溶蚀裂隙。溶蚀裂隙是典型喀斯特区最为普遍的裂隙类型之一，在全省喀斯特区内均可见到，主要是由具有可溶性水对构造裂隙、层面裂隙等裂隙进行溶蚀、侵蚀而形成。碳酸盐岩的溶蚀裂隙规模、性质可用喀斯特率来表示，即可溶性岩石中溶蚀裂隙的体积与包括溶蚀裂隙在内的全部岩石的体积之比，它与碳酸盐岩的岩石类型、岩石的结构、溶蚀量以及溶蚀裂隙中水流的持续时间、流速、节理及构造裂隙性质有关（图2-10）。

图 2-10　溶蚀裂隙

3. 裂隙水的水动力性质复杂，三维空间具有各向差异性

在贵州碳酸盐岩层内，构造裂隙在三维空间上发育程度极不均匀，沿某个方向裂隙发育，开启性好，导水性强；而沿另一些方向则裂隙不发育，连通不畅，导水性弱，就导致裂隙水的水力联系沿不同方向强弱及大小不一，裂隙水水动力性质复杂，类型多样，裂隙水分布和运动在三维空间的各向异性明显。

裂隙发育且导水性强的裂隙往往成为地下水集中流动的通道，其中裂隙水流速快、承压大、流量强，而导水性弱的裂隙中裂隙水的流动以渗透为主，流速缓慢。一般情况下，碳酸盐岩原生孔隙很小，透水性能差，但经溶蚀后形成了不同形状的溶隙，如溶蚀漏斗、管道、溶洞等，这些不同溶隙空间的大小和透水性可以相差几个数量级，一些巨大的地下管道和溶洞，可成为地下暗河。喀斯特洞穴空间主要是在裂隙空间的基础上经过溶蚀、侵蚀和重力作用发展形成的，裂隙空间的方向性和其透水性能各向异性的特点在喀斯特介质中得到继承和加剧，因此，透水性能各向异性是喀斯特岩石介质的一个显著特点，也是造成裂隙水各向异性的原因。

4. 裂隙水的补给、径流和排泄

贵州的裂隙水多为雨源型地下水，主要由降雨补给，另外，泉水、坡面水、灌溉水等在一定的条件下也可成为裂隙水补给源。

降水通过土壤到达喀斯特表层带后，当表层裂隙就充满了水分，这时裂隙水分两部分流动：一部分以泉水的方式重新流出地表，另一部分则通过向下的裂隙、断裂向下渗流，补给其下的地下管道（地下河）。

裂隙水的运动一般以重力地下水的形式渗流，据研究，在大多数情况下，裂隙水在裂隙中的运动速度较小，在三维空间不同方向的水流多呈层流状态，其流动速度服从线性渗透定律（达西定律），即

$$V = Q/F = KI \qquad (2-1)$$

式中，V 为裂隙水的渗透速度；Q 为单位时间内渗透的水量；F 为渗透水流过水断面面积；I 为水头梯度；K 为碳酸盐岩的岩石渗透系数。达西定律证明了裂隙水在碳酸盐岩中的渗透速度与裂隙水水头梯度成正比，与岩石的透水性能成正比。

而在一些较宽大裂隙中，当水动力坡度较大时，裂隙水流速较快，一旦裂隙水流动速度超过一定的限度后，其流动则呈紊流状态，裂隙水的紊流运动服从非线性渗透定律，

即

$$V=KI^{1/2} \tag{2-2}$$

非线性渗透定律证实了裂隙水的渗透速度（紊流）与岩石的透水性成正比，与水头梯度的二分之一次方也成正比。

南京大学岩溶研究项目组对普定地区裂隙水的径流研究（俞锦标 等，1990）认为，大雨后，降水通过土壤层到达地表表层带时，表层带喀斯特裂隙内滞留大量水体，形成一个表层含水层，并有临时性的潜水面。当其下有较大的裂隙或断裂时，水体就相对集中其内而导致临时潜水面不断降低，形成一个降落漏斗，使地下水的下渗强度得到加强。在降落漏斗周围的溶蚀作用也随之加强，可以形成塌陷漏斗等。地下水的下渗通过这种降落漏斗集中于管道内，形成快速裂隙水直接补给地下管道。如果降水不断补给，或者表层带的水继续沿着较小的裂隙向下不断渗漏，它可以缓慢运动于岩体内或者在管道周围形成次级裂隙和洞穴、溶孔，因此，补给时间长，流量小，饱和度大，形成慢速裂隙水。

另外，由于喀斯特裂隙宽度不同，连通程度各不相同，也可造成裂隙水的层流与紊流并存，在一些细小的裂隙中，水流因阻力大而流动缓慢，流态为层流；而在一些连通性和开启性好的裂隙中，水流阻力小、流速大且水量集中，流态多呈紊流状态。有时在同一水力系统的不同过水断面上，渗透系数、水力坡度、渗透流速都各不相同。据Huntoon 对喀斯特表层带的调查研究，表层喀斯特带的裂隙率为 80% 左右；岩石的渗透性在表层带内随深度而增加，而在表层带以下，岩石的渗透性随深度而迅速降低。蒋忠诚等（2001）认为，在喀斯特地区表层，由于裂隙率较高，降雨后，雨水很快渗入表层喀斯特带中，渗入的雨水一部分在一定的部位重新流出地表，一部分通过表层喀斯特带的调蓄增加了蒸发量，一部分向下渗入地下管道中，入渗到地下管道中的喀斯特裂隙水比降水量少得多。在裸露的峰丛山区，入渗系数多为 0.3～0.7。在南方，表层喀斯特带高的裂隙率和渗透性使喀斯特水循环的速度极快，一般在大暴雨后几分钟，表层喀斯特泉即迅速增加，对降雨的滞后时间较短，并具有动态变化大、泉水流量衰减快等特征；同时地表的覆盖情况对表层裂隙水的调蓄具有很大的影响，石漠化环境（植被覆盖率低）与森林环境的表层喀斯特带对喀斯特水的调蓄功能差异很大。石漠化地区，表层喀斯特带的调蓄功能差。表现为两个方面：一方面，表层带喀斯特泉的出流时间短，动态非常不稳定；另一方面，表层喀斯特带对喀斯特管道泉调蓄能力弱，泉水动态与降雨动态基本一致。在六盘水梅花山地区、黔西南的关岭贞丰花江等许多地区，特别是高原斜坡地带，由于石漠化严重，表层带喀斯特泉大多为季节性泉，仅在雨季出流，旱季无水，除暴雨期，表层喀斯特泉水量一般很小，泉水滞后暴雨的时间为 1～2h。下部的喀斯特管道泉如玛嘎喀斯特泉，泉水动态与降雨动态曲线非常一致，只是时间上略有滞后，喀斯特水系统对降雨的调蓄作用较弱，对于一场大暴雨后表层带的地表冒水，往往不足一天就能完成衰减全过程，而森林环境的表层喀斯特带则对喀斯特水的调蓄功能强得多。森林植被区表层喀斯特泉的水位和流量对降雨的调蓄作用加强，时间响应相对较为迟缓，动态比较稳定，且容易形成四季流水不断的常流泉。

根据裂隙水的赋存部位、径流、排泄特征，喀斯特地区的裂隙水可分为两种。

①永久性裂隙水。因泥质白云岩、白云岩等喀斯特发育较弱的相对隔水层的存在而

形成隔水底板，沿隔水底板裂隙水溢出成泉，流量虽小，但较稳定，因此，四季长流，水质好，开发条件优越，是喀斯特峰丛山区人畜饮水和生产用水的重要水源。例如，贵州普定、平塘克度金科村公路后山、贵州花江峰丛峡谷板贵乡后山坡台面，以及部分植被较好的大型峰丛洼地边缘等区域均见此类裂隙水出露。

②季节性裂隙水。在喀斯特地区饱气带常发育有较小的喀斯特裂隙、溶隙，这些空隙可相互连通，形成较小的管网系统，具有一定的汇流面积和径流特征，因此，流量变化较大，在雨季裂隙水成泉流出地表，枯季断流。例如，在普定三岔河北岸哪叭岩村山后多处裂隙处，在雨季后可形成季节性泉水流出地表，因此，流量变化大，枯季断流，雨季流量与降雨量成正相关，且滞后降雨的时间短。

贵州高原在第四纪以来普遍发生多次间歇性抬升，导致岩层中构造裂隙发育，这些裂隙与前期形成的洞穴、裂隙沟通，形成管道流，向地下空间汇水，沿途可见地下水天窗。例如，贵州花江马刨井地下水天窗、普定后寨地下河系列天窗等，这种裂隙水流量较大。

2.3.5　贵州喀斯特地区裂隙水评价

典型类型喀斯特区裂隙水的评价包括裂隙水的水量评价和水质评价两个方面，即在对裂隙水资源的数量评价的同时，也必须对裂隙水资源的质量(水环境)做出评价。

1. 水量评价

贵州属亚热带季风气候区，降水丰富，境内各地年均降水量为 850～1600mm，其余大部分地区为 1100～1500mm。但降水分布不均，以晴隆等地为中心的黔西南、以月亮山和雷公山为中心的黔东南以及以梵净山为中心的黔东北地区是全省三个多雨中心，大部分年份的年相对变率为 8%～18%，各地一年中的雨日为 150～220d，雨日以西部较多。夏季降水量约占全年降水量的 40%～50%，11 月至次年 3 月的降水量仅占总降水量的20%左右。丰富的降水是贵州裂隙水资源充足的主要补给，加上碳酸盐岩和构造裂隙发育，因此，贵州的裂隙水丰富，分布广泛。

根据贵州省 1∶20 万水文地质普查及王明章等对贵州省石山地下水勘查及生态地质环境研究的相关成果，尽管省内喀斯特石山区地表干旱缺水严重，但地下却发育了流量大于 20L/s 的地下河 1130 条，岩溶大泉 1700 个，地下水多年平均天然补给量为 $479.41 \times 10^8 m^3/a$、允许开采量为 $138.865 \times 10^8 m^3/a$。地下水现状年开采量为 $25.031 \times 10^8 m^3/a$，仅占地下水允许开采量的 18%。由于水文地质条件及生态环境条件的不同以及区域地质构造、裂隙发育程度、裂隙水出露特征、地貌发育类型等在地域上的差异，导致了裂隙水在空间上的不均匀性。裂隙水的空间不均匀性主要有两方面的含义，即裂隙水在不同岩层储水层的垂直与水平方向的不均匀性和时间上不均匀性。

1)裂隙水的空间不均匀性

(1)裂隙水垂向上的不均匀性。裂隙水在垂直水动力分带上极不均匀，自地表向下，在上部饱气带或饱气带及季节变动带内，存在一个裂隙发育、岩溶作用相对强烈，并以相对完整的可溶性岩层作为其下界的喀斯特发育带即表层喀斯特带。关于表层喀斯特带的概念，最初是由法国学者在 20 世纪 70 年代通过建立喀斯特水文地质野外试验场，而在薄层泥质灰岩中发现并首次提出。1974 年，Mangin A. 率先在喀斯特水文学方面使用此概念，其主要目的是区分喀斯特水动力分带中饱气带上部含水相对丰富的部分，使喀斯特水动力分带更加完善。1985 年，Willianms P. W. 在分析新几内亚等地的喀斯特漏斗和洼地的成因时，又提出了"浅表层(subcutaneous layer)"的概念，以说明表层喀斯特集中溶蚀过程。实际上"浅表层"的含义与表层喀斯特带相似，但它更加强调喀斯特区植被和表层土壤的存在及喀斯特动力学意义。20 世纪 80 年代中后期，袁道先院士等在我国首次使用"表层喀斯特带"这一中文术语，并已证实了中国南方碳酸盐岩地区普遍存在表层喀斯特带。

表层喀斯特带由于位于地表以下岩石浅部，水动力条件优越以及裂隙发育而成为喀斯特地区裂隙水最主要的赋集地带，是由地表向下的第一个裂隙水赋存部位。表层喀斯特带裂隙水分布形式可呈层状、脉状或带状，但空间分布极不均匀。据不完全统计，贵州喀斯特地区分布表层带喀斯特泉水 2970 处，主要分布在黔北、黔东北和黔南地区，而黔西、黔中地区出露较少，泉水分布标高一般为 650～1200m，泉流量一般为 0.01～0.25L/s，动态较稳定。同时，表层带裂隙水在喀斯特地域上，也主要集中在喀斯特峰丛山区、喀斯特强烈发育的河间地块、河谷岸坡、峰丛谷地、峰丛洼地及溶丘洼地边缘，其主要以泉水的形式出露。

(2)裂隙水水平区域上的不均匀性。裂隙水的水平地域空间的不均匀性，主要表现在由于不同地区气候、地貌条件差异特别是水文地质条件结构类型的差异，导致各地裂隙水的赋存、补、径、蓄、排特征的不同，裂隙水的出露条件及露头密度、流量均存在极大的不同。王顺祥等(2003)对贵州不同地域的表层带喀斯特水调查后发现，在不同水文地质类型条件区内，裂隙水有明显不同的特征，不均匀性显著。在黔北、黔东北如绥阳、正安等地，碳酸盐岩主要为寒武系中上统白云岩，裂隙发育均匀，表层带裂隙水主要在山间盆地、峰丛洼地和峰丛盆地边缘以泉的形式分散出露，流量小而稳定，流量一般为 0.01～0.05L/s，在黔东北和黔西南部分地区，碳酸盐岩与非碳酸盐相间分布，表层带裂隙水分布也较均匀，但出露泉流量变化大(0.25～2.5L/s)，动态不稳定；在黔西北、黔西、黔中等区域，碳酸盐地层主要以石炭系、二叠系和三叠系为主，分布在峰丛洼地、峰林盆地边缘，裂隙水多以下降泉的形式出露，流量为 0.01～0.15L/s，水质较好；在黔南、黔西南地区，裂隙水出露于隔槽式宽缓喀斯特峰丛地区大型盆地边缘、深切峡谷、河谷岸坡等地带上，碳酸盐主要为石炭系、二叠系、三叠系较纯碳酸盐岩，裂隙水发育深度大，多以流量较大的季节性泉形式出露，流量变化大，一般为 0.05～61.92L/s(表 2-2)。

表 2-2　贵州各地区表层喀斯特裂隙泉特征

分布地区	地貌单元类型	喀斯特发育程度	裂隙水(泉)出露位置	裂隙水(泉)流量/(L/s)	典型发育地区
黔北	峰丛洼地、峰丛谷地(槽谷)、喀斯特盆地	中等发育	洼地、谷地、盆地边缘	0.01～0.05	遵义、仁怀、习水、桐梓、绥阳、凤岗、正安、道真、务川
黔东北	峰丛谷地、峰丛洼地、喀斯特盆地、河谷	中等发育	洼地、谷地、盆地边缘、河谷斜坡地带	0.01～0.15	思南、印江、德江、沿河、石阡、铜仁

续表

分布地区	地貌单元类型	喀斯特发育程度	裂隙水（泉）出露位置	裂隙水（泉）流量/(L/s)	典型发育地区
黔南	峰丛洼地、谷地、河谷	强烈发育	洼地、谷地、河谷斜坡边缘地带	0.05~2.5	罗甸、独山、平塘、长顺、惠水、福泉、贵定
黔西南	峰丛洼地、溶丘台地、河谷	强烈发育	洼地、台地边缘、河谷斜坡地带	0.05~2.5	兴义、兴仁、普安、晴隆、关岭、镇宁
黔西黔北西区	高原台地、溶丘台地、河谷	中等发育	台地、谷地、盆地边缘及河谷斜坡地带	0.01~0.8	六盘水、毕节、普定、织金、大方、黔西、纳雍、威宁、赫章
黔中	溶丘谷地、峰林盆地、峰丛洼地	弱发育	谷地、盆地、洼地边缘	0.01~0.15	安顺、贵阳、清镇、修文等县(市)境

（3）裂隙水的空间不均匀性成因分析。造成贵州喀斯特裂隙水不均匀性的因素很多，成因复杂，但主要与地层背景、构造条件、裂隙发育程度、赋水程度以及区域水文地质及喀斯特生态地质环境等自然条件等有关，其中裂隙类型多样性、裂隙中填充物的多寡及连通性对裂隙水的赋存状态及运移有决定性的作用，同时也与裂隙密度及规模在不同地域内发育极不均匀性等有关。一般在裂隙发育均匀、开张性和连通性好、充填物少的岩层中，裂隙水呈层状分布，往往具有很好的水力联系和统一的地下水面。在裂隙发育不均匀、连通性差，特别是在只有局部有裂隙分布的地段，裂隙水较分散，呈脉状分布，形成含水裂隙体系，同一岩层中的含水裂隙体系之间水力联系较差，多无统一的地下水面。

裂隙水的空间不均匀性与不同类型碳酸盐岩的喀斯特程度差异及不同碳酸盐岩的溶蚀强度等的关系主要表现在：不同区域碳酸盐岩类型不同、区域环境（气象、植被等）不同、构造背景（裂隙发育程度、裂隙性质等）不同等，导致在不同的地域，碳酸盐岩的储水能力有很大差别，在不同地段同一岩层钻孔，出水量可相差几十倍甚至上百倍，在黔东、黔北、黔中、黔南等不同区域裂隙水资源具有不同的特点。

2）裂隙水的时间不均匀性

裂隙水在时间上的不均匀性则表现在裂隙水随时间和季节的变化而变化，降水在时间上的分布不均匀性总体上表现为裂隙水流量与降水量变化具有很好的一致性。一般在雨季（5~9 月）裂隙水出露流量大，而在枯季（10 月～次年 3 月）裂隙水出露流量减小，在某些岩石裸露区甚至可能断流，在缺乏集中供水区域特别是在居民居住分散的村落造成喀斯特地区的人畜用水严重缺乏。

针对不同设计年裂隙水资源的年内分配情况，通过对普定县波玉河的调查分析，结合其农业生产季节变化，将全年分为：4~9 月为农灌季节，10 月～次年 3 月为非农灌季节，分别统计不同设计年、不同季节的裂隙水分配（表 2-3）。4~9 月的农灌时，不同设计年的快速和慢速裂隙水流，排泄较慢，供水稳定，水资源利用价值大。而 10 月～次年 3 月非农灌季节坡面水因雨量减少而减少，快、慢速裂隙水资源对人畜饮水安全相对较为重要。对贵州省普定县哪叭岩村表层带喀斯特水的观测发现，裂隙水出露流量随季节性变化明显，流量变化趋势与降水量变化有很好的一致性。枯季和丰水季节流量变化可达10 倍以上（图 2-11）。

表 2-3　波玉河不同设计年裂隙水资源季节变化

设计年	全年水资源/$(10^6 m^3)$		4~9月水资源/$(10^6 m^3)$		10月~次年3月水资源/$(10^6 m^3)$	
5% （丰水年）	总水资源量	322.06	总水资源量	274.32	总水资源量	47.74
	快速裂隙水	63.92	快速裂隙水	60.3	快速裂隙水	3.62
	慢速裂隙水	80.14	慢速裂隙水	46.74	慢速裂隙水	33.4
50% （平水年）	总水资源量	244.87	总水资源量	214.43	总水资源量	30.44
	快速裂隙水	46.18	快速裂隙水	44.69	快速裂隙水	1.49
	慢速裂隙水	67.77	慢速裂隙水	44.61	慢速裂隙水	23.16
75% （枯水年）	总水资源量	139.88	总水资源量	96.27	总水资源量	43.61
	快速裂隙水	20.72	快速裂隙水	15.63	快速裂隙水	5.09
	慢速裂隙水	54.67	慢速裂隙水	28.62	慢速裂隙水	26.05
95% （特枯年）	总水资源量	117.88	总水资源量	83.52	总水资源量	34.36
	快速裂隙水	16.39	快速裂隙水	14.29	快速裂隙水	2.1
	慢速裂隙水	50.06	慢速裂隙水	25.74	慢速裂隙水	24.32

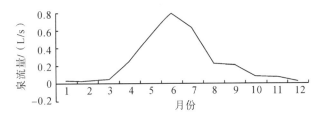

图 2-11　普定县哪叭岩村九头坡泉流量年变化

2. 水质评价

水质评价是裂隙水评价的重要环节，喀斯特山区社会经济发展水平相对较低，人为产生污染物的排放量小，尤其是农村小城镇地区，水质状况基本取决于地质背景下的化学特征。裂隙水的水化学特征与裂隙水储存地域的碳酸盐岩地层岩性密切相关，碳酸盐岩地层岩石类型和岩性控制着裂隙水的水化学类型。

参　考　文　献

陈阜平，2003. 贵州表层喀斯特水开发与生态环境. 中国西南(贵州)喀斯特生态环境治理与可持续发展咨询论文集：51-58.

邓绶林，1985. 普通水文学. 北京：高等教育出版社.

高贵龙，邓自民，熊康宁，等，2003. 喀斯特的呼唤与希望. 贵阳：贵州科技出版社.

贵州省地质局区域地质调查大队，1981. 贵州地质概述——贵州省地质图说明书.

贺卫，李坡，朱文孝，2006. 普定哪叭岩地区表层带喀斯特水资源特征及合理开发利用. 贵州科学，24(1)：37-41.

蒋忠诚，袁道先，1999. 表层岩溶带的岩溶动力学特征及其环境和资源意义. 地球学报，20(3)：302-308.

蒋忠诚，王瑞江，裴建国，等，2001. 我国南方表层喀斯特带及其对喀斯特水的调蓄功能. 中国岩溶，20(2)：106-109.

陆文秀，刘丙军，陈俊凡，等，2014. 近50a来珠江流域降水变化趋势分析. 自然资源学报(1)：80-90.

裴永炜，杨秀忠，张林，2003. 瓮安县珠藏高水地区表层带喀斯特水开发利用方式及供水意义. 中国西南(贵州)

喀斯特生态环境治理与可持续发展咨询论文集，108-113.

　　任美锷，刘振中，1983. 岩溶学概论. 北京：商务印书馆.

　　王明章，陈萍，王中美，等，2018. 贵州省岩溶地下水系统及地下火赋存规律研究. 北京；地质出版社.

　　王顺祥，杨秀忠，2003. 贵州表层岩溶带发育特征及其供水意义研究. 中国岩溶地下水与石漠化研究，174-178.

　　吴建峰，罗娜，张凤太，等，2018. 基于 Morlet 小波分析的云贵高原区春季降水特征研究. 中国农村水利水电，427(5)：127-131.

　　吴建峰，张凤太，卢海芬，等，2018. 基于标准化降水指数的贵州省近 54 年干旱时空特征分析. 科学技术与工程，18(15)：207-215.

　　许有鹏，徐梦浩，葛小平，等，2003. 城市水资源与水环境. 贵阳：贵州人民出版社.

　　杨汉奎，1988. 脆弱的喀斯特环境. 贵阳：贵州人民出版社.

　　杨明德，梁虹，2000. 峰丛洼地形成动力过程与水资源开发利用. 中国岩溶(1)：44-52.

　　杨秀忠，张林，2003. 贵州省喀斯特地下水合理利用与生态环境改善. 中国西南(贵州)喀斯特生态环境治理与可持续发展咨询论文集，67-77.

　　袁道先，蔡桂鸿，1988. 岩溶环境学. 重庆：重庆出版社.

　　章程，袁道先，曹建华，等，2004. 典型表层泉短时间尺度动态变化规律研究. 地球学报，25(3)：467-471.

第3章　喀斯特地区水资源安全影响因素分析

影响喀斯特地区水资源安全的因素很多，既有自然的因素，如喀斯特山区的地质环境条件、地貌类型、气候状况等，也有人为因素的影响，如水利工程建设与布局、人口变化、产业结构、水污染、技术进步与水资源管理等。有些因素（如降雨变化）是直接影响水资源安全，或通过参与水循环过程等直接影响水资源安全；有些因素（如产业结构调整）则间接影响水资源安全。

3.1　高原山地气候条件*

降雨是西南喀斯特流域水资源的主要补给来源，喀斯特地区地表和地下径流量主要取决于年降水量的变化（图 3-1 和表 3-1）（郭娣，2009），从图表上可以看出，2000 年广西弄拉兰电堂喀斯特泉流量和降水量具有高度的正相关关系，但泉流量与降雨相比有一定的滞后性，如该年 11 月降水量只有 9.4mm，是全年降雨最少的月份，但因为滞后效应，该月泉流量仍有 0.24L/s，高于该年 12 月以及 1、2 月，主要是该年 10 月降水量达到 174.5mm，降雨下渗滞留效益的结果。再以贵州为例，经对贵州全省 2001～2015 年的降水量和地表径流量进行相关性分析，得到其相关系数为 0.963，为显著性的正相关关系；全省及各市州水资源安全指数与降雨因子在 0.01 和 0.05 水平上也呈不同程度的显著正相关（表 3-2）。例如，2011 年西南地区大旱，贵州省该年降水量仅为 1445 亿 m³，其地表径流量亦达到 1949 年以来的历史最低，为 626 亿 m³，多处河流水量明显下降，部分小型河流特别是一些山区小溪流出现干涸现象，降水条件是决定该地区水资源安全的基本因素。

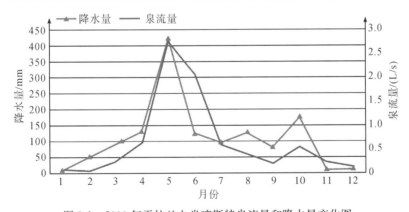

图 3-1　2000 年弄拉兰电堂喀斯特泉流量和降水量变化图

＊本节内容引用自：
①刘力阳，2007. 表层带喀斯特（泉）水资源评价方法与管理对策研究——以贵州省金银坝 S_(01)、S_(02)泉域为例. 贵阳：贵州大学.
②郑群威，2018. 基于“人—地—水”视角的贵州省水资源安全的时空演变及综合评价. 重庆：重庆师范大学.

表 3-1　2000 年弄拉兰电堂喀斯特泉流量和降水量情况统计

指标	月份											
	1	2	3	4	5	6	7	8	9	10	11	12
降水量/mm	11.3	58.0	95.4	131.6	427.5	129.0	95.1	125.3	80.8	174.5	9.4	13.6	1352
泉流量/(L/s)	0.09	0.06	0.24	0.62	2.77	2.08	0.61	0.45	0.22	0.56	0.24	0.14	/
总流量/m³	241.1	150.3	642.8	1607	7419.2	5391.4	1633.8	1205	570	1550	622	375	21407

表 3-2　2001～2015 年贵州省及各市州水资源安全性综合指数与各因子指标的相关系数

	贵州省	贵阳市	遵义市	安顺市	毕节市	铜仁市	黔西南州	黔东南州	黔南州	六盘水市
降水量	0.825**	0.799**	0.670**	0.827**	0.690**	0.532*	0.557*	0.672**	0.840**	0.677**
地下水占比	−0.709**	−0.515*	−0.571*	−0.844**	−0.718**	−0.016	−0.160	−0.151	−0.693**	−0.912**
径流系数	0.614*	0.332	0.758**	0.706**	0.549*	0.139	−0.018	0.269	0.783**	0.716**
人均水资源量	0.917**	0.265	0.919**	0.928**	0.887**	0.708**	0.425	0.774**	0.835**	0.504
地表水开采率	−0.619*	−0.546*	−0.754**	−0.681**	−0.554*	−0.183	−0.402	−0.267	−0.839**	−0.273
地下水开采率	−0.360	−0.629*	−0.314	−0.412	−0.065	0.706**	0.738**	−0.614*	−0.241	0.390
人口密度	−0.367	0.664**	−0.098	−0.425	−0.636*	−0.345	0.096	−0.611*	−0.360	−0.160
万元工业产值用水量	−0.554*	−0.709**	−0.290	−0.264	−0.615*	−0.604*	0.051	−0.741**	−0.522*	−0.549*
万元农业产值用水量	−0.567*	−0.615*	−0.451	−0.582*	−0.785**	−0.371	−0.090	−0.811**	−0.542*	−0.384
人均生活用水量	0.698**	0.464	0.147	0.400	0.737**	0.358	0.066	0.524*	0.490	0.242
单位面积生态用水量	0.365	0.232	0.510	0.265	0.474	−0.011	0.103	0.120	0.264	0.082
单位水体 COD 负荷	0.363	0.332	0.356	0.151	−0.027	0.586*	0.506	0.590*	−0.397	−0.140
单位水体 NH₃−N 负荷	0.380	0.688**	0.186	0.167	−0.029	0.640*	−0.101	0.624*	0.221	0.023

注：**表示在 0.01 水平（双侧）上显著相关。*表示在 0.05 水平（双侧）上显著相关，相关系数为 Pearson 相关性。

　　除了降雨，气温也是影响地表径流量的另一个因素。①当温度不变时，径流量主要随降水量的增加而增加，随降水量的减少而减少；当降水量不变时，径流量随温度升高导致蒸发和蒸腾作用加强而有所减少。②两相比较，径流量对降雨变化比较敏感，对气温变化的敏感度则很小，因此，通常情况下气温对径流量的影响小于降雨的影响。当气温增加 2～4℃，径流仅减少 5%～10%；当降水量增加或减少 20% 时，径流量相应地增加或减少 35%～40%（邓慧平，2001）。③在降水量增加或减少相同幅度的背景下，径流量变化率对降水量减少的敏感性高于对降水量增加时的敏感性。④在同样的情景假设下对普定后寨河流域的观测和模拟发现，流域年总径流量响应程度由大到小依次表现为：母猪洞子流域（普定后寨河上游，裸岩面积大、地貌以峰丛洼地为主）、老黑潭子流域（后寨河中下游、以峰丛谷地为主、谷地覆盖土层厚度较大）、后寨河全流域，因此，喀斯特发育程度越高，其对气候变化响应程度越大（蒙海花，2011）。

　　表层喀斯特带对流域水文过程的调蓄作用主要与降雨强度有关。据桂林喀斯特试验场的研究结果表明：当降水量＜5mm 时，表层带的调蓄量为泉域总调蓄量的 98.58%；当降水量为 5～10mm、10～30mm 和 30mm 以上时，其调蓄量分别占泉域总调蓄量的 73.91%、77.29% 和 67.69%。这是因为小雨时，降雨几乎全部被植物和喀斯特裂隙截留，泉域总排泄量不形成洪峰，即洪峰与降雨的滞后趋于无穷大。但在大雨量时，表层带蓄水空间很快趋于饱和，形成大量的地表产流（蓄满产流），并汇集于洼地，通过落水洞等进入喀斯特管道，由喀斯特水系统总排水点流出，在泉域总排泄过程上表现为易出现水位的暴涨暴落。

3.2　地形地貌条件

地形地貌条件对喀斯特发育及水资源赋存和交换的影响是多方面的，如任美锷等 (1983)认为，地表坡度直接影响降水在地表的富集程度和径流入渗量，控制了喀斯特水的补给量，地形陡峻的斜坡，降雨和径流入渗时间短，裂隙、漏斗和喀斯特相对不发育，而在平坦地区，降雨入渗量大，有利于喀斯特发育，漏斗、洞穴等发育典型，地表水容易转入地下；卢耀如(1986)认为，地貌形态及其发展阶段说明了剥蚀、溶蚀的程度和汇水、排水条件；袁道先(1993)认为，地形地貌因素是影响地表水与地下水循环交替的重要因素，决定了区域地表水文网发育特征，反映了局部及区域性的侵蚀基准面和地下水排泄基准面，控制着地下水运动方向、趋势。总体来说，喀斯特地区山多坡陡，地表崎岖破碎，这种地形地貌影响着地表径流的流向、流速、入渗和汇流时间等多个方面，极大地决定了径流汇聚的规模、空间、时间等，影响喀斯特发育强度，是控制喀斯特山区水资源赋存和迁移的主导因素之一，对区域水资源安全影响极大。

3.2.1　海拔地势

西南喀斯特核心腹地处于长江和珠江分水岭地区，地势较高，切割深、落差大，山高水低、田高土低、房高水低，取水扬程高，水资源安全利用难度较大。

3.2.2　坡度

从反映地形地貌的坡度看，西南喀斯特山区大部分地区属于高原山地或丘陵，地表坡度较大，如贵州全省地表平均坡度达 17.78°，其中大于25°的陡坡地占全省总面积的34.5%，15°~25°的占34.9%，两者合计占69.4%，山多坡陡的地表结构加剧了斜坡体上水、土、肥的流失(表3-3)，不利于坡面地表径流的停留。一方面坡度陡、径流下渗时间短，坡面表土层和坡面风化破碎带调蓄水资源的能力较小、抗旱能力差，易出现"喀斯特干旱"现象，导致坡耕地和散居村民的用水困难；同时坡度陡、坡面径流汇流快，坡脚河谷汇流集中，易产生洪涝灾害，导致喀斯特山区河流洪水暴涨暴落现象突出。另一方面，喀斯特山区地表坡度大，山坡面上的土层不易保存，易产生水土流失，坡地土层瘠薄且不连续，坡地上的"土壤水库"的调蓄作用较差；而且由于土层瘠薄不连续，土层保水保肥能力降低，植被生长较困难，森林生态系统的服务功能如"森林水库"的调蓄功能也大幅下降，旱灾发生频率和强度增加，可见喀斯特山区比较陡峻的地表结构——坡度会加剧旱涝灾害，直接和间接影响水资源安全。

表 3-3　喀斯特山区坡度与土层厚度及侵蚀状况之关系

坡度/(°)	10~15	15~20	20~25	25~30	30~35	35~40	>40
有机质厚度/cm	20	17	15	18	9	7	6
土层厚度/cm	120	81	86	78	71	42	<20
土壤侵蚀量/[t/(km²·a)]	285		3150		11700		>32100

注：据贵州岩溶与经济发展的相关分析整理(杨明德等，1989)。

3.2.3　地表破碎度

从反映地表破碎及起伏状况的综合指标——地表起伏度看，贵州素有“地无三尺平”之说，崎岖破碎的地表结构极大影响居民取水的便利程度，大幅提高取水用水成本。对于城市建城区而言，通过建立相应的大中型水源工程进行集中供水，城市居民尚难以直接感受用水的不便，但对于喀斯特山区农村地区而言，农户居住地和耕地比较零星分散，许多农户距离水源地较远，加之区域内起伏较大，山高坡陡，居民生活用水和生产用水如果通过集中供水，则管网铺设过长，这些输水管网还需要翻山越岭或通过桥隧架设，建设成本、防渗成本、运行管理成本等极高，喀斯特地区经济发展相对滞后，因此，山区分散居住农户承受高成本水价有一定困难；如果分散供水，则规模效益难以体现，用水水质也难以统一保障。许多案例数据表明：地表起伏大的喀斯特山区水利建设成本大幅提升，以贵州为例，地表起伏度与水库总库容、总干渠、支干渠等单位投资额呈现显著的正相关关系(图 3-2)。其原因在于，在喀斯特地区总、支干渠建设中受到不同地质岩性、地貌等环境影响因素较多，在地表起伏度较高的喀斯特地区，水渠建造成本构成会涉及较高密度的引水渡槽架设和涵洞建设，投资额比一般水渠要明显偏高，水库及配套管网综合单方成本比非喀斯特地区高 50%～250%。再如，喀斯特山区分布比较普遍的小水窖，在地表起伏越大的深山区，小水窖单方(1m³)投资额越高，它们呈显著的线性相关。根据对 2005 年前后贵州 15 个县的小水窖建设投资进行分析，30m³ 小水窖单方投资额需要 200～250 元，高于同期类似条件地区中小型水库的平均单方投资额。其原因在于大多数喀斯特山区，尤其是分散居住的农村居户，只能依靠建立小水窖解决用水问题，建设中各家各户都需要涉及土石开挖和窖体夯实硬化防渗处理，规模效益较差，导致单方水窖造价相对较高。

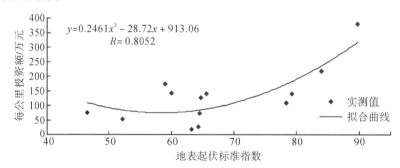

图 3-2　贵州山区地表起伏与水库总干渠投资的相关性

将贵州省 9 个市州平均海拔、地表平均坡度、地表起伏度与年平均径流量进行相关性分析，得到其相关系数分别为 −0.598、0.571、0.46，这表明年平均径流量与平均海拔呈负相关，与地表平均坡度、地表起伏度呈现一定程度的正相关。坡度越陡，坡地的地表径流汇流越快、河流多急流，在一定程度上减少坡地蒸发损失。

3.2.4　地貌组合类型

从地貌组合来看：地貌类型及其组合形态影响水资源分布格局、径流的排补关系及其水土资源空间上的匹配关系。一般来说，纯碳酸盐岩类岩石塑造的地貌类型多为峰丛洼地、峰丛槽谷或峰丛谷地等，其斜坡地带以及洼地、谷地或槽谷边缘往往成为表层喀斯特带最发育的地方，蓄积的表层带喀斯特水资源量相对丰富；不纯碳酸盐岩类地层分布区的地貌组合类型以丘峰洼地、丘峰谷地为主，并存有侵蚀类地貌，表层喀斯特带发育规模一般较小。不同的地貌类型及其组合形态导致其储水、蓄水的能力和方式不同，排补水的方式不同，形成的径流规模亦不相同。例如，贵州省后寨河流域——上游的母猪洞流域和中下游的老黑潭流域，母猪洞流域主要以裸露峰丛、洼地、漏斗等的地貌组合类型为主，该组合类型土层覆盖范围及厚度小，基本上为裸露喀斯特区，其垂直剖面上有 3 个主要水文作用带即皮下带、渗流带和管流带，各具不同水文特性，区内裂隙、节理发育，洼地内多落水洞和漏斗，以落水洞、漏斗的集中"灌入"和裂隙的分散"渗漏"补给方式为主，雨水大部分可形成径流，小部分则通过渗漏储存在裂隙中，裂隙由于其含水性较差，储存的水量较少。中下游老黑潭流域主要存在峰林-盆地、峰林-谷地等地貌组合类型，盆谷地土层厚度大、分布广，该类型区基本上为覆盖型喀斯特区，垂直剖面上有 4 个水文作用带：即土层带、皮下带、渗流带和管流带，水文地质条件较上游更复杂，区内的径流主要以落水洞、漏斗的集中"灌入"和土层分散"渗漏"补给方式为主（王腊春和史运良，2006），该流域内洼地、漏斗、落水洞土层覆盖厚度不同，下覆碳酸盐基岩，上覆的土层是均匀的有孔介质，持水容量较大。

在贵州分布极广泛的峰丛洼地，地表水系稀疏，河网密度小；同时该类地区农户和耕地主要分布在峰丛洼地的底部，受洼地或洼地群周边山地阻隔，洼地底部的居民生活用水和生产用水大多只能靠洼地山坡季节性雨水或洼地深埋的地下水，可方便利用的水资源极少，水土资源空间配置上错位，属于典型的用水不安全地区。此外河谷斜坡或高原斜坡上的居民，虽然在深切河谷底部有过境河流，但扬程高，斜坡上地下水埋深大，同峰丛洼地一样，也属于典型的工程性缺水区和用水不安全区域。

3.3　地质条件

地质条件对喀斯特山区地表与地下水转化过程、地下水资源赋存规律及其开发利用潜力、开发利用方式等均有重要影响，甚至起着控制性作用。

3.3.1　地层岩性

西南喀斯特地区广泛分布着以碳酸盐岩为主的可溶岩，从震旦纪晚期至三叠纪都有喀斯特分布发育，由于碳酸盐岩系的物质组成和岩层组合方面的差异，仅在不同地质时期、不同地段上喀斯特发育强度、碳酸岩的沉积厚度以及可蚀性方面具有差异而已，如震旦纪灯影组一般为硅质白云岩，不溶物质质量分数一般约为 10%；奥陶系主要为灰岩，泥质质量分数较高，平均可达 10% 左右等，这些地层岩性的性状差异影响溶蚀作用和溶蚀通道的形成，进而在某种程度上影响地下水赋存状况。但总体来说，以贵州为中心的西南喀斯特地区，可溶岩分布广泛，在湿热的季风气候和相应的生物作用下，喀斯特作用强烈，裂隙、漏斗、溶洞等极为发育，地表地下二元结构典型，地表水与地下水转换快，因此丰富的降水很快转入地下，除了一些峰林盆谷、槽谷，大部分峰丛山区(峰丛洼地、峰丛峡谷、高原斜坡等)都存在可方便利用的水资源不足等工程性缺水问题。

1. 地层岩性类别的影响

(1)不同类别岩性的溶蚀能力差异很大。据南京大学俞锦标等(1990)对贵州省普定县喀斯特地区溶蚀特征的研究发现，不同碳酸盐岩地区具有不同的溶蚀量和溶蚀速度，溶蚀量和溶蚀速度代表了喀斯特作用的强弱，也造成裂隙水分布空间的不均匀性。总体灰岩类的溶蚀量大于白云岩类，灰岩地区裂隙水的不均匀性大于白云岩地区。而灰岩类中溶蚀量最大为泥灰岩，裂隙水的不均匀性最大，其余岩类按大小顺序排列为含泥灰岩、含云含泥灰岩、灰岩、纯灰岩、云灰岩；白云岩类溶蚀量的大小顺序为：含泥含云灰岩、灰云岩、含灰云岩、纯白云岩、含泥云岩、白云岩。溶蚀能力越强、地下储水空间越大、地下水系越发育，出现"地表水贵如油、地下水滚滚流"的可能性越高。

(2)碳酸盐岩的抗风化能力强、成土过程缓慢。广泛分布的碳酸盐岩总体抗风化能力强，如贵州的灰岩不仅风化速度慢，而且含碎屑矿物及杂质很少，$CaCO_3$ 及 $MgCO_3$ 易溶物含量很高，且易淋失，而酸不溶物质量分数通常为 $1\%\sim5\%$，低者仅为 1%，能溶滤残留的物质甚少。据对贵州 132 个点的分析资料计算，灰岩风化剥蚀速率为 $23.7\sim110.7mm/10^3a$，若按平均 $61.68mm/10^3a$ 的剥蚀速率、平均酸不溶物质量分数为 3.9% 计算，一千年只有风化残余物 $2.47mm$，换句话说每形成 $1cm$ 厚的风化土层需要 $4000\sim5000$ 年(王克林和章春华，1999)，慢者需要 8500 年，较非喀斯特区慢 $10\sim80$ 倍，且厚度分配不均，这是喀斯特山区土层浅薄且分布不连续、喀斯特生境先天不足和脆弱性强的背景及基本原因，极大制约了喀斯特山区土壤水库以及森林生态系统对水分特别是地表水的调蓄功能，加剧了喀斯特地区易涝易旱现象(表 3-4)。在气候地貌条件类似的贵州黔东南地区和黔南地区，喀斯特更为发育的黔南地区旱涝灾害频率高于喀斯特相对不发育的黔东南地区。碳酸盐岩地区为中到微碱性环境，加之土壤瘠薄，喜酸植物生长差，植被生态系统的生物量小，对水分的调蓄能力也降低。

表 3-4　黔东南州和黔南州在 1951~1990 年的旱涝灾害频率比较

	总面积/km²	喀斯特出露面积百分比/%	年均温/℃	年均降水量/mm	旱灾次数及频率			洪灾次数及频率		
					大旱/次	中小旱/次	频率/%	大涝/次	中小涝/次	频率/%
黔东南州	30337	23.1	15.7	1240	5	15	50	2	11	32.5
黔南州	26193	81.5	15.9	1258	9	15	60	7	12	47.5

注：据贵州省民政厅(1991 年)相关资料整理，表中的大旱指每年农作物受灾面积在 100 万亩(1 亩≈666.7m²)以上，中小旱在 40 万亩以上；大涝指每年农作物受灾面积在 20 万亩以上，中小涝则在 12 万亩以上。

(3)不同岩性类型的表层喀斯特带的裂隙类型及赋水性能有明显差异。①灰岩表层溶洞裂隙型：在岩层产状平缓的石灰岩区，由于新构造运动抬升，使高位溶洞显露，并伴有裂隙产生，主要由裂隙与溶洞共同构成表层带喀斯特水的赋水空间。②白云岩表层风化溶蚀裂隙型：以溶孔、溶隙为主的储水空间，具有均匀，各向趋于同性的特点；白云岩的强风化带(粉砂状)决定其厚度。③碳酸盐岩夹碎屑岩或碳酸盐岩与碎屑岩互层基岩溶隙型：碳酸盐岩溶隙为储水空间，碎屑岩起浮托或隔水作用，厚度随碎屑岩岩层的位置而变化。④第四系松散覆盖层表层溶蚀裂隙型。含水空间为孔隙、裂隙，其厚度决定于松散层孔隙率和松散层厚度。

2. 地层岩性产状的影响

一是在表层喀斯特带发育规模(B)和阻水层结构(ZS)方面,据大量的野外调查,平缓出露的碳酸盐岩类地层,其浅表部分发育的表层带一般较厚且连续分布。其中的非可溶岩夹层或喀斯特弱发育带的阻水性能直接影响表层带喀斯特泉的流量和持续时间。通常情况下,受非可溶岩夹层阻隔出露的表层带喀斯特泉存续时间较长,而在喀斯特弱发育带控制下排泄的表层带喀斯特泉动态变化较前者大。二是从岩层倾角(Y)看,岩层倾角平缓(多<10°)的碳酸盐岩类地层,喀斯特化作用强烈,利于大气降水的入渗,表层喀斯特带系统的规模较大;岩层倾角陡的碳酸盐岩类地层多呈紧密的条带状,喀斯特化程度相对较弱,因而表层喀斯特带的发育规模一般较小。

总体上,地形上处于峰丛基座地带、岩层产状平缓、植被发育的纯碳酸盐岩地区表层喀斯特带较发育。在这类地区表层带喀斯特水量较充沛,容易被收集或开发利用(王伟,2007)。

3.3.2　地质构造

西南喀斯特山区属于扬子地台,在宏观层次上,扬子地台位于塔里木-华北地台、印度地台和太平洋洋盆等三大稳定地块之间,上述三大稳定地块对扬子地台在不同地质时期的不断碰撞挤压,或同一时间的联合挤压,形成西南喀斯特地区复杂多变的地质构造背景。以贵州为例,全省发育有黔中南北向构造、黔东多字形构造、黔西山字形构造、黔西北与黔西南扭动型构造等多种主要构造体系(郭娣,2009),在复杂的地质构造、地形和新构造差异性上升及不同岩性分布制约下,全省喀斯特发育及水文地质条件具有明显的分带性。在构造变形强烈的地区,各种裂隙、节理发育的强度大,频度也大。在一些节理密集区,每米长度可穿切 10 条节理。这些节理可延伸几米,并且切割深度也大,裂隙、节理密集区也是喀斯特水的富集区。构造背景不同(构造运动的时段、运动强度及其地域差异性等)及不同的构造部位(如紧密褶皱带、断裂密集带及区域裂隙发育密集带等),都会导致碳酸盐岩空间块体的储水能力有很大差别,在不同地段同一岩层钻孔,出水量可相差几十倍甚至上百倍。此外,岩石的裂隙类型(包括构造裂隙、层面裂隙和溶蚀裂隙)也影响喀斯特地下水的储存特征及其安全开发利用(见第 2 章)。

3.3.3　不良地质现象

从水利等地基工程的稳定性方面看,喀斯特本身就是一种不良地质现象,以及由此产生的落水洞、喀斯特塌陷、突水、斜坡破坏、泥石流等都属于不良地质现象。不良地质现象对涉及地表和地基处理的各项水利工程建设及安全皆有重大影响。

(1)影响工程建设的选址。各种不良地质问题对施工安全和工程技术有特殊要求,对工程的安全性、稳定性和寿命有很大影响,因此各项水利工程建设应尽可能规避这些不良地质现象多发区,如在地壳断裂与构造运动比较强烈的地区,应给予充分的重视。工程选址也要注意避开工程倾向与岩层走向的角度太小或几乎平行的地质结构,避开大滑坡、不稳定的岩堆、泥石流地区及其影响区。

(2)不良地质现象的处理会大幅增加工程造价。为减轻不良地质现象对工程造价的影响,一是科学合理选择工程地质条件有利的路线;二是提高地质勘察资料的准确性;三是充分认识特殊不良喀斯特工程地质问题的严重性,因地制宜制定有针对性的预案措施。

(3)不良地质现象对建筑结构的影响巨大。①对建筑结构选型和建筑材料选择的影响,如按功能要求本可以选用砖混或框架结构的,但因不良地质现象造成的地基承载力、承载变形及其不均匀性等问题,需要改用框架结构、简体结构;本可以选用钢筋混凝土结构的,而要改用钢结构;本可以选用砌体的,而要改用混凝土或钢筋混凝土等,通过增加成本、提高建筑结构和建筑材料的性能,以应对不良地质现象对水利工程建设的影响。②对基础选型和结构尺寸的影响,有的由于地基沉陷、喀斯特塌陷或岩层破碎等工程地质原因,不能采用条形基础,而要采用片筏基础甚至箱形基础;对沉陷地层或喀斯特塌陷需要采用桩基础加固或灌浆;有的要根据地质缺陷的不同程度,加大基础的结构尺寸,这些喀斯特地基处理需要增加额外成本。③对结构尺寸和钢筋配置的影响:为了应对地质缺陷造成的受力和变形问题,有时需要加大承载和传力结构的尺寸,提高钢筋混凝土的配筋率。此外,喀斯特塌陷、喀斯特防渗处理也将增加喀斯特地区水利工程建设的额外成本。

可见,喀斯特地区的不良地质现象与水利工程建设关系非常密切,对相关建筑物或构筑物工程的稳定性、安全性、正常使用、施工方法与难度、建筑材料及修建工期和造价等都有很大影响。处理这些不良地质现象将大幅增加水利工程的建设成本。

3.4　生态环境条件

西南喀斯特地区是我国贫困和环境退化问题最为突出的地区之一。土层薄瘠,水土流失和石漠化较严重,旱涝等灾害频繁,生态环境极为脆弱,是我国集中连片特殊困难地区,农村经济社会发展水平相对滞后,自我发展的能力较差,部分群众刚刚解决温饱问题。过去很长一段时间,群众为了生存,不得不掠夺式地开发自然资源,从而陷入"贫困—掠夺资源—环境退化—进一步贫困"的恶性循环中,或可称之为"贫困的陷阱"。环境退化与人口增长使得生存条件在局部地区变差,西南喀斯特地区的这种下垫面性质和生态环境如植被覆盖率、石漠化、土层厚度等变化,影响该地区赋水能力和水资源安全。

3.4.1　植被覆盖率

在喀斯特发育强烈的西南地区,森林覆盖率相较气候条件类似的闽、浙、赣地区低,而植被是陆地生态系统中能量转换、气候调节及水文循环的重要纽带,对水资源具有重要的调蓄功能(韩鹏和李秀霞,2008)。加强植被保护,提高植被覆盖率,将给水资源及生态系统带来重要影响。

20世纪90年代以前,桂林喀斯特试验场也是裸露的石山环境,表层带喀斯特泉主要为季节性泉,大暴雨后几分钟,表层带喀斯特泉水迅速增加,对降雨滞后的时间很短,并具有动态变化大、泉水流量衰减快等水循环特征,暴雨后的洪水往往不足一天即完成衰减全过程。试验场的管道泉,如31号泉,最大流量变化达70000倍,而且流量洪峰平均滞后降雨峰值仅4h,这说明裸露石山环境的表层喀斯特带对喀斯特水的调蓄能力较弱。这主要表现在两个方面:一是表层带喀斯特泉的出流时间短,动态非常不稳定;二是表层喀斯特带对喀斯特管道泉调蓄能力弱,泉水动态与降雨动态一致。例如,六盘水梅花山地区，由于石漠化严重，表层喀带斯特泉都为季节性泉，仅在雨季出流，旱季无水，除暴雨期，表层带喀斯特泉水量一般很小；泉水滞后暴雨的时间仅在 1h 左右；下部的喀斯特管道泉如玛嘎喀斯特泉，泉水动态与降雨动态曲线非常一致(图 3-3)，只是时间上略有滞后，表明石漠化地区表层喀斯特带水系统对降水的调蓄作用较弱(蒋忠诚 等，2001)。在裸露石山环境，水资源利用率较低，裸地景观之间的转化也较为简单。植被受地下水水位的影响微弱，地表水只对周边植被的覆盖情况产生影响。

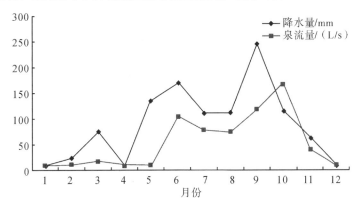

图 3-3　梅花山裸露石山环境 1999 年玛嘎喀斯特泉泉流量与降水量对比

　　森林环境的表层喀斯特带对喀斯特水的调蓄功能强得多。与梅花山(图 3-3)和桂林喀斯特试验场相比，在弄拉兰由于补给区为森林植被，其表层带喀斯特泉的水位和流量对降雨的调蓄作用加强，时间响应相对较为迟缓，泉流量变幅远小于降水量变幅，泉流量峰值与平均流量相比，动态变幅相对较小，且形成了四季流水不断的常流泉。以月动态而言，泉水只有一个峰值，出现在 7 月份，没有明显的反复起伏的多个峰(图 3-4)。对暴雨效应进行观测表明，弄拉兰电堂喀斯特泉暴雨后的水流动态也与裸露环境明显不同。有的暴雨能够引起水位上升，有的则不能，如观测期内的第 53 天到 56 天连续暴雨，水位上升 6cm。观测期内第 70 天和第 110 天降水量分别为 56mm 和 35mm，水位不涨反降，可能与前期雨量少、水位正从相对高位回落有关。暴雨后水位一旦上升，则衰减很慢，至少需要 4～5 天才能衰减至正常水平。

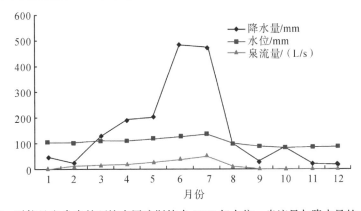

图 3-4　弄拉兰电堂森林环境表层喀斯特泉 1998 年水位、泉流量与降水量的对比

　　降水量与植被覆盖有着紧密的联系，降水量能直接影响土壤中的含水量，进而影响

植被的生长(孙倩 等,2018)。水文过程与植被覆盖有着紧密联系,植被通过林冠、枯落物等调控着降雨—入渗—产流过程,发挥良好的植被生态水文功能。当发生降雨时,林冠首先对降雨进行截留,枯枝落叶层进行拦蓄,使到达地表的有效雨量减少,减小雨水降落到地表的冲击力度,加之森林土壤良好的渗透能力,可有效蓄水,部分雨水形成径流。与裸露的地表相比,植被覆盖地区可一定程度减少降雨对地表的侵蚀强度,减少水土流失,进而降低石漠化的产生。不同植被覆盖度土壤的侵蚀情况也有明显不同,植被覆盖对水土保持具有重要的现实意义:能够有效削弱和拦截径流,植物根系能够改良土壤结构,提高土壤的抗冲和抗蚀性;枯枝落叶层在不断凋落和分解过程中,也会改善土壤性质,增加降水入渗,具有良好的保持水土、涵养水源功能(郑芳和张建军,2010)、减少和延缓地表径流汇流时间,减轻洪涝灾害发生频率和强度。当流域从以针叶林地为主的覆被结构改变为以阔叶林、混交林和灌丛为主时,径流量将有所增大;当流域以木本占优的森林生态系统退化为以草本为主的草原荒地时,流域的多年平均径流量将会显著增加(魏玲娜 等,2019)。不过只有当植被覆盖度到达一定程度时,这种明显的水保效益和生态效益才能较好显示出来。相关研究表明,在良好的森林生态系统中,森林可消耗降水量的70%~80%,其中林冠截留蒸发为8%,森林植被生理消耗为23%,森林地被物和土壤蓄水为45%。森林覆盖率每增加2%,约可削减洪峰1%,当流域森林覆盖率达到最大值100%时,森林削减洪峰的极限值为40%~50%(Huang M B and Liu X Z,2002)。流域内成片种植单一林种或人为烧山、不合理开垦种植等人类活动导致森林覆被破坏,也会增加流域洪水灾害发生概率。年均蒸散发量由大到小依次为灌丛、阔叶林、混交林、草地。一定范围内,近地面空气湿度也随着植被覆盖度的上升而增加。

茂密的植被可加强生物的活动能力,大量的枯枝落叶,表层土壤有充足的腐殖质,根系发达及呼吸释放大量 CO_2,提高喀斯特作用中的碳循环,增强溶蚀作用,增加近地面空气的湿度,减缓地表径流强度,加快碳酸盐岩的溶蚀进程。因而,植被覆盖率较高且与其他诸因子组合相适宜地区的表层带喀斯特水资源较为丰富,表层喀斯特带系统调节表层带喀斯特水的能力较强,反之亦然。为维护植被正常生长、发育和植被生态系统维持健康并发挥正常生态系统服务功能,需要一定水资源量,水资源和水环境安全与退化生态系统恢复、重建及生态系统健康稳定发展密切相关(吴建强 等,2018)。

3.4.2　石漠化

石漠化地区除表层带的调蓄水能力弱(图3-3),还有系列直接或间接影响水环境水资源安全的途径。石漠化区容易形成"山光人穷,穷山恶水"的恶性循环,且由于土壤瘠薄、缺水易旱,是造林绿化中最难啃的"硬骨头",极易发生工程型缺水问题。同时石漠化引起的生态恶化,加剧了贫困,阻碍了区域经济的发展。2000年以前,许多石山地区陷入了"越贫越垦,越垦越贫"的窘境,使石山区成了生态最恶劣、经济最贫困的地区。除了人类活动,"地高水低""雨多地漏""土薄易旱"造成地表水资源缺乏是喀斯特地区石漠化的主要因素之一。而石漠化的加剧又反过来影响水文过程,造成地表水缺乏、水资源利用困难等水资源安全问题。贵州境内除西部部分地区,年降水量多为1000~1300mm,而地表河流落差很大,最大河流乌江在贵州省内落差就达2036m。大降雨、高落差造成大量的水土流失,加重石漠化发生(安裕伦 等,1999)。高落差还造成水资源利用困难，地表水资源缺乏，难以保证生态建设所需水资源量。水土流失是石漠化过程中的体现，也加剧了石漠化进程，石漠化是水土流失长期作用的结果。石漠化等级越高，基岩裸露率越高，土壤覆盖薄且土层不连续，造成土壤贫瘠、土地资源缺乏等生态与环境问题，土壤的涵水能力减小，对水资源调控能力变差。土壤贫瘠、土地资源缺乏等问题造成植被生长环境恶化，植被出现"石生性"特征，可提供的矿物质、营养物质等减少，植物数量及多样性、生物量等也相应减小，植被覆盖率降低，缺乏植被的拦截、土壤的蓄水等作用，水资源更易快速形成地表径流汇入深切河谷或渗入地下，水文过程加快，造成地表可方便利用的有效水资源短缺。石漠化导致植物多样性减少、水资源调蓄能力、涵养能力差(图 3-3)，地表土壤植被对水资源调蓄能力大幅降低，加剧喀斯特地区的用水困难问题。

　　石漠化治理如退耕还林可使其土壤具有较高的土壤有机质含量及土壤 CO_2 浓度，同时土壤的保水等性能强化，有利于溶蚀作用，溶蚀量也随之增加，因此具有较强的碳汇效应，表明植被恢复促进了溶蚀作用，增加了喀斯特碳汇，石漠化治理的碳汇效应明显。合理配置喀斯特地区的生产、生活和生态用水，保障喀斯特山区石漠化治理和生态修复的生态需水，提高喀斯特石漠化区生态系统服务功能，是确保喀斯特石山区用水安全的长效措施。

3.4.3　土壤条件

　　土壤水分是水循环系统中的重要存在形式之一，影响着全球的水、碳和能量循环(韩玲和张延成，2018)。土壤水是连接降水入渗、径流形成、植物蒸腾和土壤蒸发等生态水文过程的关键枢纽(Bowen G，2015；Maxwell R M and Condon L E，2016)。包气带顶部的土层与其下的皮下带的持水能力和入渗能力决然不同，形成土层与皮下带间的界面，土层持水容量大，下渗能力小，入渗水量受其控制。当雨水降落到地面，满足土层持水量后，土层内部分水量侧向运动形成壤中流，部分水量向皮下带供水。雨量稍大时，易出现坡面流。渗入皮下带水量，满足该带持水量后，部分水量仍垂向渗透，向渗流带供水，部分水量形成侧向运动的皮下带流。遇到较大裂隙及节理时，又垂向渗透，渗流带内水量向管流带供水。坡面超渗雨水所形成的坡面流同样向出露于地表的落水洞、漏斗汇集，以集中方式补给其中，最后由地下河调蓄排泄，或直接由地表河调蓄排泄。雨后，储蓄在土层、皮下带及渗流带内的水量，以蒸散形式返回大气。当然，不同地貌类型区土壤水分参与循环的方式和作用强度(持水、入渗、补给等)可能有一定的差异。例如，在土层较厚的峰林谷地组合类型区，水分补给是以分散渗透和集中灌入的补给方式为主(王腊春 等，2000)。

　　相关研究表明(魏玲娜 等，2019)，在各覆被情景下，土壤含水率变化幅度随埋深减小。当降水结束之后，表层土壤含水率逐渐降低，其变化过程线与降水过程对应关系很好。森林覆被对土壤水分的调节能力更强，体现在无雨期的土壤含水率变化幅度比草地覆被小；连续降雨期内，土壤含水率高，达到饱和状态的时间长。不同覆被情景下，上、中、下层的土壤含水率变化均有差异。其中，灌丛的土壤含水率变化最为剧烈，尤其在无雨的土壤水消耗期，上层和中层土壤水急剧下降，说明低矮灌丛对降水的截持能力差，土壤持水性弱，一旦发生降水，浅层(35cm 以上)土壤含水率将迅速增加，当降水结束后，浅层土壤水被快速消耗。

不同类型的土壤条件在土壤密度、孔隙度、饱和水力传导率、土壤质地组成以及分层上具有很大的差别，导致土壤的含水能力有较大差异。黏质的土壤，其分布的海拔均值和风力作用指数均值相对较低，这种类型质地的土壤更多分布在受风蚀的作用相对较弱、水含量高、地势较低的地方。在不同成土母质条件下，对土壤质地类型变异产生最重要影响的地形因子也不同。在奥陶系母质条件下，风效应是最重要的影响因子；而在志留系母质条件下，最重要的影响因子则是漫射辐射（马冉 等，2019）。

3.5　水利设施建设

喀斯特地区地表-地下裂隙、管道发育，水文地质状况复杂，导致地表蓄水能力弱。在地下水资源丰富的同时，却因工程地质条件差，渗漏、塌陷、突水等不良地质现象，工程投入资金不足，工程建设或设计不合理等原因，容易导致工程造价成本高、效益低下，难以保障分散村落乃至小城镇用水安全，造成"工程性"缺水问题。此外，水利工程布局与聚落、耕地等用水单元脱节、不够完善的水利设施与区域经济社会发展对水资源需求量不断增大等矛盾，也是影响喀斯特地区用水安全的重要因素。

3.5.1　大中型骨干水源工程难以全面覆盖小城镇和农村地区

喀斯特山区农村包括小城镇地区，社会经济规模有限，乡镇人口聚集度低，尤其是偏远的村落或小城镇，生活用水、灌溉用水分散，导致骨干水源工程的辐射范围有限。渠道输水路程较远，开发、运行和管护成本很高，除了发电、防洪等作用，大中型骨干水源工程的供水服务大多围绕大中型城市及城镇、集中连片耕地服务，集中于中心城市区，如乌江流域梯级开发的水库群和贵阳市"两湖一库"等主要为黔中、贵安等区域服务。由于地形差异较大，喀斯特山区部分农村采用传统的集中供水方式难以解决饮水安全问题，因此，应该因地制宜采用分散供水方式。这些地区半封闭式水窖、封闭式水柜收集屋面雨水以及未经任何处理的表层岩溶水等仍是部分乡村农户饮用水的主要来源。由于降雨的时空分布不均，常有季节性缺水现象的出现，用水量不能得到长期可持续保障。由于喀斯特偏远山区部分乡村水利设施建设不足，少数村寨的水质问题仍然存在，加上农村居住地分散，经济、技术相对薄弱，生活污水及废弃物缺少统一规划和处理。近几年，环保力度略有加强，但由于基础设施欠账较多，加上喀斯特地区地理环境特殊，造成全面建设村级污水处理厂和污水管网的条件较困难，集中处理生活污水和农业面源污染面临较大挑战，解决水资源污染问题仍十分艰巨。

3.5.2　水源工程布局不够合理

水源工程可分成集中式与分散式布局，集中式水源工程一般具有稳定的水源，以大中小型水库为主，而小型微型水源工程往往受地形地貌和降水季节性差异以及裂隙水资源排泄量变化等众多因素的影响。偏远山区部分水利工程选址不合理，仍然出现很多小微型水源工程（山塘、水池等）得不到利用、或者因为小微型水利工程设计位置低而用户（村落和耕地）地势高而难以利用，或缺乏水源而无法蓄水（2010 年前不少农村小微型蓄水工程出现"白天装太阳、晚上装月亮"等情形）等问题。例如，平塘县克度镇到罗甸边阳等沿线修建的大量农业灌溉蓄水池，缺乏对裂隙水资源开发利用潜力的评估和蓄水池布局科学性论证，导致很多水池旱季基本不蓄水，社会经济价值低。

3.5.3 水源工程效益相对低下、有效管理不到位

西南喀斯特地区位于世界三大喀斯特强烈发育区，地质构造复杂，山高坡陡谷深，喀斯特裂隙发育，加上喀斯特的溶蚀作用，导致水利工程渗漏严重，水源工程的水资源存储能力较弱，调蓄水量有限。例如，贵州喀斯特地区小城镇原有的水源工程，多数是在 20 世纪 80～90 年代建造的，普遍存在建设标准不高、配套设施不完善等问题，工程老化失修，加之工程渗漏，使得水源工程调蓄水资源能力弱。同时，喀斯特地区一些地下河拦蓄河坝较低，水库库容小，调蓄性能较小，造成汛期弃水、枯期无水等现象。此外，小微型水利工程大多直接面向农户，缺乏集中管理和有效管理，如关岭花江石漠化综合治理示范区察耳岩中心小学对面的蓄水池、板贵万年坟水池等。水源工程缺乏管理、枯季水池蓄水用尽、底板开裂以及缺乏水池盖板而存在大量污物，形成水源的二次污染，导致最终水池被废弃。

3.6 社会经济快速发展的压力

过去很长时间内，喀斯特地区社会经济处于相对封闭状况，其发展水平明显滞后。近年来，随着西部大开发等政策的推进，该地区社会经济进入快速发展轨道，给水资源需求带来了较大压力；但同时，由于该地区水资源利用效率较低，节水技术推广普及不够，采矿等原因造成的水资源污染状况仍较突出，加上老百姓节水意识不强，阶梯水价执行力度不够等，这些都影响该地区的水资源安全。

3.6.1 水资源需求压力

2000 年以来，西南喀斯特地区人口增长、工农业发展对水资源的需求量不断增加。例如，贵州省城市化水平从 2001 年的 24% 上升至 2015 年 42.01%，其城镇用水量从 0.57 亿 m^3 上升至 5.79 亿 m^3，单位工业 GDP 耗水量虽呈下降趋势，但工业总量整体上呈上升趋势。因此，经济社会的快速发展、城镇化的推进必然引起对水资源需求总量的增加，水资源需求压力也持续上升。根据钱纳里工业划分理论，西南喀斯特多数地区处于工业化初级—中级阶段，经济的持续发展处于依赖资源支持的粗放式发展阶段，其经济总量较大且发展速度快，对水资源等资源需求压力很大。居民人均用水量因洗衣机、沐浴设施等逐渐普及也迅速增大，生活用水需求及污水排放量也随之增加。同时部分散居深山区、石漠化区的村落居民的长期饮用水来自不稳定的水源，出现季节性缺水。有些村落抽取过境河水，但部分河段，如乌江 34 号泉眼段等磷超标，洪水季节大部分河流河水浑浊，有些靠抽取过境河流的部分村落村民，由于缺乏集中水质处理设施，饮水的水质可能存在隐患。

3.6.2 水体污染物的排放

喀斯特地区水源受到污染的现象比较突出，加上城镇化发展，治理生活污水设施不足或不够完善。例如，部分小城镇地区和广大农村地区的生活废水和工业废水、废渣堆

放、农业(农药、化肥)等面源污染、养殖污染等排放不达标现象比较普遍。部分地区甚至未经处理即排放，许多乡镇和村落枯水期的取水安全受到严重威胁。此外，由于化肥和农药的大量使用，每年由陆地被暴雨径流带入河流或地下水体的沉积物中携带大量的N、P、S等，使水体遭到不同程度污染、影响水质、污染环境，并危及人体健康。

在广大农村地区，由于大量生活垃圾不经处理无序堆放，导致垃圾长期堆放发酵产生的浸出液含有多种有毒物质。居民环保意识薄弱，水资源浪费严重，生活污水和垃圾的随意排放对地表地下水环境造成污染，伴随农民生活水平日益提升，污染排放可能进一步加大。喀斯特地区养殖业随着精准扶贫等政策的推进快速发展，养殖场逐渐增多但大多还缺乏科学的布局考虑，且养殖场采取污染防治措施不够到位，不少农村地区普遍存在畜禽和水产养殖产生排泄物对土壤和水资源造成污染的现象，直接威胁地表地下水资源质量和生态安全。

2000年以来，贵州省废水排放量整体呈上升趋势，从2000年的5.54亿t上升至2010年的6.08亿t。其中，污水排放量的总化学需氧量(chemical oxygen demand，COD)从17.64万t上升至31.83万t，氨氮排放量也达到3.64万t，成为水环境安全的重要影响因素。

3.6.3　人为活动的不良干预

在喀斯特地区城镇化建设过程中，下垫面的改变，直接干预地表水径流场，而部分地下工程(隧道、人防工程)则直接改变地下喀斯特裂隙网、溶洞管道的走向，截断地下水的径流路径，导致下游水资源补给源缺失，影响下游地下水资源的持续开发与利用。另外，喀斯特小城镇或村落地区水资源管理体制性和机制性障碍还较多，水资源分配与管理效率较低，水资源工程运行效益不高。除了大型水利工程由国家直接投资建设和管理，小型农田水利基本建设过去欠账较多，缺乏稳定的投入机制，农业大县、产粮大县一般都是经济弱县、财政穷县，很难拿出相应的配套建设资金，而农民个人又很难投入大量的钱去自建农田水利工程，导致农田水利工程投入不足，水利设施运转维护困难、保障程度低。土地利用/覆盖变化主要通过下垫面的改造来影响水资源安全，包括对水量、水质及其空间分布、水循环等多方面的影响。人类在耕作中，化学肥料和杀虫剂等的广泛使用、城市生活污水和工业废水的排放造成水污染；房地产等建设活动导致森林生态系统的破碎化；部分地区过度放牧、毁林和围湖或侵占湿地搞建设等影响水资源安全的情况时有发生，河流的梯级开发、交通及水利等重点工程建设都在某种程度上改变了河流的自然状况，水生态资产精准评估、流域上中下游开发与保护的统筹安排、生态补偿标准和补偿机制的完善状况等因素都影响水资源保护与安全利用。

参 考 文 献

安裕伦，蔡广鹏，熊书益，1999. 贵州高原水土流失及其影响因素研究. 水土保持通报(3)：50-55.

邓慧平，2001. 气候与土地利用变化对水文水资源的影响研究. 地球科学进展，16(3)：436-441.

邓自民，1990. 贵州岩溶地区的城市水环境. 环保科技(1)：22-27.

贵州省民政厅编，1991. 贵州省自然灾害年表(1950～1990年). 贵阳：贵州人民出版社，150-180.

郭娣，2009. 西南岩溶山区汇水条件及其对越岭隧道涌突水的控制作用. 成都：成都理工大学.

韩玲，张延成，2018. 光学与微波数据协同反演植被覆盖区土壤水分. 水资源与水工程学报，29(4)：230-235.

韩鹏，李秀霞，2008. 黄河流域土壤侵蚀及植被水保效益研究. 应用基础与工程科学学报，16(2)：181-190.

贺卫，李坡，朱文孝，2006. 普定哪叭岩地区表层带喀斯特水资源特征及合理开发利用. 贵州科学，24(1)：37-41.

蒋忠诚，王瑞江，裴建国，等，2001. 我国南方表层岩溶带及其对岩溶水的调蓄功能. 中国岩溶(2)：106-110.

卢耀如，1986. 中国喀斯特地貌的演化模式. 地理研究(4)：24-35.

马冉，刘洪斌，武伟，2019. 流域尺度下地形属性对土壤质地类型变异的影响——以重庆市彭水县一小流域为例. 农业资源与环境学报，36(3)：279-286.

蒙海花，2011. 气候变化与土地利用变化的岩溶水文水资源响应. 南京：南京大学.

任美锷，刘振中，王飞燕，等，1983. 岩溶学概论. 北京：商务印书馆.

孙倩，阿丽亚·拜都热拉，依力亚斯江·努尔麦麦提，2018. 归一化植被指数对陆地水储量和降水变化的响应研究——以塔里木河流域为例. 中国农村水利水电(2)：54-59.

王克林，章春华，1999. 喀斯特斜坡地带资源开发过程中的环境效应及生态建设对策. 农业系统科学与综合研究，15(2)：85-90.

王腊春，史运良，2006. 西南喀斯特山区三水转化与水资源过程及合理利用. 地理科学，26(2)：173-178.

王腊春，许有鹏，张立峰，等，2000. 贵州普定后寨地下河流域岩溶水特征研究. 地理科学(6)：557-562.

王伟，2007. 基于层次分析法的表层带岩溶水资源评价方法探讨——以大小井流域为例. 贵州地质，24(1)：17-21.

魏玲娜，陈喜，王文，等，2019. 基于水文模型与遥感信息的植被变化水文响应分析. 水利水电技术，50(6)：18-28.

吴建强，李林，谭娟，等，2018. 峰丛洼地植被生态需水定额及其影响因素. 生态学报，38(19)：6894-6902.

杨明德，1990. 论喀斯特环境的脆弱性. 云南地理环境研究(1)：21-29.

俞锦标，杨立铮，章海生，等，1990. 中国喀斯特发育规律典型研究. 北京，科学出版社.

袁道先，1993. 中国岩溶学. 北京：地质出版社.

郑芳，张建军，2010. 晋西黄土区不同植被覆盖流域的水文响应. 生态学报，30(20)：5475-5484.

Bowen G，2015. Hydrology：the diversified economics of soil water. Nature(525)：43-44.

Huang M B，Liu X Z，2002. Regulation effect of forest vegetation on watershed runoff in the Loess Plateau. Chinese Journal of Applied Ecology，13(9)：1057-1060.

Maxwell R M，Condon L E，2016. Connections between groundwater flow and transpiration partitioning. Science (353)：377-380.

第4章　喀斯特地区水资源开发利用现状与存在的问题

4.1　喀斯特地区水资源利用现状[*]

西南喀斯特地区为亚热带季风湿润气候，降水量充沛，其多年平均降水量为1000～1800mm(单海平 等，2006)。其中，有较多喀斯特分布的广西为1100～3400mm、湖南为1215～1539mm、云南为600～2700mm、贵州为850～1600mm、广东为1350～2600mm、湖北为860～2100mm、重庆为1000～1350mm、四川为1000～1200mm(刘力阳，2008)。这些地区降水量虽然相当丰盈，但强烈的喀斯特作用形成了特殊的水文地质和水资源赋存条件，除了喀斯特峰林平原(盆地、谷地)等少部分地区，大部分喀斯特地区可方便利用的地表水资源均相当缺乏，而地下水却较丰富，水资源开发利用难度大，"十一五"及以前喀斯特地区的工程性缺水问题相当突出。据贵州省地矿系统的资料显示，在2011年底以前，贵州全省饮水不安全人口超过1000万，这些人口主要分布在农村地区，占农村地区总人口的30%以上；同时由于水资源开发利用技术相对滞后、水资源利用率较低、缺水造成西南喀斯特地区水资源安全问题较为严重，在喀斯特峰丛山区(峰丛洼地、高原斜坡、峡谷等)的农村地区尤甚。

饮水安全不仅是基本民生问题，还影响当地经济社会发展和生态文明建设。为克服水资源供应不足的问题，有关部门多管齐下，在西南喀斯特地区对地表地下水资源进行了多种类型的开发利用。

以喀斯特最发育的贵州为例，水资源开发利用按投资渠道、规模、用途等来看可分为三大块。

(1)以水利部门为主修建的大中型骨干水源工程及配套工程，主要用于解决大中小城市和大的集镇(村落)居民生活用水、工业及连片耕地的生产用水和生态用水问题，工程主要布局在干支流上。自"十二五"以来，水资源开发、水利工程建设速度明显加快，仅在"十二五"期间，贵州省水利投入达到1000亿元，是1949年以来到"十一五"末水利建设总投资的2.6倍。目前，全省已初步形成了以蓄引提为主，灌溉、防洪、发电、供水相结合的区域水利工程网络体系，原则上每个有条件的县域都已建成或将要建成至少一个中型骨干水源工程，并在全省分片区规划布局建设系列标志性大型水利工程。①黔中水利枢纽：是贵州首个大型水利枢纽工程，目前已成功下闸蓄水，工程总库容为10.8亿 m³，年调水量为7.41亿 m³，干渠总长156.5km，总灌溉面积为65.23万亩，覆盖面积达4711km²，黔中水利枢纽工程的投入使用，将极大解决黔中地区十多个县(市、区)共49个乡镇的农业、工业、生活用水。②夹岩水利枢纽总投资186亿元，是贵州省目

　＊本节内容引用自：

　①苏维词，2007. 花江喀斯特峡石漠化治理示范区水资源赋存特点及开发条件评价 [J]. 水文地质工程地质(6)：37-40.

　②苏维词，2012. 滇桂黔石漠化集中连片特困区开发式扶贫的模式与长效机制 [J]. 贵州科学，30(4)：1-5.

　③刘力阳，2007. 表层带喀斯特(泉)水资源评价方法与管理对策研究 ——以贵州省金银坝 S_(01)、S_(02)泉域为例. 贵阳：贵州大学.

前在建的最大水利工程，工程投入运行后，可以解决毕节地区大部分及遵义市部分区域 286.7 万人、120.96 万头牲畜和 92.2 万亩耕地用水问题。③兴义马岭水库：2016 年 9 月 25 日马岭水库总投资 23.2 亿元，工程建成后将解决兴义市中心城区的兴义片区和义龙片区以及周边乡镇供水问题。预计 2030 年多年平均供水量为 21156 万 m³，其中向兴义市中心城区供水 20498 万 m³，工程建成后可退还城镇供水挤占的围山湖水库农业灌溉供水量，提高围山湖灌区 4.46 万亩耕地的灌溉保证率。预计"十三五"期间，贵州水利投入将进一步加大，总投资将达到 1578.09 亿元，规划新增 14 座大型水库，完成在建的 55 座中型水库，规划新增 130 座中型水库，完成在建的 17 座小型水库，规划新增 230 座小型水库等水利工程。2020 年实现市州有大型水库、县县有中型水库、乡乡有稳定供水水源，水利工程年供水能力达到 150 亿 m³ 以上，基本解决全省工程性缺水问题。

(2)自然资源地矿部门牵头以地下水开发为主的小微型水资源开发利用工程，以解决分散居住的农村居民生活用水为主，兼顾生产、生态用水。2007 年全面启动的利用地下水勘查成果解决贵州农村饮水安全问题取得显著成效，4 年共投入经费 1.9 亿元，打井 196 口，日涌水量 10 万 m³，直接解决 86 余万人、24 万大牲畜饮水及部分农田灌溉问题。面对全球气候变化日趋频繁和喀斯特地区抗旱设施的脆弱性，2013 年贵州省委、省政府做出了实施水源工程、提排灌工程和地下水(机井)利用工程"三大会战"战略部署。其中，地下水开发投入 90 亿元，计划用 8 年时间，开发地下水，建成利用 1 万余口机井、水源点，作为到 2020 年全部解决全省 1000 万余人的饮水安全问题的重要抓手，其中标志性工程如平塘巨木地下河低碳低成本开发利用、道真上坝地下河开发利用等都产生了很好的成效。

(3)涉农等其他部门的水资源开发利用，目标在于解决山区，尤其是喀斯特地区农村生产用水问题，同时兼顾部分分散居住农户生活用水问题。主要包括农业部门的农田水利基本建设、烟草部门的烟水配套工程等；此外，林业、发改、科技等部门的生态建设、石漠化治理、水资源安全高效开发利用示范工程等也有部分水资源开发利用内容。以烟水配套工程为例，贵州是全国第二大烟叶产区，2003 年年底，国家烟草局在贵州率先开展了以小水窖、小水池和小山塘("三小"工程)为主要形式的烟水配套工程建设试点。2006 年初，国家烟草局正式在全国范围启动以烟水配套工程建设为重点的烟叶生产基础设施建设工作，全面吹响了开展烟水配套工程建设的"集结号"，黔中大地遍布了"烟水配套工程"的标识，截至 2011 年底，在贵州实施烟水配套工程投资达 44 亿元，实施面积 540 万亩，建设系统工程 2022 个，水窖 10.46 万口、368 万 m³，水池 6.88 万口、740 万 m³，管网 2.03 万条、4.98 万 km，沟渠 5391 条、4632km；塘坝 790 座、450 万 m³，提灌站 585 座，解决了 100 余万人和 30 余万头大牲畜的饮水问题。例如，毕节市大方县鸡场乡、黄泥塘镇烟水配套工程投资 3306 万元，覆盖 2 个乡镇 8 个村，灌溉面积 3.53 万亩，解决了 811 户、3650 人和 2000 余头牲畜的饮水问题。面对 2009～2011 年连续三年百年一遇的大旱灾，烟水配套工程发挥了重要作用。科技部门主要围绕石漠化治理与生态产业示范工程中水资源高效开发利用、农村分散供水技术与示范、水质处理等需要，在不同喀斯特地貌-生态类型区安排了系列科技支撑项目，围绕水资源适用技术的研发、引进、组装、应用示范和监测等开展相关工作。

喀斯特地区地貌类型复杂多样，水资源赋存类型特点及其开发利用方式也必须因地制宜。目前对雨水、地表水(坡面水、沟谷水等)、地下水(裂隙水、洞穴水等)进行合理有效的开发利用,除了水利系统按照传统方式在主干流筑坝、截流、蓄水、引水、发电、灌溉等集中式开发,对于分散式的水资源开发利用方式主要有集雨工程、集流工程、地下河天窗提水工程、地下水库、溶洼水库、地表河低坝蓄水工程等,如普定县高羊地下河低坝蓄水工程、惠水县小龙洞地下河低坝蓄水工程。根据喀斯特水赋存特性与水资源特点,利用小水窖、小水池、小山塘和小水库蓄集雨水和地表水,修建提水、引水工程,开发喀斯特地下水,堵洞成库或在洞穴出口附近筑坝蓄水等进行地下河开发。在条件许可的地方,可以把水池、水窖通过水管串连,形成池管联系的微型水利系统,从而达到既能防止水土流失作用,又能解决人畜饮水和旱坡地林灌草、农作物丰产示范点配水水源工程以及配套的节水灌溉问题。例如,普定县坪上乡哪叽岩村小水窖工程,该村坐落在乌江上游——三岔河边附近一个喀斯特丘峰上,距离河面落差近300m。虽然该村落多年平均降水量为1297mm,但"十二五"前,进出该村落的路况极差,村落距离乌江三岔河的河面落差大。在未修通村路前,村民去往三岔河河谷的小路崎岖,路窄路陡弯多,遇到干旱季节,需要年轻劳动力方能下河谷挑水,挑水一次,来回需要4h以上,费时费力,很不现实——年轻劳力因顾及家中老人枯水季节饮水需要而无法脱身外出务工,留在村里又缺乏挣钱机会而导致家庭普遍陷入深度贫困。原来村民依赖的主要水源是村落对面九头山上一股季节性裂隙水,通过跨流域水管引进的季节性裂隙水,出水保障率极低,村民饮水极为困难。2004年前后,本课题组与当地水利局在该村修建调节水池2个、人畜饮水水池100余个,每个小水池(水窖)容积为18~30m³,共计8000m³,把丰水季节的裂隙水引入调节水池,再分流进入各家各户的水窖,同时利用屋面集雨措施(该村落屋面每平方米扣除蒸发等损耗后可集雨0.8m³,50m³的屋面集雨即可满足4口人、牛猪等大牲畜10头三个月的用水量),这些小微型集雨工程在哪叽岩村共投入20多万元,解决和改善201户1000余人、2000余头大畜饮水需求以及1500余亩耕地枯季用水,特别是解决了早春育苗期间的用水问题。同时把大量农村劳动力从挑水苦力中解放出来从事其他生产,增加了农民种养殖积极性,优化了该村的产业结构和就业结构。该模式投入成本低,开发利用效益较高,可较好解决分散村落人畜饮水问题,在深山区、偏远山区可适度推广。再如花江喀斯特峡谷水资源开发示范工程,贞丰-关岭花江示范区通过修建系列水池、水窖,收集沟谷水、裂隙水、坡面水、路面水等,基本解决当地石漠化治理和生态经济林(如花椒)等用水问题。在供水保障充足的条件下,花椒产量较干旱胁迫下增产25%,0.24hm²花椒林年可增收0.40万元,工程投入5~10年即可收回成本,经济效益、生态效益较好。也可根据地形地貌的不同状况进行差异化开发利用,如在普定县母猪洞-后寨河流域上游峰丛洼地区建地下水库、溶洼水库或天窗泵站提水,中下游峰丛谷地和峰林盆地建泵站提水工程,在河口处建拦河低坝蓄水工程。峰林坡地的皮下带流和快速裂隙流溢出处建水窖和水柜等集流、集雨工程(王腊春和史运良,2006)。供水工程主要为微小型,进行分散拦蓄、分散供水,通过化整为零的方式解决喀斯特地区分散村落、偏远村落的整体性干旱缺水等问题。

　　针对西南喀斯特地区缺水问题,中央和地方政府已投入大量资源对水资源进行开发利用,但总体开发利用程度仍较低(表4-1)。2016年西南地区开发供水量占水资源总量的比例(除湖北)均低于全国平均水平18.6%,尤其是贵州、云南两地仅为9.4%、7.2%。

且供水多为地表水资源供水，地下水资源供水占比均未超过 5%，可见地下水资源开发力度不足(表 4-1)。在《西南岩溶石山地区地下水勘查与生态环境地质调查评价报告》中，评价了地下水允许开采资源、开发利用程度、潜力模数等，按三级流域系统，省(区、市)对喀斯特地下水资源的潜力进行评价，长江流域、珠江流域、元江流域已开发利用程度($Q_采/Q_允$)分别为 14.8%、13.5%、21.4%，潜力模数 $M_潜$ 为 $10.64\times10^4\,\mathrm{m^3/(a\cdot km^2)}$、$14.11\times10^4\,\mathrm{m^3/(a\cdot km^2)}$、$16.06\times10^4\,\mathrm{m^3/(a\cdot km^2)}$，各区开发潜力大。按西南喀斯特地区和各省(区、市)数据(表 4-2)，西南喀斯特地区地下水天然水资源量为 $17.6\times10^{10}\,\mathrm{m^3/a}$，允许开采量为 $6.21\times10^{10}\,\mathrm{m^3/a}$，已开采量为 $9.03\times10^9\,\mathrm{m^3/a}$，总体开采利用率为 14.54%，剩余资源潜力为 $5.31\times10^{10}\,\mathrm{m^3/a}$，其中长江流域开发潜力为 $2.50\times10^{10}\,\mathrm{m^3/a}$，珠江流域为 $2.57\times10^{10}\,\mathrm{m^3/a}$，元江流域为 $2.44\times10^9\,\mathrm{m^3/a}$，这表明西南喀斯特地区地下水开发潜力较大；尤其是云南、贵州、广西、四川、湖南允许开采量大，分别为 $10.36\times10^9\,\mathrm{m^3/a}$、$13.89\times10^9\,\mathrm{m^3/a}$、$19.78\times10^9\,\mathrm{m^3/a}$、$63.62\times10^8\,\mathrm{m^3/a}$、$69.08\times10^8\,\mathrm{m^3/a}$，目前除云南、湖北两省地下水开发利用程度较高，分别达到 33.94%、37.26%，重庆、贵州、湖南、广东开发利用率分别只有 12.49%、11.54%、13.47%、16.93%，四川、广西地下水开发利用程度更低，仅为 3.38%、6.87%。据潜力模数看，广西、四川、广东、湖南、云南、贵州六省区潜力模数分别为 $19.28\times10^4\,\mathrm{m^3/(a\cdot km^2)}$、$18.54\times10^4\,\mathrm{m^3/(a\cdot km^2)}$、$15.24\times10^4\,\mathrm{m^3/(a\cdot km^2)}$、$10.15\times10^4\,\mathrm{m^3/(a\cdot km^2)}$、$10.09\times10^4\,\mathrm{m^3/(a\cdot km^2)}$、$9.48\times10^4\,\mathrm{m^3/(a\cdot km^2)}$；湖北、重庆潜力模数受降水、喀斯特发育状况等影响，分别为 $7.93\times10^4\,\mathrm{m^3/(a\cdot km^2)}$、$2.52\times10^4\,\mathrm{m^3/(a\cdot km^2)}$，潜力模数相对较小(国土资源部中国地质调查局，2007)。

表 4-1　2016 年西南地区水资源概况

	全国	湖北	湖南	广东	广西	重庆	四川	贵州	云南
水资源总量/亿 m³	32466.4	1498.0	2196.6	2458.6	2178.6	604.9	2340.9	1066.1	2088.9
地表水资源量/亿 m³	31273.9	1468.2	2189.5	2448.5	2176.8	604.9	2339.7	1066.1	2088.9
地下水资源量/亿 m³	8854.8	313.6	475.4	570.0	527.4	112.3	593.3	251.3	699.7
总供水量/亿 m³	6040.2	282.0	330.4	435.0	290.6	77.5	267.3	100.3	150.2
地表水供水量/亿 m³	4912.4	273.1	315.1	418.8	278.0	76.0	253.9	96.5	145.3
地下水供水量/亿 m³	1057.0	8.8	15.2	14.3	11.	1.4	12.0	3.1	3.7
供水量占水资源量的比例/%	18.6	18.8	15.0	17.7	13.3	12.8	11.4	9.4	7.2
地表水占总供水量的比例/%	81.3	96.8	95.4	96.3	95.7	98.1	95.0	96.2	96.7
地下水占总供水量的比例/%	17.5	3.1	4.6	3.3	4.0	1.8	4.5	3.1	2.5
人均水资源量/(m³/人)	2354.9	2552.6	3229.1	2250.6	4522.7	1994.7	2843.3	3009.5	4391.7
人均用水量/(m³/人)	438.1	480.5	485.7	398.2	603.3	255.6	324.7	283.1	315.8

表 4-2　含喀斯特的西南地区各省(区、市)地下水资源潜力评价汇总统计表

工作区	允许开采量 $Q_允$ /(10^4 m³/a)	已开采量 $Q_采$ /(10^4 m³/a)	潜力资源量 $Q_效$ /(10^4 m³/a)	已开发利用程度 $Q_采/Q_允$ /%	潜力指数 $P_潜$	潜力模数 $M_潜$ /[10^4 m³/(a·km²)]	开发潜力分区	潜力模数分区
四川	636221.39	21525.73	614695.66	3.38	28.56	18.54	丰富	中等
云南	1035510.54	360695.78	674814.76	33.94	1.95	10.09	较丰富	中等
重庆	49808.22	6219.44	43588.78	12.49	7.01	2.52	丰富	较小
贵州	1388650	160300	1228350	11.54	7.7	9.48	丰富	较小
湖北	251256.16	93625.96	157630.2	37.26	1.68	7.93	较丰富	较小
湖南	690849.60	94205.51	605414.76	13.47	6.43	10.15	丰富	中等
广西	1977898.0	135943.0	1841950.0	6.87	13.55	19.28	丰富	中等
广东	179006.4	30314.2	148692.2	16.93	4.91	15.24	丰富	中等
西南喀斯特区	6209200.3	902829.62	5306370.7	14.54	5.88	12.29	丰富	中等

注：资料引自 2007 年国土资源部(现自然资源部)中国地质调查局报告。

　　喀斯特地区水资源丰富，人均和单位面积水资源占有量均位于全国前列，但可高效或方便利用的水量较少。例如，2016 年贵州省人均水资源占有量为 3009.5m³，为全国平均值的 1.27 倍；单位面积水资源占有量达 $60.5164×10^4$ m³/km²，为全国平均值的 1.79 倍。按供用水量计算，则人均、单位面积占有量均远低于全国平均数。贵州省 2016 年供水量为 $10.03×10^9$ m³，仅占全国的 1.66%；人均用水量为 283.1m³，为全国平均的 64.61%；耕地亩均可供水量为 113m³，为全国平均的 42.0%；耕地灌溉率为 17.2%，而江苏、长江中下游为 77.6%、60.5%(王明章，2006)。由于对喀斯特水文地质条件、地下河流域系统、开发利用技术研究程度较低以及过去长期以来对喀斯特地下水开发利用重要性认识不足，致使贵州全省地下水开发利用率不足 15%，造成喀斯特地区"十二五"以前长期存在地表严重缺水、地下水资源严重浪费的现象。贵州地下水多年平均天然补给量为 $479.41×10^8$ m³/a，允许开采量为 $138.865×10^8$ m³/a。2010 年地下水现状年开采量为 $25.031×10^8$ m³/a，其利用率仅占枯水季排泄量的 10% 左右(高建平和吴桂武，2014)。安顺、遵义地区的工农业较为发达，其地下水开采开发利用程度相对较高，分别达到 12.3% 及 12.1%；黔东南州、毕节地区及铜仁地区工农业较不发达，地下水开采条件较差，地下水利用率最低，仅占 1.2%～1.9%；其余黔西南州及黔南州居中，地下水利用率为 4.0% 及 4.4%(杨钢，2008)。贵州省各地水资源压力指数均值由大到小分别为贵阳市(0.73)>六盘水市(0.50)>遵义市(0.47)>毕节地区(0.41)>黔南州(0.39)>安顺市(0.37)>铜仁地区(0.26)>黔西南州(0.24)>黔东南州(0.12)，贵阳市、六盘水市、遵义市、毕节地区水资源压力均大于 0.4(杨江州 等，2017)。可见西南喀斯特地区的城镇化地区、人口密集区以及分散居住的偏远山区(缺乏集中式供水水源条件的区域)水资源难以满足所在区域社会、经济持续发展和生态建设的需求，在气候变化背景下，容易产生水资源危机，是未来水资源开发与调控的重点区域。

　　根据三水转换规律、地下河发育特征、成库条件和地下河开发利用技术的研究等，因地制宜采取不同的技术手段和模式留住地表水、开采地下水，合理开发利用和保护喀斯特地区水资源，尤其是地下水资源，对促进区内生态环境改善和社会经济的发展具有重要的意义。从水资源赋存类型来看，目前喀斯特地区水资源开发利用的模式除了常见的地表河流筑坝蓄水、提水、引水、输水、配水等水资源开发利用模式，适合喀斯特地区多样化地貌条件和分散的村落、耕地空间格局供需水要求的水资源开发利用模式主要还有 5 种。①雨水开发模式：主要由屋面集雨、路面集雨、新型材料集雨等方式收集利用。②坡面水及沟谷水开发模式：拦、蓄、引收集坡面水及沟谷水、水泥或沥青等硬化的路面水等。③裂隙水开发模式：围泉建池、蓄水引水、隧洞"截"水、浅井提水、钻井取水。④溶洞-管道水开发模式：地下河出口低坝蓄水工程模式、地下河天窗提水模式、堵洞成库模式等。⑤地表地下多样化水资源联合开发模式：溶洼成库、地表-地下河汇流区低坝蓄水、地表-地下水库联合开发模式等。

　　在对雨水、地表水进行充分开发利用的基础上，通过查明水资源赋存规律与储水构造，选择合适的喀斯特水开发的有利地段及利用方式，合理开发利用地下水资源，对解决喀斯特地区水资源缺乏问题，如人畜饮水、农业生产用水、工业用水等有重要意义，并已取得了良好的社会及经济效益。①普定县马关地下水库。20 世纪 90 年代初，马官地下水库是利用地下河管道和地下河源头的冲头洼地联合蓄水的地表-地下水库，大坝筑在地下水洞的洞腔内，与洼地中的落水洞、竖井相通，接纳洼地及附近集雨区的地表水，地下河与洼地形成统一的蓄水库盆，实现了地表水与地下水的联合调度。有效解决了马官镇 5000 人、1200 头大牲畜的饮水问题以及乡镇企业的用水问题；解决了历年来的农灌用水问题，粮食单产增加 20% 左右，人均纯收入在几年内翻倍；石漠化面积明显减少，最初几年取得了良好的生态环境治理效果，后来由于喀斯特的溶蚀作用，蓄水洼盆逐步渗漏，又没有及时采取针对性的防渗处理，导致马关地下水库失效。②平塘县巨木地下河开发。巨木地下河开发工程采用在地下河出口筑坝，利用坝体落差形成的水势能带动水泵提水至高位调节水池，实现地下水自流，解决了平塘县塘边镇的部分群众及牲畜的饮水问题，改善了部分农田干旱缺水问题，提高了粮食产量。地下水的开发对周边地区带来了较大社会经济效益，且对石漠化的治理也提供了有利条件，结合以石漠化为主的地质环境的综合整治及土地整理，使流域生态环境得以改善，是喀斯特地区一个成功的低碳低成本水资源开发利用范本。③普定白岩镇阿宝塘喀斯特上升泉综合开发利用示范工程：2005 年，本课题组通过对阿宝塘水库渗漏特征进行研究和岩溶管道上升泉的承压进行分析，通过清淤、补漏和对原来坝体加固加高处理，增加阿宝塘水库水域面积 2 万余 m^2，库容增加 10 万 m^3（共 13 万 m^3），增加保灌面积 4000 多亩，改善和保障人畜饮水 1.1 万人及 5000 多头，水库及周边湿地环境及生物多样性逐渐得以恢复，最终成为农业部（现农业农村部）乡村旅游示范点，成为普定县城乃至安顺市民周末休闲好去处；同时库坝以下 4000 多亩坝子用水得到保障，原来传统的苞谷种植变为精细蔬菜种植，乡村旅游示范户从无到有（接待点或户 7 处），年旅游收入 2007 年达到 280 万元，直接和间接带动从业人员 260 人（包含为旅游服务的蔬菜种植等行业），村容村貌大大改善，村民收入大幅增加。此外，在重庆彭水、武隆、南川等的喀斯特富水构造上打井 5 口，出水量达 3058 m^3/d，解决了 4.2 万人用水困难。湘西保靖打井 1 口，出水量达 5500 m^3/d，自流量

为 $1700m^3/d$，水位高出地表 100m，在相当长一段时间内，改善了县城 5 万人的供水需求。

　　总体来看，据贵州省国土地矿系统的资料显示，贵州喀斯特地区的地下水开发利用历史悠久，并广泛应用于农田灌溉、城镇工矿供水以及农村人、畜饮水中。1949 年以来，随着经济社会发展，贵州省地下水的开采量一直呈明显的增长趋势。20 世纪 70 年代以前的广大农村地区，地下水在开发利用上主要采取引泉（地下河）的形式进行开发利用（如黔北地区早在 20 世纪 60 年代就已成为地下水提灌示范区，利用地下水灌溉面积占总灌溉面积的 25%～30%，使该地区 40 余年保持了粮食、油菜产量的多年丰产稳产的记录等）；仅在局部地段出现了采用工程开凿平硐截引地下河和修建地下水库开发地下水用于灌溉或发电；而采用深井开采地下水作为生活与生产供水水源主要集中在如水城钢铁厂等少量工矿分布区。20 世纪 70 年代以后，随着水文地质勘查工作的进展，以及对喀斯特地下水研究水平的深入和城镇发展需求增加，喀斯特城镇地区的地下水开发力度加大，凯里、遵义、贵阳、水城、织金等部分城市分别采用了喀斯特大泉、地下河作为城市供水水源或补充水源，如贵阳市汪家大井喀斯特大泉为城市提供生活用水量达 3650 万 m^3/a，凯里市以大小龙井喀斯特大泉为城市供水主要水源，利用量达 737.30 万 m^3/a。此外，许多县城如惠水县，通过小龙电站提取地下水解决县城及周边地区的用水问题等，都取得了明显成效。"六五""七五"期间，分别在普定、独山建设了一批利用地下河的地下水库。在一定时段内全省有 78 个县（市、区）不同程度地开发利用地下水用于城镇生活，分别占供水总量的 15%～35%。机井开采地下水也成为全省各地工矿供水的重要手段，在部分农田集中的地带，也采用机井井群开采地下水，用于农田灌溉和农村人、畜饮水。例如，在 2009～2012 年西南地区的持续干旱期间，贵州省政府规划部署了一批抗旱打井任务，2013 年开展了以服务于水利建设的"三大会战"中的地下水机井勘查工程。抽调贵州省地矿局、有色与核工业地质局、煤田地质局所属的地质队（前后有近 40 家地勘单位）开展机井勘查工作。2007～2015 年共实施机井 4573 口，成井 3712 口，可开发地下水资源量达 95.64 万 m^3/d，为约 540 万缺水区农村人口提供了清洁可靠的饮用水源；但与此同时，机井密集的区域，如毕节、安顺、遵义、铜仁、黔西南等喀斯特高原面、峰丛台地盆地（黔中安顺分水岭一带）、黔北喀斯特槽谷等局部地段出现储水构造被破坏、地面沉降等不良地质现象。此外，由于喀斯特发育的不均匀性，特别是处在河（沟）谷深切的喀斯特峰丛山区，受强烈切割的山区地表水文网影响，喀斯特水系中分水岭以及深切割的河谷岸坡地带，地形起伏大、地表喀斯特渗漏严重、地下水位埋深也达到 50m 甚至百米以上，且含水层含水性极不均匀，地下水难以开发利用，成为既无地表水、地下水又难以利用的地方，很长一段时期内该类型区民众饮水及生产供水得不到解决，缺水成为严重的民生问题，严重制约了经济社会的发展，并由此带来水资源供给瓶颈，导致植被退化、水土流失日益加剧，喀斯特石漠化发生率及治理难度加大，出现一方水土养不活一方人的"困境"。

4.2　喀斯特地区水资源开发利用存在的主要问题

4.2.1　喀斯特地区"工程性缺水"问题

　　西南喀斯特地区水资源总体比较丰富，但由于地质条件复杂、地形崎岖破碎、山高河(沟)低、田(土)高水低，加之土地零星分散和人居及村落分散，导致水利工程建设难度大、造价高，工程受益面分散，部分分散村落和耕地集中供水困难，经济效益低等因素，制约了水利工程的发展或水利工程环境条件不具备，而造成喀斯特地区特有的"工程性缺水"。特别是喀斯特峰丛山区(峡谷、高原斜坡面)水资源(喀斯特含水层、地下河等)多为深埋型，其特殊的地形条件加之喀斯特地区经济欠发达，开发能力有限，虽有较充沛的降水资源，但因缺乏拦蓄工程，用水保障率、安全度较低，出现因投入不足、水利工程建设滞后的"工程性缺水"问题。喀斯特地区特有的"工程性缺水"已严重制约了该地区社会经济的发展。"十一五"后期，尤其是"十二五"以来，随着政府对喀斯特地区水利投入的增加，大中型骨干水源水利工程逐渐增多，工程性缺水问题逐步缓解，但保障程度仍有待提高，尤其是分散居住的少部分村民的用水安全仍未完全解决，或需要巩固提高安全用水保障程度。

　　西南喀斯特地区地形地貌条件特殊，具有山(田、土、房)高水低、雨多地漏、石多土少、土薄易旱等特点(史运良 等，2005)。山(地)高水低是指西南喀斯特地区被长江、珠江的主要支流乌江、赤水河、南北盘江、红水河以及众多次级支流的深切河流峡谷所分割，大多为不连续的分水岭高原面，除广西东南部等少数地区的峰林平原、宽谷，喀斯特地区的高原面与深切峡谷河流高差大多为 50～200m，人口聚居区和耕地多位于峰丛洼地、峰丛谷地和坡立谷地或坡地、丘峰台地及高原面上，供水与用水之间存在一定的相对高差，且供水等水利设施的公共性和居民、耕地等的分散性矛盾较大。村落附近地表留存的水资源量少，地下水资源不易开采，因此需兴建高扬程的提水泵站供水，但投入大、经济效益相对较差，投入产出效率较差。雨多地漏指地表破碎，垂向的喀斯特溶隙、溶沟、竖井、落水洞、漏斗、地下河分布广泛，地表水渗漏严重，由丰沛雨量补给的地表水不易拦集、储蓄，常由漏斗、溶隙等渗漏补给埋深不一、分布散乱的地下河；如破碎的石漠化地区的降水渗透强度已高达 90% 以上，降水入渗补给系数为 0.4～0.8，比北方地区高出 0.3～0.5(肖长来 等，2010)。地下喀斯特裂隙和管网发育，地下水系分布复杂，空间异质性大，因此地下水源勘察难度大，找水困难。储水条件不良，地下水抽取不易，导致地表水匮乏，地下水又不易开采，地下水很难被利用。峡谷河流水量大，落差大，丰富的天然水资源中的水能资源蕴藏量可达 $30×10^6$kW，但丰富的天然水资源总量中，由于地高水低和雨多地漏，用于供给的可方便利用的水资源量较少。石多土少是石山多，地表崎岖不平，地块小又分布零乱，大都分布在坡脚、洼地、盆地和谷地两侧，修建渠道输供水困难。土薄易旱是表层土壤浅薄疏松，最厚的仅为数十厘米。因此涵养水源能力较差，保水、蓄水能力弱，极易导致旱涝灾害频繁发生(代稳 等，2017)，且土壤层较高的碎石含量和岩溶管道、裂隙的存在使水分运移过程具有高度空间异质性，导致水土流失(包括地下漏失)和石漠化加剧(郭兵 等，2017)。降水时空分布不均，在降水偏少的季节或年份，极易导致旱灾发生。

　　西南喀斯特地区社会经济发展较为落后，是全国集中连片贫困地区之一。"十二五"以前的过去很长时间段内，由于对水利工程建设及管理等水利投资少，欠账较多，水利工程不足加上布局不够合理，易出现工程性缺水问题。同时由于投入不足导致一些与喀斯特地区"三水"资源高效开发利用相关的关键技术研发未能取得突破，这也影响了"三水"资源开发利用工程推进。近年随着水利建设投入大幅增加，水利设施工程增多，工程性缺水问题逐步缓解，但配套管理跟不上，工矿业废水和农业污染等问题在局部地区还较为严重，特别是在极端气候变化日趋频繁的背景下，水资源保障程度低、喀斯特地区工程性缺水问题在局部地区仍然存在，并对当地经济社会发展和生态建设的各个方面造成影响。据初步统计，截至 2014 年底，贵州省喀斯特地区饮水困难的人口仍达460 多万人，占全省农村总人口的近 20%，农村人口疾病多（常饮不洁的沟水、污水、田水等是致病的一个重要原因）；望天水田占全省耕地总面积的 60% 以上，保灌耕地只占耕地总面积的约 1/5（据野外实地抽样保灌耕地单产比旱坡耕地单产平均高 30% 以上）（苏维词，2012）。粮食生产靠天吃饭，粮食单产低而不稳（贵州喀斯特峰丛山区的粮食单产平均只相当于同纬度水热条件相似的苏、赣、湘等省的约 50%、85%、70%，而且粮食单产的年际变化大、稳定性低）（何仁伟 等，2011），生态用水更是无法保障。喀斯特地区的工程性缺水问题虽逐步得到解决，但基础还不稳固，在今后一段时期内仍是制约该地区社会经济持续发展和石漠化退化生态系统修复治理的重要瓶颈之一。

4.2.2　水资源开发利用关键及成套技术尚待完全解决

与非喀斯特地区相比，喀斯特地区因地质地貌复杂，水资源开发利用不仅施工难度大、成本高，还要处理因特殊的喀斯特溶蚀作用而产生的渗漏问题。在地下水开发过程中，含水介质的非均一性以及开发地下水引起的喀斯特塌陷问题也很突出。目前针对喀斯特地区的水资源的勘查与规划、评价、保护技术，喀斯特流域洪、枯径流特征及影响效应，地表地下径流模拟与调控技术，水利工程（河流、峡谷）的选址布局及防渗方法技术，地表地下水库的优化调度等方面已做了较多的研究工作。发改、水利、自然资源（地矿）、科技以及其他（如烟草）等相关部门也在喀斯特缺水区开展过一些水利扶贫、饮水安全、生态供水等试验示范，通过修建小型水利工程、渴望工程等，解决了部分地区的人畜饮水和生产用水问题，取得了较好的成效，并积累了一些经验。但因投入不足等因素限制，一些先进适用技术的研发、总结及科技示范试验的广度和深度不够。关于喀斯特地区水资源开发利用及保护的基础性和适用技术方面仍有待进一步研究。

（1）不同类型喀斯特地区关键带水-土-气-生耦合作用过程、机理及生态水文效益。

（2）喀斯特地区地下水与降水及土地利用覆盖变化的响应关系、不同喀斯特流域类型（如高原斜坡、峰丛洼地等）不同含水介质区域地下水的赋存规律及其控制条件。

（3）人类活动干扰下或气候变化背景下喀斯特河流（湖库）生态系统演变及健康预警评价技术，主要河流洪枯径流演变、水资源数值模拟等。

（4）喀斯特地区水资源环境系统生态服务功能及评价、水安全与水生态文明、水生态资产测算及动态监测体系建设；喀斯特地区水-粮食-能源-生态系统耦合协调技术等。

（5）喀斯特地下河流域类型划分、不同流域（区域）水资源承载力及开发阈值。

（6）喀斯特地区水资源开发利用技术条件评价及开发技术方案筛选，典型工程性缺水区雨洪资源利用技术、低碳低成本水资源开发技术、适合喀斯特地区的海绵城市建设的相关配套技术体系等。

（7）喀斯特地下水库的成库条件、库容估算及防渗技术，地表水与地下水联合调度管理系统等研发。

（8）石漠化治理及典型植物（种、群落）的生态需水、供水技术，喀斯特地区（流域、产业园区等)居民生活用水、工农业生产用水和生态需水的合理配置技术等。

(9)喀斯特区农村人畜生活用水(如蓄水池水)的经济适用的水质改善与保护技术体系,如农村污水一体化处理技术等。

(10)喀斯特地区主要适生农经作物(含特色经果林、中药村等)用水定额测算、非充分灌溉技术、农业管理节水一体化技术等研究和推广。

(11)主要污染元素(物)在喀斯特区域(如湖泊、农田)的富集、迁移规律,重要工矿城镇化区域地表、地下水的联动污染规律及阻断途径等。

4.2.3　水利基础设施过去欠账较多且缺乏有效管理

喀斯特地区 20 世纪 50 ～ 60 年代兴建的水利工程普遍存在建设标准不高、配套设施不全、工程老化失修、调蓄能力差等问题。传统的水利设施建设多以中、小型水利工程为主进行集中拦蓄、集中供水,这与喀斯特地区特别是农村地区土地零星分散和人居分散具有一定矛盾。由于喀斯特区地表崎岖破碎,地表水资源合理配置能力弱,水利设施修建难度大,建设管护运营成本高,效益受到影响,加上经济社会发展相对滞后以及“十二五”以前喀斯特地区水资源开发投入能力不足等原因,导致水利建设欠账较多,现代大中型水利设施不足,水资源供需矛盾较为突出。农村地区水资源短缺导致人畜饮水困难,农村饮水不安全人口数量大,耕地保灌面积小,发展精细农业因缺水受限,因水致贫的人数多,最终影响社会经济的可持续发展,经济发展减缓又会使水资源开发投资能力不足,这在有些农村地区形成负反馈链(何仁伟 等,2011)。近十年来,随着国家对西南喀斯特地区水利建设投入的加大,喀斯特地区供水缺口现象得到显著改善。但分散居住的少部分农村地区的用水安全问题仍未完全解决。截至 2017 年底,贵州尚有 200 万人口饮水安全问题没有解决,仅毕节市就有 80 万。由于饮水安全属于民生问题,近年来政府正在加大力度,解决农村饮水安全问题,2019 年喀斯特地区农村饮水问题基本得到了较好的解决。

此外,过去喀斯特农村水资源管理工作薄弱,如:水资源无统一管理体制、资源管理与产业管理、水污染防治与水资源保护、水利工程运行管理、供水水价等管理缺失或不到位,未能建立起良性的运行机制,造成水利设施利用率低、损毁修复率低等问题。例如,不少农村地区由于缺乏水文地质工作的指导和管理,部分水窖工程选址布局缺乏科学性,相当数量的水窖工程只能靠降雨蓄水、枯季干涸,甚至根本收集不到地表水资源,形成“白天装太阳、晚上装月亮”的局面,不能充分发挥其工程效应(刘力阳,2008;王明章 等,2005)。平常大部分村寨的水池和水资源管理缺位,特别是进入每年10 月枯水季节后,用来防护水池开裂的水池底部存水也被村民利用,导致水池容易开裂报废(苏维词,2007)。随着经济社会发展对水的需求增大,部分地区通过大量开采地下水来满足需要,但在开采地下水的过程中,由于缺乏统一规划,相关单位或村落为了方便就近打井取水,造成地下水开采井相对集中,开采量大,形成地下水漏斗群,破坏水文地质结构。

由于对水资源承载力研究不够,加上缺乏规划及管理跟不上,部分喀斯特地区地下水超采严重,水位持续下降,地面发生严重的喀斯特塌陷。例如,20 世纪 60～90 年代,贵州六盘水市水城盆地因过量开采喀斯特地下水资源,引发了大量喀斯特地面塌陷。据不完全统计，1969 年以来，区内共发生喀斯特地面塌陷点 1000 多处（单海平和邓军，2006）。水资源利用不均衡及资源浪费严重，喀斯特地区特别是农村地区农业相对不发达，农业耕作技术落后，采用的灌溉方式多为漫灌。例如，亚热带喀斯特地区水稻平均每公顷需水量大约为 3600m³，但目前实际用水平均每公顷达 10000m³ 左右，接近需水量的 3 倍，耗水量极高（朱文孝 等，2006）。村寨农民在对表层带喀斯特水开采利用中没有科学依据，仅按照经验自发地进行开发，没有考虑表层喀斯特带的结构、泉水流量、动态等特征去合理布局，造成部分水利工程难以发挥效益（如部分水利工程无水可蓄等）；同时地方政府及相关部门未对其进行规划引导，从而导致区内表层带喀斯特泉没有得到充分开发利用，并造成资源浪费。例如在同一洼地中，出露表层带喀斯特泉 2 个，经济条件较好的一户村民利用其中一个表层带喀斯特泉修建了 2～3 个水池，且资源量明显过剩，而另外几户则共同利用另一个表层带喀斯特泉修建一水池，在枯季出现严重缺水危机，因此，这就容易出现水资源量利用不均衡及水资源浪费并存现象。另外在一些洼地边缘中有表层带喀斯特泉出露，村民没有经济能力去修建蓄水池来实现以丰补欠，这种资源浪费现象极为普遍。由于当地乡村经济文化相对滞后，部分村民素质较低，认为在自己土地中或在自己的房前屋后出露的表层带喀斯特泉属于私有，就不能成为公共服务，这种想法在农村地区普遍存在，一定程度上制约了表层带喀斯特水的合理开发利用。

西南喀斯特地区分散供水水质管理缺乏或缺乏规范管理，尤其是农村地区以雨水为源水的水窖、无盖水柜和溶井的水质比较差，经常有藻类、树叶、草屑、摇蚊幼虫等漂浮物，且细菌总数、COD、氨氮、亚硝酸盐等常超标。而有盖水柜的水质稍好，除 pH 值偏高、卫生学指标超标，其余指标一般可达到饮用水标准。另外，无盖水柜水的氯化物、硫酸盐、总氮、细菌总数也要高于有盖水柜。不过，由于无盖水柜或溶井中的藻类吸收了水中的一部分磷而使其总磷含量明显低于有盖水柜。多数地区水库、水池里的水未经过任何处理就被农民利用，虽然一定程度上缓解了喀斯特地区的用水困难，但同时也带来了新的人畜饮水安全问题。西南喀斯特地区降水主要集中在每年的 5～9 月，10 月以后开始进入枯水季节，尤其是每年开春后的 3～4 月中旬，正是大季作物的育苗季节，用水量很大，而降水稀少，是一年当中最缺水的季节，水窖、水池蓄水可解燃眉之急，但水窖、水池所蓄之水大多为上年 9 月之前所蓄积，时间长达半年以上，水质易发生变异（发黄变色、变浑）甚至恶化，水质安全问题较为严重。

随着城镇化的发展，对供水的需求越来越大，部分地区可方便开发利用的地表水资源已经不能满足需求，地下水源对西南喀斯特地区生活、生态和经济社会发展等都十分重要。加强水利基础设施建设和管理，科学合理地利用地表地下水资源，力求水资源的效益最大，对西南喀斯特地区的发展有着重要意义。

4.2.4　地表水地下水污染问题较突出

随着人口的增加和社会经济的发展，城镇化、工业化、农业产业化等开发建设和生产规模不断扩大，生活用水与工业用水量迅速增加，工农业、生活、旅游等活动产生的污染物排放量日益增大，使地表地下水在不同程度上受到了污染和破坏（王中美 等，2012）。由于西南喀斯特地区褶皱断层发育，节理裂隙纵横交错，地下喀斯特裂隙及管道密集，为地下水的储存和运移提供了良好的空间，同时也为污染物的迁移提供了良好的通路，地下水污染现象突出（何仁伟 等，2011）。

目前，西南喀斯特地区不少区域地表地下水资源面临工业、农业、生活等多重污染的挑战，部分地区地表水成为污染物质的汇集地，地下水也正受到变为排污下水道的实际威胁。喀斯特地区独特的二元结构使地下河对环境污染格外敏感，由于喀斯特地区常缺少天然防渗或过滤层（如土壤、植被等），地表水和污染物很容易通过溶洞等喀斯特形态直接进入含水层或地下河，导致地下水容易被污染，形成地表-地下水联动污染（王明伟和许浒，2014）。总体来看，受喀斯特地表地下特殊"二元结构"环境以及矿产资源开发等因素的影响，喀斯特地区水污染具有污染类型及污染物质来源的多样性、污染边界的模糊性、地表地下污染的联动性、污染元素迁移转化的复杂性以及污染治理的艰巨性等多重特征。水污染源主要来自城市经济活动、工矿开采及"三废"排放、农业生产面源污染、农村生活垃圾污染 4 个方面。

从空间格局来看，西南喀斯特地区水资源污染点状、线状、面状污染都有，点状主要分布在城镇区、工矿区。线状污染主要在城镇或工矿区（如采矿、造纸、炼焦、冶金）等下游河道，如南北盘江、乌江上游是贵州煤矿采选、钢铁冶炼等集中产区，乌江中游则是磷矿开采的集中区域（乌江流域的磷污染源主要有开阳洋水河、瓮安河和 34 号泉眼，这"两河一点"是乌江水质总磷超标的主要源头），因此，在煤矿、磷矿等矿产采选区下游河段往往有河段呈现较严重的水体污染，如凯里巴拉河曾被造纸等小企业排放的污水所污染。面状污染主要分布在农村地区。

喀斯特地区部分工矿区及下游河段水体污染较严重。一是西南喀斯特地区社会经济发展普遍相对滞后，水体污染治理的实用技术、设备及投入跟不上，部分城镇特别是乡镇污水处理厂少，集中处理率偏低，且传统工艺的小污水处理厂，运营成本高，资金来源缺乏，许多污水处理厂未正常投入使用，不少地区污水的集中处理率仍较低下，大量生活垃圾不经处理无序堆放或不达标排放，垃圾长期堆放发酵产生的浸出液含有多种有毒物质，对地表地下水环境造成严重污染，并直接影响人体健康（张军以 等，2014）。二是工业生产产生的垃圾、废渣及露天堆放的煤、铅锌等矿石、建筑材料经雨水淋溶，溶解了部分有害物质，加之水土流失严重，有害物质更易随着降雨洗刷等方式进入受纳水体，尤其是地下水体或环境，给治理带来严重挑战。三是西南地区矿产资源种类多、储量大，已发现矿种 130 种，有色金属约占全国储量的 40%。在优势矿产资源开采及深加工过程中，企业往往注重短期经济效益，而忽视生态环境效益，不注重排污处理或要求不严格，造成有害物质（废水、废气、废渣浸出液）排入水环境中。各类有害物质间接或直接排入河流、沟、塘、库、渠等地表水环境，造成地表水资源污染，或通过地表裂隙等迅速渗透到地下，造成地下水污染。且由于抽取喀斯特地下水产生地面塌陷，沟通了污水与地下水的联系，更易造成地表地下水污染（孟凡丽和刘俊建，2006）。西南喀斯特地区许多地区没有完整的市政排水管网，污水收集系统存在明显的缺陷，排水系统多数为合流制，少数为分流制，雨污分流在许多中小城镇尚未实现，生产生活污水直接排入河道污染地表水水体的现象比较普遍。

西南喀斯特地区传统农业占比较大，农村人口较多，农村水污染现象也比较严重，加上农村人口素质普遍较低，基础设施薄弱，农药化肥施用量大幅增加，农村水污染问题在局部呈越来越严重趋势。喀斯特地区农村水污染主要表现在三个方面。①大量施用农药、化肥造成的农业面源污染。农业污染的主要来源是农药和化肥，据统计，我国化肥的使用量是全世界平均用量的 2 倍，但化肥和农药被农作物吸收利用只占到 35% 和 25% 左右，其余都遗留在土壤中，残留成分经由雨水或灌溉水冲刷渗透至地下或流入地表水体中，导致水中的总矿物、亚硝酸盐、重金属含量和 N、P 营养元素不断增加（张倩等，2017）。化肥、农药的过量施用造成的水体富营养化等污染。②畜禽养殖业污染。随着精准扶贫等政策措施的开展，西南喀斯特农村地区养殖业快速发展，养殖场逐渐增多但大多分散无序。西南喀斯特地区经济发展相对落后，农村采取污染防治措施的现象更是鲜见，该区域不少地区存在畜禽和水产养殖过程中的排泄物对土壤和水资源造成污染的现象。使水生生物过度繁殖、溶解氧含量急剧下降，细菌总量超标，导致水质恶化，直接威胁地表地下水资源质量和生态安全（田丹 等，2017）。③生活污水及废弃物造成的污染。近几年，农村的环境保护力度明显加强，但由于基础设施缺乏、不够完善或管理不到位等因素，难以集中处理生活污水，绝大部分的生活污水被直接或间接排入水体中，农村生活污水及地面径流中的 N、P 对水体污染的贡献率分别达 29% 和 34%，生活污水已成为农村水资源污染的主要污染源（田丹 等，2017；闵宗谱 等，2016）。同时，生活垃圾的不当处理对水环境也有严重的破坏。农村地区对这些废弃物或进行焚烧或乱丢乱堆，产生的污染物渗入地下水或流入周围河流，给水体带来严重污染。此外，水土流失、民众环保意识淡薄等原因也间接加剧了农村水污染问题的恶化。喀斯特地区农村居住地分散、再加上农村经济发展水平相对较低，技术相对薄弱，缺少统一规划和处理，地理环境特殊，许多村寨尚未具备村级污水处理厂和污水管网建设的条件，难以集中处理生活污水，解决农村水资源污染问题仍十分艰巨。

随着近两年中央环保利剑行动的开展，喀斯特地区跟全国其他地区一样，城市、农村、厂矿企业、农田等污染防治的力度加大，采煤洗煤、磷矿开采、水箱养鱼、城市三废排放等导致水体污染等各类行为得到明显约束，水污染势头得到明显遏制，受污染水体的生态修复正在推进。

4.2.5　退化的生态环境影响水资源的高效持续利用

西南喀斯特地区地形地貌复杂，退化生态系统的生产能力（陆地第一性生产力）低，恢复能力较差，恢复速度相对水热条件类似的常态地貌区要慢，生态系统敏感性强，生态环境易受外界干扰且受破坏后难以恢复。喀斯特发育典型的特殊的地质地貌背景、不够合理的土地开发与垦殖等强烈的人类活动、与生态环境质量的退化叠加，导致喀斯特环境系统不能充分发挥其调蓄水资源的功能，在生态退化区出现地表涵养水源能力下降，地表干旱等一系列"喀斯特旱化"现象，严重影响对水资源的有效利用。

土壤侵蚀危险性高，水土流失（漏失）严重。自西部大开发退耕还林还草工程以及随后几年开始石漠化综合治理（示范）工程实施以来，西南喀斯特地区生态环境整体趋向好转，但局部地区水土流失和石漠化问题仍较突出，有些采矿、采石等场所还加剧了水土流失和石漠化问题，同时交通、水利、城建等活动导致部分地区景观的破碎化现象突出，如近 10 年来，因为交通建设、房地产开发等原因致使贵阳的环城林带的破碎化现象就十分突出。西南喀斯特地区土层浅薄（一般只有 20～30cm 厚），连续性差，多分布于石缝或喀斯特裂隙中，且土壤易于流失，西南喀斯特地区很多地方的水土流失每年平均在

500t/km² 以上，部分地区高于 1500t/km²，最严重的达 10000～20000t/km²（凡非得 等，2011）。从地表起伏来看，在典型的喀斯特峰丛山区如贵州喀斯特地区可耕地仅占 10%，难利用或不宜传统农耕利用的石质山地面积却达 40% 以上（宋德荣和杨思维，2012）。根据《贵州省水土保持公告（2011～2015）》，2015 年贵州省水土流失面积为 48791.87km²，水土流失率为 27.71%，全省喀斯特区域地表土壤侵蚀模数为 279.47t/（km²·a），小于非喀斯特区域的土壤平均侵蚀模数为 1189.43t/（km²·a），平均输沙模数为 342t/（km²·a）（贵州省水土保持公告，2016），但因碳酸盐岩的抗蚀性强，成土过程慢，土壤允许流失量少，加上地下漏失严重，全省喀斯特地区土壤平均侵蚀模数低于非喀斯特地区，但土壤侵蚀的危险性却高于非喀斯特地区。由于喀斯特地区水土流失较严重，地表储水保水能力降低，造成农村许多地方水源枯竭，不少溪沟经常出现断流，加上喀斯特地区矿区矿点多，汛期泥沙污染较严重，导致缺乏集中供水的部分农村地区存在较严重的季节性缺水问题。同时水土流失导致耕地减少、土地石漠化等生态环境恶化，泥沙淤积造成了水库、湖泊、河道等淤塞、洪涝灾害加剧、面源污染严重，影响水资源的有效利用，威胁饮水安全，危害群众的生产和生活环境，成为社会经济发展的重要障碍因素。

喀斯特地区植被覆盖率低，部分地区土地石漠化严重。西南喀斯特地区植被覆盖率低，再加上过去不合理的人类活动，如乱砍滥伐、毁林开荒、砍伐草木做燃料等致使森林资源被破坏，原生植被总体呈退化演替，植物群落结构发生变化，稳定性降低，植被盖度以及生物量下降。20 世纪 40～50 年代，西南喀斯特重点区森林覆盖率仍然在 30% 以上，至 20 世纪 90 年代，森林覆盖率大幅度下降，如贵州省的森林覆盖率下降到 13% 左右。随着退耕还林、石漠化治理等政策措施的推进，据国家林业局《中国林业统计年鉴2014》数据显示，西南喀斯特地区湖北、湖南、广东、广西、重庆、四川、贵州、云南森林覆盖率分别为 38.4%、47.77%、51.26%、56.51%、38.43%、35.22%、37.09%、50.03%（中国林业统计年鉴，2015），较之前有所上升。但西南喀斯特植被及其生境的破坏使植被种类少，群落组成成分及稳定性降低，生物多样性受到破坏，森林质量、林相结构有待优化提升。原生植被减少，抗旱御涝能力降低，本可涵养水源、减缓地表径流、调节江河流量、承担"森林水库、土壤水库"等方面的森林服务功能也随之减退。森林等植被覆盖率的降低，也会促使石漠化加剧。据国家林业局《2012 年中国石漠化检测公报》，2011 年西南喀斯特区石漠化土地面积为 12.002×10⁴km²，贵州省石漠化土地面积最大为 3.024×10⁴km²，占西南喀斯特地区石漠化土地总面积的 25.2%，云南、广西、湖南、湖北、重庆、四川和广东石漠化土地面积为 2.84×10⁴km²、1.926×10⁴km²、1.431×10⁴km²、1.091×10⁴km²、0.895×10⁴km²、0.732×10⁴km² 和 0.064×10⁴km²，分别占石漠化土地总面积的 23.7%、16.0%、11.9%、9.1%、7.5%、6.1% 和 0.5%。喀斯特地区潜在石漠化土地总面积为 13.318×10⁴km²，占喀斯特土地总面积的 29.4% 和区域总面积的 12.4%，其中贵州、湖北、广西、云南、湖南、重庆、四川和广东，分别为 3.256×10⁴km²、2.378×10⁴km²、2.294×10⁴km²、1.771×10⁴km²、1.564×10⁴km²、0.871×10⁴km²、0.769×10⁴km² 和 0.415×10⁴km²，分别占潜在石漠化土地总面积的 24.5%、17.9%、17.2%、13.3%、11.7%、6.5%、5.8% 和 3.1%。据国家林业和草原局发布的《中国·岩溶地区石漠化状况公报》，截至 2016 年底，喀斯特地区石漠化土地总面积为 1007 万 hm²，占喀斯特面积的 22.3%，占区域总面积的 9.4%，贵州省石漠化土地面积最大，为 247 万 hm^2，占石漠化土地总面积的 24.5%；其他依次为：云南、广西、湖南、湖北、重庆、四川和广东，面积分别为 2.35 万 km^2、1.53 万 km^2、1.25 万 km^2、0.96 万 km^2、0.77 万 km^2、0.67 万 km^2 和 0.06 万 km^2，分别占石漠化土地总面积的 23.4%、15.2%、12.4%、9.5%、7.7%、6.7% 和 0.6%。这表明，经过"十二五"以来五六年的治理，我国石漠化防治取得明显成效，但喀斯特地区生态本底脆弱，石漠化面积仍占西南喀斯特区域总面积的 1/10，石漠化防治仍不能掉以轻心。已有研究表明，植被覆盖率与保土保水作用呈明显的正相关，土壤对水资源保持有着重要的调蓄作用，并进一步影响地表含水量（熊康宁 等，2012），起着"土壤水库"的作用。石漠化加剧恶化的生境，生态系统的水源涵养能力将下降，也会导致地表含水量的降低，使可利用水资源量减少、浅层喀斯特带水资源特别是泉水流出量和流出时间变少，部分常年性泉水变成季节性泉水。

喀斯特塌陷时有发生。西南喀斯特地区的塌陷问题在工矿活动区，特别是地下水开采区是经常发生的。从我国喀斯特塌陷发育特点来看，在已有喀斯特塌陷灾害中，约 70% 为人类活动所诱发，人类活动（尤其是抽排岩溶地下水、拦蓄地表水）已成为诱发喀斯特塌陷的主要原因。喀斯特塌陷问题已成为喀斯特水资源开发过程中所面临的重要环境地质问题，喀斯特塌陷会引起地下水升降，进一步破坏地质结构，影响地下水资源的开发利用。

西南喀斯特地区人地矛盾（人口超载，过去长期的资源无序开发）突出，导致 2000 年前严重的水土流失和植被破坏现象，产生突出的石漠化问题，进一步造成可利用水资源不足，进而极大地制约了该区域生态保护、可持续发展与生态文明建设。由于该地区成土过程缓慢，土层浅薄，生态系统自身恢复能力差、恢复过程脆弱，容易中断，加上该地区过去生产力水平低，贫困人口多，环境保护意识差，缺乏对喀斯特生态系统的全面保护意识，生态治理力度不足；同时喀斯特生态环境破坏加之降雨时空分配不均等因素也易形成旱、涝灾害，对水资源利用造成影响。环境质量的退化使喀斯特区经济建设与水资源系统的高效持续利用长期处于对立和矛盾状态，可利用水资源不足，过去曾陷入生态环境退化与经济发展滞后双重恶性循环的困境。

4.2.6 极端气候变化对水资源的影响日趋突出

气候变化是 21 世纪人类所面临的最大环境事件之一，极端天气气候事件具有突发性强、破坏性大、难以准确预测等特点。在全球气候变化大背景下，极端降水的频率出现增加的趋势，由此引发的洪水、干旱等灾害次数也在增加、灾情加重。近年来我国极端气候事件的强度和频率均在增加，并伴随着明显的区域性和季节性（刘琳和徐宗学，2014）。IPCC 报告第四次评估报告指出，过去 50 年中，强降水、高温热浪、干旱等极端天气气候事件呈现不断增多增强的趋势，预计今后随着气温的升高，极端事件的出现将更加频繁（张万诚 等，2013）。20 世纪以来，极端天气频发对水资源等其他资源安全也造成严重影响，对人类的生存和社会经济的可持续发展构成了极大的威胁，且西南喀斯特地区生态环境脆弱，敏感性强，生态环境易受外界干扰且受破坏后恢复慢，极端气候对该地区的影响更甚（郭兵 等，2017）。西南喀斯特区水资源系统也更易受到极端气候的影响，极端气候事件的频发还会加剧区域水资源短缺，影响该地区水资源的安全供给。

　　西南喀斯特地区发生自然灾害频繁，危害严重，而该区域自然灾害出现时间越来越短，频率也越来越高。大的自然灾害原来是 15 年一次，后来逐渐变为 5 年一次的旱灾或水灾或雹灾。近 500 年来，水旱灾害的频率达 40.14%～76.5%，重水灾和旱灾的频率可达 8.58%～23.68%（曾春芬 等，2016）。西南喀斯特地区大气降水时空分布不均匀，在降水偏多年份或雨季常常发生夏季洪涝灾害。据统计，20 世纪 90 年代，我国西南喀斯特地区的漓江、柳江、黔江、浔江都曾经多次发生过较大的洪水灾害，其中位于浔江北岸的梧州市，几乎连年遭受水灾。在典型的喀斯特地区，由于季节性降雨明显、地表水缺乏、地下水埋藏深，很容易出现旱象（春旱出现频率为 25.9%，秋旱出现频率为 19.1%），旱、涝灾害多发生于滇、黔、桂水土流失区和石漠化区。

　　2009 年 8 月～2010 年 3 月，中国西南地区遭受了有气象资料以来最严重的干旱。由于云南、贵州、广西、四川、重庆五省（自治区、直辖市）降水严重不足，大旱在西南地区蔓延，五省（区、市）共 5104.9 万人因旱受灾，饮水困难人口达 1609 万人，农作物受灾面积达 94.02 万 hm^2。随着气候变化问题的日趋严峻，干旱发生频率和强度还有进一步增加的可能，这些都对水资源管理提出了严峻的挑战。2006 年发布的《斯特恩评论：气候变化经济学》也曾强调气候变化将导致水循环加剧，数 10 亿人的饮水将受到影响，降水的季节变化和年际变化将增加干旱和洪水等极端气候事件的风险。近年来，西南地区的干旱情况渐趋严重，以云南为例，2001～2006 年，云南区域气温增幅达到 0.65℃，升温的幅度要大于全球及北半球的平均值，降水量总体上呈现减少趋势；2006 年夏季，重庆等地区遭遇百年一遇的大旱（冯相昭 等，2010）。

　　贵州省各极端降水指标除降水强度和连续干旱天数表现出上升的趋势，每年发生极端降雨时间的次数呈减少的趋势，且各极端降水指标的线性趋势空间格局具有明显地域差异。东部降水强度、强降水量表现出增大的趋势，而西部表现出下降的趋势；北部和西南部地区发生不同级别的强降水天数皆呈下降趋势，其中中部余庆地区下降最为显著；中南部和西南部的连续干旱天数较多，全省大部分地区干旱情况有加重的趋势。贵州省的气温总体有变暖的趋势，极端高温事件有加重的趋势，东部高温天数较多，西部比东部凉爽，霜冻日数较多，霜冻灾害较为严重（黄维 等，2017）。在降水偏少年份或旱季，耕地无水灌溉，形成大面积干旱。在降水偏多年份或雨季，喀斯特洼地、喀斯特盆地常常因发生洪涝灾害而受淹成为"水淹坝"，造成损失较大。长江和珠江近年来频繁发生的旱涝灾害与西南喀斯特石漠化区严重的水土流失也有密切关系。极端气候影响降水的强度与频率，影响水循环系统，同时影响水灾害发生的频率与强度，并可能引发水灾害以外的其他次生或伴生自然灾害，对森林等其他生态系统的稳定性、服务价值也会产生很大的影响。而随着气候变暖、年均气温升高、蒸发量的加大会导致径流量减少，同时温度的增加也会使河流中的污染物的分解加快，使河流污染加重，影响水资源的质量（刘彩虹，2012）。

　　随着极端气候问题日趋严峻，极端降水和干旱问题发生强度和频率还有进一步增加的可能，如何应对极端气候事件的影响已成为亟待解决的科学问题，是当今国际社会、各国政府和科学界越来越关注的焦点。极端气候事件对水资源管理与优化配置提出了严峻的挑战，亟待针对极端气候下的水资源模拟与优化配置进行研究。针对特殊复杂的西南喀斯特地区的水资源配置的适用性，尤其是适用于极端气候事件频发的水资源优化配置与调控有待进一步研究。

4.2.7　水资源市场化相关法律法规、水资源生态补偿机制等尚待完善

在西南喀斯特地区特别是农村地区，由于水价、水权交易等水资源市场化制度建设滞后，个别地区农村水利"私有化"现象突出，造成农村地区水资源分配不公、浪费等问题严重(田贵良和周慧，2016)。而水资源市场化配置、水权交易制度等的推行对解决水资源短缺和污染问题具有重要引领和导向作用，而且西南喀斯特地区跨流域、跨地区等水资源开发利用所引起的生态与环境问题也广泛存在，在破坏生态效益而获取经济利益的受益者与遭受环境破坏带来的不利影响的受害者之间存在严重的不公平分配问题(银晓丹，2018)。而水资源生态补偿机制的缺位，则阻碍调整各方生态、经济利益的协调分配，需要尽快建立和完善喀斯特流域上中游的水资源涵养保护区(包含项目准入受限区)与中下游水资源开发受益区的生态补偿长效机制。

参 考 文 献

代稳，王金凤，杨洪，2017. 喀斯特地区水资源合理配置总控结构研究. 宁夏工程技术，16(2)：188-192.

凡非得，王克林，熊鹰，等，2011. 西南喀斯特区域水土流失敏感性评价及其空间分异特征. 生态学报，31(21)：6353-6362.

冯相昭，杨萧语，周景博，2010. 极端气候事件使水资源管理面临严峻挑战——西南地区大旱的启示. 环境保护(14)：30-32.

高建平，吴桂武，2014. 浅谈贵州岩溶区地下水资源的开发以及可持续利用. 低碳世界(23)：174-175.

郭兵，姜琳，罗巍，等，2017. 极端气候胁迫下西南喀斯特山区生态系统脆弱性遥感评价. 生态学报，37(21)：7219-7231.

贵州省水利厅，2016. 贵州省水土保持公告(2011-2015).

国家林业局，2015. 中国林业统计年鉴 2014. 北京：中国林业出版社.

国土资源部中国地质调查局，2007. 西南岩溶石山地区地下水资源勘查及生态环境地质调查评价报告.

何仁伟，刘邵权，刘运伟，2011. 基于系统动力学的中国西南岩溶区的水资源承载力——以贵州省毕节地区为例. 地理科学，31(11)：1376-1382.

黄维，杨春友，张和喜，等，2017. 贵州省极端气候时空演变分析. 人民长江，48(S1)：109-114.

刘彩虹，2012. 浅析气候变化对水文水资源的影响. 科技创新导报，27(8)：155.

刘力阳，2008. 表层带喀斯特(泉)水资源评价方法与管理对策研究. 贵阳：贵州大学.

刘琳，徐宗学，2014. 西南 5 省市极端气候指数时空分布规律研究. 长江流域资源与环境，23(2)：294-301.

马冉，刘洪斌，武伟，2019. 流域尺度下地形属性对土壤质地类型变异的影响——以重庆市彭水县一小流域为例. 农业资源与环境学报，36(3)：279-286.

孟凡丽，刘俊建，2006. 贵州岩溶山区水污染现状及保护措施. 长春师范学院学报，25(6)：94-95.

闵宗谱，陈强，梁定超，等，2016. 我国农村水污染现状及其处理技术分析. 安徽农业科学，44(29)：51-54.

单海平，邓军，2006. 我国西南地区岩溶水资源的基本特征及其和谐利用对策. 中国岩溶，25(4)：324-329.

史运良，王腊春，朱文孝，等，2005. 西南喀斯特山区水资源开发利用模式. 科技导报，23(2)：52-55.

宋德荣，杨思维，2012. 中国西南岩溶地区生态环境问题及其控制措施. 中国人口•资源与环境，22(5)：49-53.

苏维词，2007. 花江喀斯特峡石漠化治理示范区水资源赋存特点及开发条件评价. 水文地质工程地质(6)：37-40.

苏维词，2012. 滇桂黔石漠化集中连片特困区开发式扶贫的模式与长效机制. 贵州科学，30(4)：1-5.

田丹，杨李，李干蓉，等，2017. 贵州喀斯特地区农村水污染问题及水体的植物净化. 中国资源综合利用(6)：32-34.

田贵良，周慧，2016. 我国水资源市场化配置环境下水权交易监管制度研究. 价格理论与实践(7)：57-60.

王腊春，史运良，2006. 西南喀斯特山区三水转化与水资源过程及合理利用. 地理科学，26(2)：2173-2178.

王明伟，许浒，2014. 云南岩溶山区生态环境地质问题与可持续发展研究综述. 生态经济，30(9)：185-187.

王明章，2006. 西南岩溶石山区地下水开发在石漠化防治中的地位. 贵州地质，23(4)：261-265.

王明章，王伟，周忠赋，2005. 峰丛洼地区地下地表联合成库地下水开发模式——贵州普定马官水洞地下河开发利用. 贵州地质，22(4)：279-283.

王中美，廖义玲，李明琴，等，2012. 贵阳市水文地质条件及环境效应研究. 水土保持研究，19(1)：226-229.

肖长来，梁秀娟，王彪，2010. 水文地质学. 北京：清华大学出版社.

熊康宁，李晋，龙明忠，2012. 典型喀斯特石漠化治理区水土流失特征与关键问题. 地理学报，67(7)：878-888.

杨钢，2008. 贵州省岩溶地区水资源利用与石漠化治理. 安徽农业科学(26)：11506-11507.

杨江州，许幼霞，周旭，等，2017. 贵州喀斯特高原水资源压力时空变化分析. 人民珠江，38(7)：27-31.

银晓丹，2018. 水环境污染治理的生态补偿法律制度的完善. 辽宁大学学报(哲学社会科学版)，46(3)：113-118.

曾春芬，周毅，王腊春，2016. 极端气候水资源配置与安全研究进展. 江苏科技信息(24)：68-71.

张军以，王腊春，马小雪，等，2014. 西南岩溶地区地下水污染及防治途径. 水土保持通报，34(2)：245-249.

张倩，焦树林，梁虹，等，2017. 西南喀斯特地区河流水化学研究综述与展望. 贵州科学，35(3)：36-43.

张万诚，郑建萌，任菊章，2013. 云南极端气候干旱的特征分析. 灾害学，28(1)：59-64.

朱文孝，李坡，贺卫，等，2006. 贵州喀斯特山区工程性缺水解决的出路与关键科技问题. 贵州科学(1)：1-7.

第5章 喀斯特地区水资源安全评价

5.1 喀斯特地区水资源安全研究特点

喀斯特地区作为一个由双重含水介质组成的"二元三维"空间结构系统,具有特殊的地貌-水系结构和水文动态过程,其地表-地下连通式水文循环特征,导致地表-地下水资源转化迅速,地表蓄水能力差,可利用、方便利用的水资源相对有限,对喀斯特地区生产、生活、生态用水安全都有某种程度的胁迫性作用,尤其是广大的峡谷区、深山区、高原分水岭地区和石山区。同时,由于城市人口不断增长,工农业发展迅速,大量生活、生产污水的排放,严重破坏了地表、地下水水环境质量,加剧了区域用水困难,使得水资源成为许多喀斯特地区社会、经济发展的重要制约因素。其次,由于喀斯特地区地形起伏明显,喀斯特水利工程渗漏现象普遍,促使喀斯特地区水利工程修建难度大、成本高、效益差、寿命短,加上"十二五"以前西南喀斯特地区水利投入欠账多、水利工程建设不足且布局不够合理,导致工程性缺水问题在喀斯特地区比较普遍和突出。此外,在气候变化背景下,极端旱涝事件频发,致使工程性缺水状况愈加严峻,加剧了区域性干旱的发生概率和程度。因此,喀斯特地区水资源安全是自然、社会经济等多方面因素综合作用的结果,针对复杂的喀斯特水资源安全问题,如何科学构建水资源安全评价指标体系,运用适宜的评价模型与方法,开展喀斯特地区水资源安全与生态环境系统、社会经济系统的相关性研究,对制定喀斯特地区城乡水资源安全利用规划、保障区域水资源安全尤为重要。

水安全内涵类似于水资源安全,两者均重点关注与水体直接相关的安全问题,其中,水安全代表相对人类社会生存的变化环境和经济发展过程中发生的水危害问题,包括供水资源安全、水环境安全、水生态安全、防洪安全、跨境河流及国家安全等,而水资源安全是仅指在满足水循环可持续、水环境系统健康的前提下,可利用水资源量能否与需水量达到平衡状态,其内涵包括水量安全、水生态安全和水质安全,集中体现为单位区域内水质、水量对水循环过程、生态系统维持和社会经济发展的供给保障能力。目前,水资源安全问题的主要研究领域有:水资源安全内涵、水资源形成过程及转化、水资源安全影响(制约)因素与水资源安全评价指标体系、水资源安全评价方法和水资源安全保障技术、水资源安全动态监测与保障措施等方面,并取得了一系列丰硕的研究成果和实践经验,这些研究成果为西南喀斯特山区水资源安全利用与保护提供了很好的借鉴与启迪作用。

水资源安全度量是水资源安全领域的关键问题之一。水资源安全问题不仅仅是一个严肃的学术问题,也是一个重大的社会经济问题,因而引起全球学术界和政界的广泛关注,已上升为人们关心的重大问题。水资源安全概念最早出现于20世纪70年代,20世纪90年代以来,世界上许多国家和地区召开了多次学术大会或研讨会,针对水资源安全和水资源可持续利用与管理等问题展开了热烈讨论和研究。进入21世纪以来,国内外有关水资源安全内涵、评价方法、新的探测(找水)技术及保障体系对策等也逐渐被引入到喀斯特水资源安全评价及其保护、开发利用等相关领域的研究中，根据已有的研究成果，结合喀斯特地区水文地质的特殊性，目前，喀斯特地区水资源安全研究呈现出三大特点。

(1)水资源安全内涵愈加丰富，评价指标体系突出水质-水量的耦合性、系统性。喀斯特地区三水资源(大气水、地表水、地下水)转化规律复杂，地表裂隙、落水洞发育，水资源系统脆弱，加之社会经济对水资源的消耗和工程性缺水的影响，导致即使出现区域天然水资源——降水量充沛的情况，但水资源安全仍难以得到保障。由此可见，喀斯特地区水资源安全影响因素复杂，其内涵也囊括了水量安全、水质安全、水灾害安全、水生态安全、水开发安全等多个方面，具有系统性。其中，水量安全代表可利用水资源量与需水量的供需平衡，主要受降水时空特征、社会经济规模、人口、水利工程等因素影响；水质安全则表明水资源质量是否达到国标 II、III 类水质标准 [《地表水环境质量标准》(GB 3838—2002)]，当流域污染物排放量超过水体自净能力时，水环境就会遭到破坏，水质和水环境质量也不断下降，反之则上升；水灾害安全代表在人类活动和气候变化的双重背景下，旱涝灾害的发生频率和致灾危险性，一般而言，地表径流受人类活动的干扰越明显，地表径流的致灾风险也越大；水生态安全代表在水资源利用过程中，应当在保证生活用水安全的同时，也要保障生态需水量，尤其是河流的生态基流的需求，尽量避免由于缺水而导致生态环境破坏，其主要原因在于气候干旱的影响；水开发利用安全多指过量开采地下水资源，导致水资源枯竭，引发地质灾害，如地面沉降、地裂缝、喀斯特塌陷等。水资源安全的核心是水质安全和水量安全，在某种情况下水质安全和水量安全可以相互转化，具有耦合性、互动性。

(2)水资源安全评价方法多样，涵盖概念模型和数理统计模型。概念模型是对数理统计模型的概括性表达，而数理统计模型又进一步促进概念模型的定量化。其中，概念模型包括 SPA、DPSIR、DPSIRM、PESBR、PSR 等，概念模型更多的是探究人口-经济-生态与水资源安全或者水资源-粮食-能源-生计等因素间的相互作用关联性(作用路径)和作用机制，并以此构建多层级的水资源安全评价指标体系，然后采用统计模型进行定量评价。数理评价模型逐渐从单纯的静态评价到动态评价及预测预警转变，单一模型向耦合模型转变，涵盖集对分析模型、灰色-集对模型、集对-马尔可夫链、系统动力学、物元分析法、神经网络分析等，上述方法融合了单一指标评价与综合指标评价的过程，实现了水资源安全评价的定量化、等级化，并在各类赋权方法的基础上使评价结果更加科学、合理。

(3)更加重视多样化水资源优化利用与配置。喀斯特地区尤其是年均降水丰富的西南喀斯特地区，水资源安全难以得到保障的关键在于地表可利用、便于利用的水资源相对缺乏，同时，水资源时空异质性显著，导致季节性干旱(冬末初春干旱、伏旱等)时常发生。为了缓解喀斯特地区用水困难状况，提出多样化水资源(雨水、地表径流、表层岩溶带孔隙裂隙水、深层地下水)优化配置技术与模式，实现水资源可持续利用的同时，挖掘水资源开发利用潜力，优化水资源时空配置格局和各类型水利工程建设与布局，针对饮水安全最突出的喀斯特深山区、石漠化山区农村(分散村落)用水困难问题，即采用以小微型为主的水资源开发利用模式，实施分散拦蓄、分散供水，以化整为零的方式解决喀斯特峰丛山地的干旱缺水问题。具体开发利用方式包括截留雨水、收集坡面水、围泉建池、地下河出口建坝蓄水、地下河的天窗提水、地下河堵洞成库、高位地下河的引水自流灌溉、利用地下空间和负地形(如喀斯特洼地等)建地表-地下联合水库等多种方式,因地制宜,灵活采用不同水资源开发利用技术模式或组合。上述方式在贵州、云南、广西等地得到不同程度的运用,有效解决了部分地区农村分散供水地区的生活饮用水安全问题。

此外,更加重视喀斯特地区极端气候地下水资源安全、重点区域(如城镇化地区产业园区等)的用水安全、水质保护以及节水技术体系等方面的研究。

喀斯特地区三水资源转化规律复杂、地表裂隙、落水洞发育、水资源系统脆弱,加之人类活动的影响,这些因素导致该区域水资源安全问题将长期存在。喀斯特地区水资源安全的研究尽管在其影响因素、评价方法、安全机理、预警及保障对策等方面进行了一些探讨,但评估指标体系、方法缺乏公认或通用标准,水资源评估结果与实际情况存在某种程度的误差,也导致评估结果的指导意义和操作性、针对性受到影响,特别是由于对水资源安全含义与社会经济属性内涵理解不统一,导致水资源安全评价指标体系和评价方法多样,评价结果难以进行统一的评判比较。

5.2　喀斯特地区水资源安全评价方法

从水资源安全的影响因素中可以看出,水资源安全评价方法的优劣取决于评价结果对影响因素与水资源安全关系的反映程度,以及喀斯特地区水资源的供需状态、评价方法是否具有可操作性。依据评价对象的差异,将水资源安全评价方法分为水量评价、水质评价、水质-水量联合评价、综合指标评价等 4 种方法。

5.2.1　水资源安全评价法*

1. 水量评价

表层带喀斯特水资源量的评价目前尚处于探索阶段,本节分别介绍水量平衡法、泉水流量衰减系数法和调蓄系数法等。在水量平衡法计算过程中,对观测资料的要求较高,而对表层带喀斯特水需求较高的大部分是贫困山区,但该类地区往往缺乏长期的观测资料。因此,针对这类地区主要采用改进的调蓄系数法,并结合实证案例通过泉水流量衰减系数法对改进的调蓄系数法的结果的合理性进行验证。

1)水量平衡法

将表层喀斯特带作为一个表层带喀斯特水系统,其调蓄机制通过对表层喀斯特带地下水的补、径、排条件的分析来阐明。图 5-1 是简化了的补给、径流、排泄的概念模型。根据此模型,在一个均衡期(一般为 1 年)内表层喀斯特带的补给量等于总排泄量与储蓄

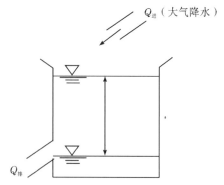

图 5-1　喀斯特含水体充水、排水模拟

---

* 本节内容引用自:

刘力阳,2007. 表层带喀斯特(泉)水资源评价方法与管理对策研究 ——以贵州省金银坝 S_(01)、S_(02)泉域为例. 贵阳:贵州大学.

的水资源变化量之和。为简化计算，将降雨补给量与蒸发量用一个综合参数表示。考虑到表层喀斯特带水补给来源主要是大气降雨入渗，用降水量乘上综合入渗系数可得到表层喀斯特带的补给量。

采用该种方法计算表层带喀斯特水资源量时，除必要的喀斯特水文地质资料，综合入渗系数定量计算过程还需要双水位、降水量、蒸发量以及泉流量等数据的长期而连续的观测资料。对于缺乏对以上数据长观资料的地区，应用此种方法计算表层带喀斯特水资源量具有一定的局限性，因此，表层带喀斯特水资源量能否用水量平衡法来求解还有待深入探讨。

(1)补、径、排平衡法。按地下河流域内补、径、排条件，其均衡方程为

$$P(t-e)\cdot A\cdot I+q_1(t)+q_2(t)=Q(t)+\frac{\mathrm{d}v(t)}{\mathrm{d}t}+Z(t) \tag{5-1}$$

式中，A 为茅草铺下段（T_1m^1）集雨面积；$P(t)$ 为 t 时刻单位时间内降水量（即雨强）；e 为补给滞后时间；I 为大气降水有效入渗系数；$q_1(t)$ 为地下河流域范围内外源水 t 时刻的补给量；$q_2(t)$ 为 t 时刻 T_1m^2 喀斯特含水层中泉对 T_1m^1 喀斯特含水层的补给量；$Q(t)$ 为地下河出口 t 时刻的排泄量；$\frac{\mathrm{d}v(t)}{\mathrm{d}t}$ 为 T_1m^1 喀斯特含水岩体中 t 时刻的地下水贮存量变化量；$Z(t)$ 为 t 时刻的潜水蒸发量。

设 $t_1\sim t_2$ 为均衡期，则：

$\int_{t1}^{t2}P(t-r)\cdot A\cdot I\mathrm{d}t=P(t_1-t_2)\cdot A\cdot I$ 为均衡期的降雨入渗总量（m^3）；

$\int_{t1}^{t2}Q(t)\mathrm{d}t=\left[\frac{(Q_0+Q_n)}{2}\cdot\sum_{i=1}^{n-1}Q_i\right]\cdot\Delta t\times86.4=Q(t_1-t_2)$ 为 $t_1\sim t_2$ 时期地下水的排泄总量，其中 Q_i 为地下河出口系列观测数据，Δt 为观测间隔时间（天）；

$\int_{t1}^{t2}\mathrm{d}v(t)=v_1-v_2=\Delta v$ 为 t_1 至 t_2 时期的贮存量的增量（m^3）；

$\int_{t1}^{t2}q_1(t)\mathrm{d}t=q_1(t_1-t_2)$ 为 $t_1\sim t_2$ 时期外源水的补给总量（m^3）；

$\int_{t1}^{t2}q_2(t)\mathrm{d}t=q_2(t_1-t_2)$ 为 $t_1\sim t_2$ 时期 T_1m^2 喀斯特含水层对 T_1m^1 喀斯特含水体的补给总量（m^3）。

出水洞地下河子系统内，茅草铺下段（T_1m^1）灰岩岩石裸露、植被稀少，土层极薄，大气降水沿裂隙、竖井或落水洞迅速渗入地下，形成地下水。再则因地下水埋藏较深，一般大于 50 m，而在分水岭地带的百里田下湾竖井最深可达 138 m。因此，地下水不易蒸发，可令蒸发量 $Z(t)$ 等于零。

则 $t_1\sim t_2$ 时期的有效入渗系数为

$$I_E=\frac{Q(t_1-t_2)-q_1(t_1-t_2)-q_2(t_1-t_2)+\Delta v}{P(t_1-t_2)\cdot A} \tag{5-2}$$

(2)年度水量均衡模型分析。依据均衡方程(5-1)，在年度均衡分析考虑 ΔV 时，由于系统中地下水当年调节，一个完整的水文年内含水层中地下水储存量的增量小，可以忽略不计，即 $\Delta V\approx0$，式(5-2)可简写成：

$$I_e = \frac{Q - q_1 - q_2}{P \cdot (t_1 - t_2) \cdot A} \tag{5-3}$$

式中，多年年平均降水量 $P = 1114.8\text{mm}$，$T_1 m^1$ 灰岩裸露区面积 $A = 14.89\ \text{km}^2$，则均衡期大气降水总量 $P \cdot A = 1.6599 \times 10^7\ \text{m}^3$。

2) 泉水流量衰减系数法

根据对表层喀斯特带发育特征的统计，其上出露的表层带喀斯特泉大部分为具有相对完整的输入输出系统的"小流域"。对于主要接受大气降水补给，仅一个总出口或集中几个出口排泄的，能自成一个独立封闭体系的喀斯特裂隙含水岩体中的地下水资源，可用流量衰减分析法进行评价。

这种自成一个独立体系的含水岩体(水文地质单元)接受补给后，渗入的水量在裂隙中流动，成为地下径流，然后汇集于一处或几处出露，形成泉水。在泉口处设立水文测站，测定泉流量，其泉流总量接近地下径流量。对地下径流量的实测资料进行水文分析计算，确定地下水的可开采量。这类含水岩体地下水的水文动态有一个特点：在一次降水或一年的雨季之后，泉水流量出现峰值，随后是流量的衰减，一直延续到下次降水或下年度雨季来临为止，这时流量出现最小值。

上述情况可用盛水容器的充水与放水过程来做过比拟(图 5-1)。深厚广袤的含水岩体好比是盛水容器，喀斯特泉口出流就是容器排水孔放水。充水时(相当于降雨补给期)容器中水位上升，储存量增加，出口流量增大，停止充水后(相当于无降水补给，即枯水旱期)，流量自最大值开始衰减，持续到下一次充水开始，此时出现最小值。

为了建立流量衰减方程式，必须确定各亚动态的始点流量 Q_{0i} 和流量衰减系数 α_i。将各线段的延长线与 $\lg Q_t$ 轴相交，从而求出各个时段 $Q_{0i}(i = 1, 2, 3)$，再过折线的各转折点分别向 $\lg Q_t$ 轴及 t 轴作垂线而得 $\lg Q_{ti}(i = 1, 2, 3)$ 及 $t_i(i = 1, 2, 3)$，按下式计算出各亚态的衰减系数 $\alpha_i(i = 1, 2, 3)$。

各衰减亚态的衰减系数 α_i 为

$$\alpha_i = \frac{\lg Q_i - \lg Q_{i+1}}{0.4343(t_{i+1} - t_i)} \tag{5-4}$$

式中，Q_i 为对应于 t_i 时刻的流量(L/s)；Q_{i+1} 为对应于 t_{i+1} 时刻的流量(L/s)。

杨正贻又将"析线式"方程用于泉回升增溢过程，当泉水存在周期性变化特点时，其补给回升过程可用补给回升增溢方程来表示(杨正贻，1987)：

$$Q_t = \begin{cases} Q_{04} e^{-a4t} & (t_3, t_4) \\ Q_{05} e^{-a5t} & (t_4, t_5) \\ Q_{06} e^{-a6t} & (t_5, t_0) \end{cases} \tag{5-5}$$

各亚动态补给回升期的增溢系数 $-\alpha_i$ 为

$$-\alpha_i = \frac{\lg Q_{i+1} - \lg Q_i}{0.4343(t_{i+1} - t_i)} \tag{5-6}$$

当 Q_{01}、Q_{02}、Q_{03}、Q_{04}、Q_{05}、Q_{06} 和相应的 α_1、α_2、α_3、α_4、α_5、α_6 确定以后，按下列模式建立方程：

$$Q_t = \begin{cases} Q_{01}e^{-a1t} & (t_0, t_1) \\ Q_{02}e^{-a2t} & (t_1, t_2) \\ Q_{03}e^{-a3t} & (t_2, t_3) \\ Q_{04}e^{-a4t} & (t_3, t_4) \\ Q_{05}e^{-a5t} & (t_4, t_5) \\ Q_{06}e^{-a6t} & (t_5, t_0) \end{cases} \tag{5-7}$$

计算调节储存量：表层带喀斯特水总储存量（$Q_表$）等于衰减和增溢的排泄总量，即

$$Q_{表i} = \int_0^t Q_{0i}e^{-at}\,dt = Q_{0i}(1 - e^{-at})/\alpha \tag{5-8}$$

$$Q_表 = \sum_{i=1}^n Q_{表i} \tag{5-9}$$

3）调蓄系数法

为了便于模型的建立，表层带喀斯特水系统地下水循环采用图 5-2 表示。

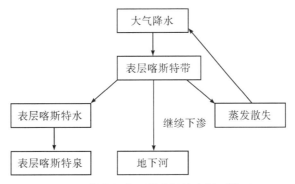

图 5-2　简化的表层带喀斯特水循环模型

表层带喀斯特水是大气降水入渗总量减去继续下渗补给地下河与蒸发后的剩余量。由于喀斯特石山地区降水量充沛，湿度较大，在忽略蒸发量的前提下，表层带喀斯特水资源量就是大气降水进入表层喀斯特带系统后除去继续下渗补给地下河的部分。

根据概念模型拟，采用表层带喀斯特水调节系数对表层带喀斯特水资源量进行表述，表达式为

$$Q_表 = \beta \cdot Q_补 \tag{5-10}$$

式中，$Q_表$ 为表层带喀斯特水资源量（m^3）；β 为表层带喀斯特水调节系数；$Q_补$ 为表层带喀斯特水系统大气降水入渗补给总量（m^3）。

对于不同等级的石漠化区，其表层喀斯特带调节表层带喀斯特水的能力差异较大。轻度、中度石漠化地区，表层带喀斯特水动态变化虽大，但表层喀斯特带还具有一定储集地下水的能力；重度石漠化地区，渗入表层喀斯特带的大气降水几乎全部补给了地下河，出露的表层喀斯特泉具有"雨停不久泉水断流"的气候型动态特征，表层喀斯特带对表层带喀斯特水基本不具调节功能。因此式（5-10）可改写为

$$Q_表 = \beta \cdot Q_补 \cdot \left(1 - \frac{F_石 + F_碎}{F}\right) \tag{5-11}$$

式中，$F_石$ 为重度石漠化分布区面积（km^2）；$F_碎$ 为碎屑岩分布面积（km^2）；F 为区域面积

(km^2)。

式(5-10)、式(5-11)中的 β 反映了能汇集于表层喀斯特带系统内的大气降水的渗入比例，为无量纲，它是前面章节所述控制表层带喀斯特水调节能力的诸因子函数，即

$$\beta = f(B \cdot ZS \cdot Y \cdot D \cdot Z) \tag{5-12}$$

式(5-12)的含义可归结为：在控制表层带喀斯特水调节能力的过程中，各因子同时存在，相互依赖，共同作用，它们之间不是累计叠加，而是相关关系。

王伟采用层次分析法对表层喀斯特带发育厚度、岩层倾角、植被覆盖率、岩性组合、地形地貌五个因子的权重进行计算，根据泉水流量的动态计算每个泉点的天然补给量，用各泉水的调蓄系数乘以天然补给量的结果表征某个泉域的表层带喀斯特水调蓄资源量。

运用该方法计算区域表层带喀斯特水资源量，并通过实例验算结果多与泉水调查流量值相近，表明该方法具有一定的合理性。但是，表层带喀斯特水调节系数是表征表层喀斯特带系统调节表层带喀斯特水能力强弱的物理量，它受诸多因素的影响，前人只是考虑了水文地质条件和植被覆盖率，实际精度有待提高。

现有的表层带喀斯特水调蓄系数法中，存在选取的评价因子较少、运用层次分析法进行权重计算过程当中分层不够细化等不足，势必对评价结果造成一定影响。作者尝试在现有模型的基础上对评价因子定权及因子的选取等方面进行改进，增加了人为扰动因子，期望得到更加精确的表层带喀斯特水资源评价方法。

4）大气降水入渗系数法

长岗喀斯特流域系统中出水洞和鱼孔地下河从补给区到排泄区构成两个独立的喀斯特地下河流域子系统。两个地下河流域子系统水文地质特征基本相似，大气降水是地下水的主要补给来源，因此，可以利用出水洞地下河子系统长观系列数据计算所得的参数，比拟计算鱼孔地下河子系统的水资源量。

在年度均衡期内，喀斯特水系统中地下水动态当年调节过程中，可以认为，地下水贮存量增量 $\Delta V \approx 0$，因此，可用地下河流域年排泄量表征流域内地下水的天然补给量，即

$$V_{补给} = V_{径流} = V_{排泄} \tag{5-13}$$

式中，

$$V_{补} = I_e \cdot P \cdot A + q_1 \tag{5-14}$$

式中，q_1 为外源水补给量(m^3)；$I_e \cdot P \cdot A$ 为在流域内大气降雨入渗补给量(m)。

5）地下水库库容计算

地下喀斯特水系统的空间结构通常是复杂多变的，试图详细地掌握和了解地下河系统内部结构需要投入大量的勘探、试验和研究工作，并且难度大，效果并不一定满意。目前，国内外地下水库在修建前，绝大多数都未能进行可靠的库容评价，而是在修建地下水库之后通过实际的放水试验来获取准确的库容量数据。这对地下水库建设的可行性评价和工程设计带来较大的盲目性，对工程布局、设计和施工在技术、经济的合理性方面带来重大的影响。其原因是目前地下库容计算和评价方法尚不成熟，以及合理的计算所需参数难以准确取得。因此，以王明章等学者对仁怀长岗喀斯特流域系统中出水洞地下河子系统为基础，结合喀斯特地下水开发，对地下水库库容评价的方法进行探讨。

（1）地下水库蓄水高程确定。地下水库蓄水库容大小与水库枢纽在地下河中的位置有

关，根据出水洞地下河的工程地质条件，将坝址选择在近地下河出口450m远的岩底沟地下河道上，建立截水体(拦水坝)对地下河堵洞成库。坝址选择的具体依据详见第4章。

蓄水高程的确定原则为：①充分考虑地下河结构，地下水水力坡度及洪峰最大来水量，水库蓄水后洪水期不会产生气爆、库区乃至上游地带不因壅水发生地面洪涝淹没等不良工程环境地质问题；②水库蓄水高程能以最低扬程提水满足库区乃至上游地区生活和生产需要。

(2)库容量尽可能充分利用地下河流域产水量。库区地表发育了数个地下河的天窗和与地下河道相通的落水洞，有利于排泄和削减洪水期由于地下水位骤升、流速加大在地下河道中产生的气压，避免由其引发的气爆。库区地表洼地均为耕地和分散村民住户，洼地底部最低标高为860m，拟建坝址处地下河道高程为780.25m，高差为79.75m。地下河道截水坝体处地下河道洞高50m、宽5m，为有利于水库地下泄水，避免造成库区洼地中耕地淹没，并防止洪水期地下河道气爆发生，拦水工程采用坝顶溢流的半封闭式重力拱坝，在洞顶留设足够的过水断面，满足丰水季节地下河溢洪需要。因此，初步设计蓄水最大水头高40m，该条件下，拦水坝顶部上方留设空间高10m、宽5m，断面面积50m²。

(3)地下水库库容计算方法。

①几何形态概化法。岩底沟大洞拟建截水堵体处洞高约50m，其库容量按半封闭截水堵体分段计算，即假定坝前水头分别为40m、30m、20m，分别概算可能的库容量。

在地下河中堵坝建地下水库，地下蓄水空间主要为地下河通道及含水岩体中与之相联系的溶洞、溶蚀裂隙、溶孔、构造裂隙等。因此，可以采用地下河蓄水空间几何形态概化法对地下库容进行概算，其计算模型为

$$V = V_1 + V_2 + V_3 \tag{5-15}$$

式中，V 为地下库容(m³)；V_1 为设计水库蓄水位以下的地下河主流通道容积(m³)；V_2 为设计水库蓄水位以下的地下河支流通道容积(m³)；V_3 为设计水库蓄水位以下的岩体孔隙容积(m³)。其中：

$$V_1 = \frac{H}{2} \cdot B \cdot L \tag{5-16}$$

式中，H 为设计地下水库蓄水高程条件的平均淹没水深(m)；B 为地下河通道平均宽度(m)；L 为设计地下水库蓄水高程的回水长度(m)。

假设地下河为单支管道，地下河管道体积忽略不计(出水洞地下河系统空间分析已证实，整个系统枯水期地下河主干管道排水总量仅占总排泄量的4.3%，地下水库拦水坝地段断面处被水淹没的管道断面面积为三角形，而在地下河回水长度上，则形成被淹没的三棱锥体(图5-3)，其计算模型为

$$V_3 = \frac{1}{3} \frac{H^3}{I \cdot J} \mu \tag{5-17}$$

式中，I 为地下河水力坡度；J 为喀斯特含水层中地下水向地下河排泄的水力坡度；μ 为喀斯特含水体的给水度(或岩溶率)。

模型曾用贵州母猪洞地下水库放水试验资料进行检验，计算结果与实际数值基本一致，说明概化方法及模型总体上是可行的。

②水箱模拟法。从 20 世纪 80 年代开始,水箱模型(tank model)被引用于喀斯特水资源的评价和矿坑涌水量的计算,以中国地质科学院岩溶地质研究所崔光中教授为首的课题组将水箱模型应用在北山矿区的矿坑涌水量预测中,取得了良好的效果。20 世纪 90 年代,"贵州省仁怀峰丛山区农业发展的岩溶地质环境研究"项目组受水箱模型模拟的启示,尝试用于长岗地下河系统地下库容评价,效果也较好。本书在该研究成果的基础上,根据出水洞地下河的特征进一步进行修正和补充。

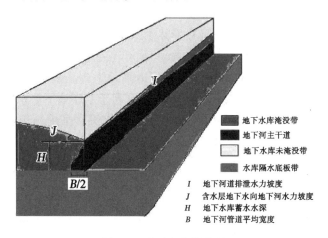

图 5-3　地下水库模拟断面

模型的基本思想为将地下河系统中所有含水的空间统一概化为一个水箱,将水箱边孔出流视为水库放水,并将水箱蓄水位与边孔的放水量关系简化为线性关系,用水箱模型模拟地下水库放水试验实际上也就是用水箱模型的"蓄、泄"关系模拟地下水库蓄水水位与库容量之间的关系。在无外源补给的条件下:

$$V_t = \int_{1t_0}^{t} Q(t)\mathrm{d}t = Q(t_0 - t_1) \tag{5-18}$$

式中,V_t 为水箱蓄水水位达到模拟地下水库蓄水高程后从 $t_0 \sim t_1$ 时刻相应水位时的放水量(m^3):

$$Q(t_0 \sim t_1) = q_1(t_0 \sim t_1) - q_2(t_0 \sim t_1) \tag{5-19}$$

式中,$q_1(t_0 \sim t_1)$ 为 $t_0 \sim t_1$ 时刻泄水量,代表水库排泄量(m^3/s);$q_2(t_0 \sim t_1)$ 为 $t_1 \sim t_2$ 时刻进入水箱的流量,代表地下水库补给水量(m^3/s)。

根据出水洞地下河动态长观资料表明,特枯季节地下河入口最小流量仅有22.44L/s,其外源补给量对库容量来说非常小,为了水箱模拟简单起见,将 $q_2(t_0 \sim t_1)$ 项忽略不计,则式(5-19)简化为

$$Q_t \approx q_1(t_0 \sim t_1) \tag{5-20}$$

水箱结构按照出水洞水力坡度、相关水文地质参数设置,模拟起始水位 40m 时,地下水库放水初期蓄水体积采用几何形态概化法求得的结果为 151.17 万 m^3,并以实测出水洞地下河出口年平均流量 320.61L/s 为约束条件,模拟时段步长取 $\Delta t = 1\mathrm{h}$,其模拟结果如表 5-1 所示。表中数据预报了地下水库不同蓄水高程条件下的库容量。

按几何形态概化法计算结果,绘制水头与库容量的关系曲线图(图 5-4),或水箱模拟法模拟结果(表 5-1)即可查得 20~40m 的不同水头的库容量值。

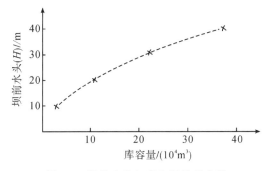

图 5-4　坝前水头与库容量关系曲线

比较几何形态概化法和水箱模拟法对地下水库库容预测的结果，水箱模拟法预报结果较几何形态概化法计算结果略偏大，这可能与试验用水箱模型参数设置或者与含水岩体实际的含水介质不均匀有关。

表 5-1　水箱模拟放水试验结果

序号	水头(H)/ m	放水流量(Q)/ (m^3/s)	放水体积(V)/ m^3	放水累加体积(V_z)/ m^3	放水剩余库容(V_M)/ m^3
0	40	0	0	0	1511700
1	39.44	9.915	35694	35694	1476006
2	38.89	9.8458	35445	71139	1440561
3	38.35	9.7770	35197	106336	1405364
4	37.80	9.7081	34949	141285	1370414
5	37.26	9.6390	34700	175985	1335714
6	36.73	9.5700	34452	210437	1301263
7	36.20	9.5000	34199	244636	1267064
8	35.67	9.4308	33951	278587	1233113
9	35.14	9.3619	33703	312290	1199410
10	34.11	9.2240	33206	345496	1166204
11	33.59	9.1550	32958	378454	1133246
12	32.58	9.0170	32461	443625	1068075
13	32.08	8.9481	32213	475838	1035862
14	31.58	8.8791	31965	507803	1003897
15	31.09	8.8101	31716	539519	972181
16	30.60	8.7411	31468	570987	940713
17	30.11	8.6722	31220	601958	909742
18	28.82	8.5120	30643	663572	848128
19	28.16	8.4161	30298	693870	817830
20	27.52	8.3200	29952	723822	787878

序号	水头(H)/ m	放水流量(Q)/ (m³/s)	放水体积(V)/ m³	放水累加体积(V_z)/ m³	放水剩余库容(V_M)/ m³
21	26.87	8.2226	29601	753423	758277
22	26.24	8.1265	29256	782679	729021
23	25.61	8.0305	28910	811589	700111
24	24.99	7.9332	28559	840148	671552
25	24.38	7.8371	28214	868362	643338
26	23.78	7.7410	27868	896230	615470
27	23.18	7.6437	27517	923747	587953
28	22.59	7.5477	27172	950919	560781
29	22.01	7.4504	26821	977730	533970
30	21.43	7.3543	26475	1004215	507485
31	20.87	7.2582	26130	1030345	481355
32	20.31	7.1609	25779	1056124	455576
33	19.63	7.0648	25433	1081557	430143
34	18.79	6.9454	25003	1106560	405140
35	17.98	6.7963	24467	1130027	381673
36	17.18	6.6461	23926	1154989	356711
37	16.40	6.4970	23389	1178378	333322
38	15.64	6.3480	22853	1201231	310469
39	14.98	6.1990	22316	1223547	288153
40	14.16	6.0500	21780	1245327	266373
41	13.46	5.8997	21239	1266566	245134
42	12.76	5.7507	20702	1287268	224432
43	12.09	5.6004	20161	1306893	204807
44	11.44	5.4514	19625	1326518	185182
45	10.80	5.3011	19084	1345602	166098
46	10.18	5.1521	18547	1364149	147551
47	8.83	5.0018	18007	1382156	129544
48	7.28	4.6594	16774	1398930	112770
49	5.68	4.2295	15226	1415156	96544
50	4.60	3.7960	13666	1427822	83878
51	3.47	3.3612	12100	1439922	71778
52	2.50	2.9215	10518	1450440	61260
53	1.67	2.4769	8917	1459357	52343

序号	水头(H)/ m	放水流量(Q)/ (m^3/s)	放水体积(V)/ m^3	放水累加体积(V_z)/ m^3	放水剩余库容(V_M)/ m^3
54	0.99	2.0210	7294	1466651	45049
55	0.47	1.5618	5622	1472273	39427

2. 水质评价[*]

1)水质标识法

(1)单因子水质标识指数法。单因子水质标识指数 P_i 由 1 位整数、小数点后 2 位或者 3 位有效数字组成，可表示为

$$P_i = X_1 \cdot X_2 \cdot X_3 \tag{5-21}$$

式中，X_1 表示第 i 项评价指标的水质类别，X_2 表示监测数据在 X_1 类水质变化区间所处的位置，X_2 越大，表示在同一类别的水质中污染越严重，X_3 表示水质类别与功能区划设定类别的比较结果。

①当水质介于 I 类和 V 类之间时，X_1、X_2 分开计算。

X_1 的确定：当水质介于 I 类和 V 类之间时，X_1 由监测数据与国家标准的比较确定，其意义为：$X_1 = 1$，表示为 I 类水，$X_1 = 2$，表示为 II 类水，$X_1 = 3$，表示为 III 类水，$X_1 = 4$，表示为 IV 类水，$X_1 = 5$，表示为 V 类水。

X_2 的计算：对于非溶解氧指标(pH、温度、溶解氧除外)X_2 根据式(5-22)确定：

$$X_2 = \frac{\rho_i - \rho_{i \cdot k下}}{\rho_{i \cdot k上} - \rho_{i \cdot k下}} \times 10 \tag{5-22}$$

对溶解氧指标 X_2 的确定：$X_2 = 10 - \dfrac{\rho_i - \rho_{i \cdot k下}}{\rho_{i \cdot k上} - \rho_{i \cdot k下}} \times 10$　　(5-23)

式中，ρ_i 表示第 i 项指标的实测浓度，$\rho_{i \cdot k上}$ 和 $\rho_{i \cdot k下}$ 表示第 i 项指标第 k 类水区间质量浓度的上限值和下限值，X_2 根据四舍五入的原则取一位整数确定。

②当水质等于或低于 V 类水上限值时，X_1、X_2 同时计算：

对于非溶解氧指标：$X_1 \cdot X_2 = 6 + \dfrac{\rho_i - \rho_{i \cdot 5上}}{\rho_{i \cdot 5上}}$　　(5-24)

对于溶解氧指标：$X_1 \cdot X_2 = 6 + \dfrac{\rho_{DO \cdot 5下} - \rho_{DO}}{\rho_{DO \cdot 5下}} \times 4$　　(5-25)

式中，ρ_i 表示第 i 项指标的实测浓度，$\rho_{i \cdot 5上}$ 表示第 i 项指标 V 类水浓度上限值，$\rho_{DO \cdot 5下}$ 表示溶解氧 V 类水浓度下限值，ρ_{DO} 表示溶解氧实测浓度。

③X_3 的确定：X_3 主要通过该单项水质类别与水功能区类别的比较得出，若水质达到或好于水功能区类别，则 $X_3 = 0$，若水质类别差于水功能区类别，且 X_2 不等于 0，则 $X_3 = X_1 - f_i$，若水质类别差于水功能区类别，且 X_2 等于 0，则 $X_3 = X_1 - f_{i-1}$。

＊本节内容引用自：

①郑群威，苏维词，杨振华，等，2019. 乌江流域水环境质量评价及污染源解析. 水土保持研究. 26(3)：204-212.

②杨振华，苏维词，吴克华，等，2015. 基于级别特征值的岩溶含水层水质模糊综合评价修正. 中国岩溶，34(6)：551-559.

（2）综合水质标识指数法。综合水质标识指数法是在单因子水质标识指数法的基础上提出的，主要由1位整数和3位或4位小数位构成：

$$I_{wq} = X_1 \cdot X_2 \cdot X_3 \cdot X_4 \tag{5-26}$$

式中，X_1 表示河流（湖库）的综合水质类别，X_2 表示综合水质在 X_1 类水质变化区间中所处位置，X_3 表示参与综合水质评价的各项指标中劣于水功能区目标的指标数量，X_4 表示综合水质类别与水功能区设定类别的比较结果。

①$X_1 \cdot X_2$ 的计算：

$$X_1 \cdot X_2 = \frac{1}{m} \sum (P_1 + P_2 + \cdots + P_m) \tag{5-27}$$

式中，m 表示参与综合水质评价的单项水质标识指数指标的个数，P_1，P_2，$\cdots$，P_m 分别表示第 1，2，$\cdots$，m 项指标的单因子水质标识指数中的 $X_1 \cdot X_2$，按照四舍五入原则保留小数点后一位小数。

②X_3 的确定：X_3 表示参与综合水质评价的单项指标中低于水环境功能区目标的指标个数，若 $X_3 = 0$，表示所有指标均达到水环境功能区目标，若 $X_3 = 1$，则表示有一个指标未达到水环境功能区目标，以此类推。

③X_4 的确定：X_4 通过综合水质类别与水环境功能区设定类别的比较得到，若水质达到或好于水功能区类别，则 $X_4 = 0$，若水质类别差于水功能区类别，且 X_2 不等于 0，则 $X_4 = X_1 - f_i$，若水质类别差于水功能区类别，且 X_2 等于 0，则 $X_4 = X_1 - f_{i-1}$。

2）改进模糊综合评价法

（1）建立隶属度矩阵。隶属度矩阵由各项评价指标对水质评价集的隶属度构成，可以通过对该因子浓度的分级标准值 s_{ij} 建立隶属函数的表达，如式（5-28）、式（5-29）和式（5-30）所示。

Ⅰ类水体隶属函数（$j=1$）：

$$R_{ij} = \begin{cases} 1, & \varphi_i \leqslant s_{i1} \\ \dfrac{\varphi_i - s_{i1}}{s_{i2} - s_{i1}}, & s_{i1} < \varphi_i < s_{i2} \\ 0, & \varphi_i \geqslant s_{i2} \end{cases} \tag{5-28}$$

Ⅱ、Ⅲ、Ⅳ类水体隶属函数（$j=2,3,4$）：

$$R_{ij} = \begin{cases} 0, & \varphi_i \leqslant s_{ij-1}, \ \varphi_i \geqslant s_{ij+1} \\ 1 - \dfrac{\varphi_i - s_{ij-1}}{s_{ij} - s_{ij-1}}, & s_{ij-1} < \varphi_i \leqslant s_{ij} \\ \dfrac{\varphi_i - s_{ij}}{s_{ij+1} - s_{ij}}, & s_{ij} < \varphi_i < s_{ij+1} \end{cases} \tag{5-29}$$

Ⅴ类水体隶属函数（$j=5$）：

$$R_{ij} = \begin{cases} 1, & \varphi_i \geqslant s_{i5} \\ \dfrac{\varphi_i - s_{i4}}{s_{i5} - s_{i4}}, & s_{i4} < \varphi_i < s_{i5} \\ 0, & \varphi_i \leqslant s_{i4} \end{cases} \tag{5-30}$$

式中，R_{ij} 为评价指标 i 对于 j 类水质标准的隶属度；φ_i 为第 i 个评级因子经过内梅罗法处理后的浓度值；s_{ij} 为评价指标 i 对应 j 类水质的分级标准值，其值确定的参考依据为《地下水质量标准》（GB/T14848—2017）、《生活饮用水卫生标准》（GB5749—2006）等。将各项评价指标对水质评价集的隶属度排列成 $i \times j$ 阶矩阵，可以得到相应的隶属度矩阵 $\boldsymbol{R}$：

$$\boldsymbol{R} = \begin{bmatrix} r_{11} & r_{12} & \cdots & r_{1j} \\ r_{21} & r_{22} & \cdots & r_{2j} \\ \vdots & \vdots & & \vdots \\ r_{i1} & r_{i2} & \cdots & r_{ij} \end{bmatrix} \tag{5-31}$$

（2）评价指标组合赋权。基于超标加权法确定权重方法的模糊综合评判模型应用甚广，但该方法也往往会出现分析结果与实际不一致的情况，其因为单纯用超标因子赋权，不能反映喀斯特含水层水质异质性和水质区域差异，使评价结果与实际不符。故本书采用主观 AHP 法和客观熵权法进行组合定权。

设 ws_i，wo_i 分别表示 AHP 法权重和熵值法权重，则称

$$w_i = \frac{\sqrt{ws_i \cdot wo_i}}{\displaystyle\sum_{i=1}^{n} \sqrt{ws_i \cdot wo_i}} \tag{5-32}$$

是具有同时体现两种赋权法信息组合特征的权重值。按式（5-32）得到的组合权重 w_i。其中，ws_i 根据式（5-33）计算得到

$$(ws_1, ws_2, \cdots, ws_i) = \left(\frac{\varphi_1}{\theta_1} / \sum_{i=1}^{n} \frac{\varphi_i}{\theta_i}, \frac{\varphi_2}{\theta_2} / \sum_{i=1}^{n} \frac{\varphi_i}{\theta_i}, \cdots, \frac{\varphi_i}{\theta_i} / \sum_{i=1}^{n} \frac{\varphi_i}{\theta_i} \right) \tag{5-33}$$

式中，w_i 为第 i 个评价指标的权重。根据《饮用水源卫生标准》和此次地下水探采目的，θ_i 确定为水质第Ⅲ类别的标准限值《地下水质量标准》（GB/T14848—2007），以判别水质是否达到饮用条件。

（3）综合评价。传统的模糊评价是通过模糊矩阵的复合运算实现的，其模糊子集为

$$\boldsymbol{Y} = \boldsymbol{W} \cdot \boldsymbol{R} = (y_1, y_2, \cdots, y_i) \tag{5-34}$$

对于模糊矩阵评价结果等级划分的常用识别原则主要有 3 种，即最大隶属度原则、综合指数法原则和级别特征值原则。最大隶属度原则主要强调单一因子对 j 类标准的作用，当多个超标因子对应等级隶属度相近时，容易造成水质信息丢失，常无法获得预期的评价结果，故在使用时必须考虑最大隶属原则的有效度。综合指数原则对最大隶属度进行了一定的改进，运算更加细化，但评价结果仍主要以各评价指标 F 值的最大值与平均值为依据，评价等级易受最大超标因子对整体水样类别的影响，不适用地下水水质状况综合判定。级别特征值虽然在一定程度上继承了最大隶属度原则的类别划分结果，但可充分利用全部评价指标所提供的水质信息，对最大隶属度评价类别进行合理的修正，在地下水水质评价中的适用性更强。因此，为避免应用最大隶属度原则进行模糊模式识别所可能造成的失真，明确不同等级评判的差异性，本书引入级别特征值对模糊评价结果进行修正，得到基于级别特征值的水质总体状况评价类别，并对同一类别水体水质优劣进行比较。设级别变量为 j，其所对应的隶属度为 R_{ij}，则级别特征值 H_i 为

$$H_i = \sum_{j=1}^{n} R_{ij} \cdot j \tag{5-35}$$

通过第 i 个样点水体对 j 类标准的级别特征值 H_i 进行水质评价类别修正，实现对级

别特征值超过限值的水质等级进行降级处理，得到不同水样点主要超标因子特征。

3. 水质-水量联合评价

随着喀斯特地区社会经济的发展，人口、资源、环境所面临的水质-水量难以保障的矛盾加剧，村落及小城镇水资源安全的重要性愈加显著，若不提出相应的水资源可持续发展利用对策，无疑会威胁人们的饮水安全与经济社会发展。其中，水资源安全评价作为水资源保障管理的前提，对水资源长效管理机制的提出和水资源开发利用模式的优化具有重要的现实意义。基于水质-水量的联合评价模型有利于搞清流域在一定生产、生活用水条件下，在既满足水功能区划水质目标，又满足河道生态需水要求后，可利用的水资源量和水质特征，促进水资源的多样化开发利用与空间优化配置。

1)水量和水质相结合的流域需水估算公式

$$Q_{wd} = Q_t - (Q_r - Q_s) \geqslant Q_{std} \tag{5-36}$$

式中，Q_{wd} 为流域(或小城镇区域)生活需水，Q_{std} 为人口、牲畜需水量，依据当地行业用水定额，如《贵州省行业用水定额》(DB52T 725—2011)计算得到；Q_t 为流域水资源量；Q_r 为取水量(生产、生态用水)，其中生态需水按照公式法计算，依据水量平衡公式；Q_s 为退(回归)水量，以流域出口断面水量为准，得到耗水量：

$$Q_r - Q_s = Q_r(1 - Q_s/Q_r) \tag{5-37}$$

式中，$(1 - Q_s/Q_r)$ 为水资源消耗率，取 $r = Q_s/Q_r$ 为用水量退水(回归)率，并令 $u = Q_r/Q_t$ 为水资源开发利用率，显然，根据上式可得流域用水效率 E_a：

$$E_a = 1 - (u - ur) = 1 - u(1 - r) \tag{5-38}$$

2)流域污径比计算

为了简化生活和生产用水的退化(回归水)的水质评估，我们把回归污水量与所需达标径流量的比值视为污径比(bw)，通过推导得到以下判别式：

$$bw = Q_s / [Q_t - (Q_r - Q_s)] = ru / [1 - u(1 - r)] \leqslant Caeo \tag{5-39}$$

式(5-39)中，Caeo 代表给定需水行业的用水水质标准，若 $bw \leqslant Caeo$，说明流域各行业需水的"质量"能够达到需要的水质标准，其目标水质标准参照《地表水环境质量标准》(GB3838—2002)，否则需要一定的达标水量将其进行混合稀释(理论上不管原来流经研究区的水质如何差，只要有足够多达标水的进入混合稀释，原来未达标水都会逐步接近达标)。其中，生活饮用水地表水源水质须达到 III 类以上水质类别，退(回归)水不低于 IV 类水质标准；一般工业用水区或娱乐等公共用水须达到 IV 类以上，退(回归)水不低于 V 类水质标准；农业用水区及一般景观要求的生态用水须达到 V 类以上，退(回归)水不低于 V 类水质标准。水资源利用过程中污径比越小，则水资源利用对水循环系统的干预越小，则水资源安全等级就越高。

3)安全等级划分

在满足行业用水定额的前提下，结合退(回归)水水质与目标水质的差异，以所需达标径流量的比重作为水资源安全等级的划分依据(表5-2)，即为了流域出口水质达标所需的混合水量与流域水资源总量的比例作为等级划分标准，所需混合水量不得超过枯水年份(50%)的水量，否则区域用水量将难以满足社会用水需求。然后，以占流域达标径流水量的 10%、20%、30%、40% 等临界点作为水资源安全评价标准。

表 5-2　基于混合水量的资源安全等级的划分依据

用水部门	目标水质	与目标水质差距	混合水量占比	安全等级
生活用水	III	≥0	0	较安全
		<0	0～<10%	安全
			10%～<25%	临界安全
			25%～<40%	不安全
			≥40%	较不安全
工业用水	IV	≥0	0	较安全
		<0	0～<10%	安全
			10%～<25%	临界安全
			25%～<40%	不安全
			≥40%	较不安全
农业与生态用水	V	≥0	0	较安全
		<0	0～<10%	安全
			10%～<25%	临界安全
			25%～<40%	不安全
			≥40%	较不安全

注：与目标水质差距≥0 代表退(回归)水水质达标，无须混合水量；反之，则需要。

　　基于水质-水量的联合水资源安全评价模型，有效融合了水量保障能力和水质达标状况等信息，将水资源利用过程的影响因素进行逻辑衔接，揭示出水资源安全的主要影响因素与过程。因此，水资源安全的内涵在于：一是根据用水类型的目标，确定流域(村落或小城镇区域等)内允许污水排放量及其等级；二是为了水质达标所需要的水资源供应量与污水量的混合比例。该模型通过试验示范和进一步完善，可以逐步推广至整个流域生产、生活、生态用水安全等方面的调配、实践。

4. 综合指标评价 *

1)指标选取方法

　　(1)DPSIRM 框架。1970 年，加拿大统计学家安东尼·弗雷德针对环境质量评价学科中生态系统的健康评价提出 PSR(pressure-state-response，即压力-状态-响应)模型。联合国可持续发展委员会(United Nations Commission on Sustainable Development，UNCSD)

＊本节内容引用自：

①张凤太，王腊春，苏维词，2015. 基于 DPSIRM 概念框架模型的岩溶区水资源安全评价. 中国环境科学，35(11)：3511-3520.

②杨振华，周秋文，郭跃，等，2017. 基于 SPA-MC 模型的岩溶地区水资源安全动态评价——以贵阳市为例. 中国环境科学，37(4)：1589-1600.

③郑群威，苏维词，杨振华，等，2019. 基于集对分析法的喀斯特地区水资源安全动态变化及原因分析——以贵州省为例. 中国岩溶，38(6)：846-857.

④杨振华，苏维词，周秋文，2016. 基于模糊集理论的岩溶地区水资源安全评价. 绿色科技(16)：1-6.

于 1995 年将 PSR 改进为 DSR(驱动力-状态-响应) 框架,将人类活动的过程与形态纳入可持续发展指标体系。1993 年,在综合 PSR 模型和 DSR 模型优点的基础上,联合国提出并发展了驱动力-压力-状态-影响-响应(driving-pressure-state-response-impact-response, DPSIR)模型,用于表征资源或环境系统的概念与复杂因果关系结构。DPSIR 模型在环境评价与管理、农业可持续发展、水资源安全、水土保持效益、水资源可持续利用与承载力、生态安全评价等方面得到了广泛应用。基于 DPSIR 模型将管理引入到模型中,构建了用于评价人居环境安全的驱动力-压力-状态-影响-响应-管理(driving-pressure-state-response-impact-response-management,DPSIRM)模型。基于人地和谐发展视角,构建湖泊等生态系统健康评价的 DPSIRM 模型。但到目前为止,将 DPSIRM 模型应用到水资源安全研究的文献鲜有报道。在水资源总量有限,且面临水资源污染和气候干旱灾害频繁发生导致水资源短缺的情况下,水资源的有效管理是提高和影响区域水资源安全的重要手段,也是评价水资源安全不容忽视的重要因素,因此,本书将 DPSIRM 概念框架进行改进,纳入水资源安全评价当中,构成水资源安全的 DPSIRM 评价指标概念框架,即驱动力-压力-状态-影响-响应-管理模型,用于更准确表征水资源安全的复杂因果关系结构。

因此,本书参照已有水资源安全 DPSIR 概念框架,参考生态系统健康评价的 DPSIRM模型,将 DPSIRM 模型引入喀斯特区水资源安全评价当中,喀斯特区水资源安全 DPSIRM 模型以 DPSIRM 概念框架为基础,由驱动力子模型、压力子模型、状态子模型、影响子模型、响应子模型以及管理子模型 6 部分构成。如图 5-5 所示,区域人口、经济社会的发展作为驱动因素给喀斯特区水资源安全带来巨大挑战和压力,引起喀斯特区水资源需求的增加,同时带来污染物排放量的增加,造成水资源量和质的变化,水资源供需矛盾突出、水资源污染加剧,水资源安全面临胁迫,胁迫反馈到经济社会中,促使人类社会提高水资源利用技术和效率、减少污染物排放,进而通

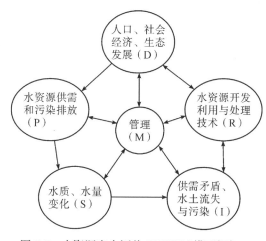

图 5-5　水资源安全评价 DPSIRM 模型框架

过政策管理全面加强水资源安全的调控,实现水资源、经济社会的良性耦合。从而降低人类行为对水资源系统造成的压力,减少对水生系统和社会经济发展的影响和制约。

(2)PESBR 概念模型。喀斯特地貌发育强烈,生态环境脆弱,地表储水能力弱,水利设施不完善,工程性缺水问题突出。故喀斯特地区水资源安全判定关键为水资源能否保障该地区社会、经济、生态可持续发展的需求,能否满足水循环系统的平衡性。本书依据水资源安全的内涵,喀斯特地区水资源供需利用特征,设计出水资源安全 PESBR 概念模型(图 5-6)。其中,工程性缺水主要表现在水资源获取基础性条件、保障城镇用水的主要水库蓄水率和满足农田用水的有效灌溉面积比等三方面。相比于非喀斯特地区,喀斯特地区地表产流系数较低,地表、地下水漏失严重,地形起伏度大,导致水资源获取条

件差，其获取方式以高差提水和长距离引水为主，供水成本高；喀斯特地质、地貌复杂，地层不稳定性高，水利设施建设难度大，工程渗漏问题严重，蓄水工程的蓄水率低，城市化进程中水源保障能力有限；喀斯特地区耕地保水能力弱，农田有效灌溉绝大部分需农业水利工程的支持，故用有效灌溉面积代表农田水利工程的完善程度，可突显工程性缺水对农业发展的影响。

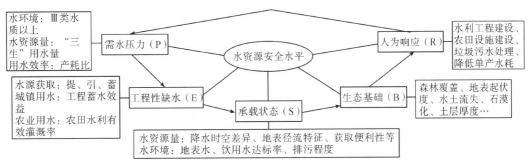

图 5-6　水资源安全评价 PESBR 概念模型框架

（3）基于水资源本底-供需水-管理的概念模型。依据水资源安全内涵，结合喀斯特地区水文地质特征，参考水资源安全评价的传统指标以及喀斯特地区特征指标，从水资源赋存、供水状况、用水状况、利用效率、水资源管理 5 个方面构建评价指标体系。如图 5-7 所示，其中，降水量、水资源量、产流系数以及降水时间、空间变化情况代表了水资源赋存状况，而水资源赋存状况又对地表、地下以及工程供水产生影响，不同的供水方式以及供水量会影响用水状况；农林牧渔用水量的增加，以及随着社会经济发展和居民生活水平的提高，居民生活用水量和工业用水量的增加，会对喀斯特地区水资源安全造成巨大压力，严重影响水资源供需平衡，胁迫反馈到社会中，促使人们提高水资源利用效率，如采用技术减少万元 GDP 用水量、降低亩均灌溉用水量等，并通过水资源管理减少污染物排放，降低人类社会对水资源造成的压力，加强对水资源的调控，实现水资源与社会经济的良性耦合。

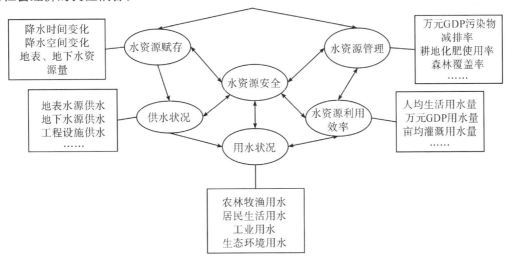

图 5-7　基于水资源本底-供需水-管理的水资源安全评价模型框架

(4)水资源安全系统准则。水资源安全作为一个开放的、相互关联的生态安全系统，其研究视角也应将其看成一个有机整体，以系统的角度进行探究。通过对水资源安全内涵的分析，我们将水资源安全系统分为5个子系统：水环境子系统、社会子系统、经济子系统、生态子系统和人文（水资源管理与政策调控）子系统。这5个子系统的共同联动、交互作用、互相影响构成了处于动态变化中的水资源安全系统。因此，为实现水资源总体安全，每一个子系统应该达到各自的安全状态，同时，必须通过各系统间的良性互动，最终实现最高层次的水资源安全。

2)权重确定方法

目前，确定权重常用的方法主要有以下几种。

(1)语言化评价方法。语言化评价方法是一种类似用"重要""不太重要"等模糊语言对评价指标的重要性程度进行评价、衡量，并由此确定权重的方法。由于它利用人们常用的比较语言对客观事物进行评价，所以该方法具有使用方便、简单易行的特点。

(2)区间打分法。由于直接打分法的随机性较大，尤其是当打分者经验不足时，会造成很大误差。因此，史海珊、何似龙等在研究和实践的基础上，提出了区间打分法，使用这种方法给指标重要性程度打分时，不要求给出具体分值，而是给出一个大致范围，即用区间值来表示指标的重要程度，然后再借助数理统计的方法，统计每一分数隶属于预先设定的区间的频数，将频数最高者相应的分数定为指标的权重值。

(3)选项打分。出于认为存在部分参加评判者可能对评判目的理解不透或经验不足的前提，为了避免直接打分法的随机性太大，组织者对评判对象事先做了分析研究，设计出每一评判对象可供选择的打分范围，增加了打分过程的相对比较性，供评判者选择。

(4)层次分析法。层次分析法（the analytic hierarchy process，AHP）是由美国著名运筹学家匹兹堡大学教授 T. L. Satty 等于20世纪70年代提出的一种定性与定量分析相结合的多准则决策方法。它是指将决策问题的有关元素分解成目标、准则、方案等层次，在此基础上进行定性分析和定量分析的一种决策方法。它是把人的思维过程层次化、数量化，并用数学为分析、决策、预报或控制提供定量的依据。这一方法的特点，是在对复杂决策问题的本质、影响因素以及内在关系等进行深入分析之后，构建一个层次结构模型，然后利用较少的定量信息，把决策者的思维过程数学化，从而为求解多目标、多准则或无结构特性的复杂决策问题，提供一种简便的决策方法，尤其适合人的定性判断起重要作用的、对决策结果难于直接准确计算的场合。

(5)德尔菲法。德尔菲法是美国兰德公司于1964年对技术、人口和防止战争等进行预测中采用的。20多年来，德尔菲法已发展成为一种广泛适用的直观评价方法，它在预测、规划、决策等领域以其卓著的成效而得到推广。德尔菲法是用匿名的方式通过几轮咨询征求专家意见，组织者对每一轮意见进行汇总整理，作为参考资料再反馈给每位专家，供他们分析判断，提出新的论证。如此反复多次，使专家意见逐渐趋于一致。若将这种评判过程与其他评判方法相结合，可提高权重确定的精确性。

通过综合分析比较，本书以为层次分析法与专家咨询耦合法作为确定指标权重的方法是一种简便易行的方法。

(6)层次分析法确定权重的步骤。运用层次分析法确定权重的计算流程如图5-8所示。

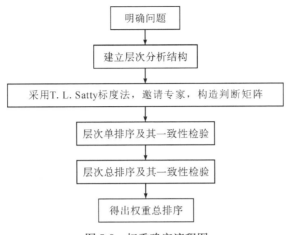

图 5-8　权重确定流程图

①构造层次分析结构。根据影响表层带喀斯特水资源量的因素，将表层带喀斯特水资源评价指标体系分成 3 个层次，分别为目标层、准则层和指标层。目标层为单一目标，有 3 个准则，具体指标有若干，其构成如表 5-3 所示。

表 5-3　表层带喀斯特水资源评价指标

目标层	准则层	指标层
(A)	(B1)	C11
		C12
		C13
		C14
		C15
		C16
	(B2)	C21
		C22
		C23
	(B3)	C31
		C32

②构造判断矩阵。建立层次分析模型之后，就可以在各层元素中进行两两比较，构造出比较判断矩阵。层次分析法主要是对每一层次中各元素相对重要性给出的判断，这些判断通过引入合适的标度用数值表示出来，写成判断矩阵。判断矩阵表示针对上一层次因素，本层次与之有关因素之间相对重要性的比较。

对于 n 个元素来说，我们得到两两判断矩阵 $\boldsymbol{C} = (c_{ij})_{n \times n}$。其中，$c_{ij}$ 表示因素 i 和因素 j 相对于目标重要值。

一般来说，构造的判断矩阵形式如表 5-4 所示。

表 5-4　判断矩阵

B_k	C_1	C_2	$\cdots$	C_n
C_1	c_{11}	c_{12}	$\cdots$	c_{1n}
C_2	c_{21}	c_{22}	$\cdots$	c_{2n}
$\vdots$	$\vdots$	$\vdots$		$\vdots$
C_n	c_{n1}	c_{n2}	$\cdots$	c_{nn}

为计算方便，把上述矩阵记作 **B**，简写为

$$\boldsymbol{B} = \begin{bmatrix} c_{11} & c_{12} & \cdots & c_{1n} \\ c_{21} & c_{22} & \cdots & c_{2n} \\ \vdots & \vdots & & \vdots \\ c_{n1} & c_{n2} & \cdots & c_{nn} \end{bmatrix}$$

矩阵 **B** 具有如下性质：

a. $c_{ij} > 0$；

b. $c_{ij} = \dfrac{1}{c_{ji}}(i,j=1,2,\cdots,n)$ 且 $(i \neq j)$；

c. $c_{ii} = 1(i=1,2,\cdots,n)$；

d. $c_{ji} \cdot c_{jk} = c_{ik}(i,j,k=1,2,\cdots,n)$；

对于性质 d 而言，称为 **B** 的完全一致性条件。但是，在实际问题求解时，构造的判断矩阵并不一定具有一致性，常常需要进行一致性检验。在层次分析法中，为了使决策判断定量化，形成上述数值判断矩阵，常根据一定的比率标度将判断定量化。一般选用常用的 1~9 标度方法，如表 5-5 所示。

表 5-5　判断矩阵标度及其含义

序号	重要性等级	c_{ij} 赋值
1	i、j 两元素同等重要	1
2	i 元素比 j 元素稍重要	3
3	i 元素比 j 元素明显重要	5
4	i 元素比 j 元素强烈重要	7
5	i 元素比 j 元素极端重要	9
6	i 元素比 j 元素稍不重要	1/3
7	i 元素比 j 元素明显不重要	1/5
8	i 元素比 j 元素强烈不重要	1/7
9	i 元素比 j 元素极端不重要	1/9

注：$c_{ij} = \{2,4,6,8,1/2,1/4,1/6,1/8\}$ 表示重要性的等级介于 $c_{ij} = \{1,3,5,7,9,1/3,1/5,1/7,1/9\}$。

③层次单排序。层次单排序是指根据判断矩阵计算对于上一层某元素而言本层次与之有联系的元素重要性次序的权值。理论上讲，层次单排序计算问题可归结为计算判断矩阵的最大特征根及其特征向量的问题。但一般来说，计算判断矩阵的最大特征根及其对应的特征向量，并不需要追求较高的精确度。因为判断矩阵本身有相当的误差范围，

而且，应用层次分析法给出的层次中各种因素优先排序，权值从本质上来说是表达某种定性的概念。一般采用方根法计算矩阵最大特征根及其对应特征向量，计算步骤如下。

a. 计算判断矩阵每一行元素的乘积 M_i：

$$M_i = \mathop{P}\limits_{i=1}^{n} a_{ij}, \quad (i=1,2,L,n) \tag{5-40}$$

b. 计算 M_i 的 n 次方根 $\overline{W}_i$：

$$\overline{W}_i = \sqrt[n]{M_i} \tag{5-41}$$

c. 对向量 $\overline{\boldsymbol{W}} = [\overline{W}_1, \overline{W}_2, \cdots, \overline{W}_n]^T$ 正规化，即得到所求的特征向量。

$$W_i = \frac{\overline{W}_i}{\sum\limits_{j=1}^{n} \overline{W}_j}, \quad 则 \boldsymbol{W} = [W_1, W_2, \cdots, W_n]^T \tag{5-42}$$

d. 计算判断矩阵的最大特征根 $\lambda_{\max}$：

$$\lambda_{\max} = \sum_{i=1}^{n} \frac{(\boldsymbol{AW})_i}{nW_i} \tag{5-43}$$

式中，$(\boldsymbol{AW})_i$ 表示向量 $\boldsymbol{AW}$ 的第 i 个元素。

④层次总排序。依次沿递阶层次结构由上而下逐层计算，即可计算出最低层因素对于最高层（总目标）的相对重要性或相对优劣的排序值，即层次总排序。这一过程是最高层次到最低层次逐层进行的。若上一层次 $\boldsymbol{B}$ 包含 m 个因素 $B_1, B_2, \cdots, B_m$，其层次总排序取值分别为 $b_1, b_2, \cdots, b_m$，下一层次 $\boldsymbol{C}$ 包含 n 个因素 $C_1, C_2, \cdots, C_n$，他们对于因素 B_j 的层次单排序权值分别为 $c_{1j}, c_{2j}, \cdots, c_{nj}$（当 C_k 与 B_j 无联系时，$c_{kj}=0$），则 $\boldsymbol{C}$ 层次总排序权值如表 5-6 所示。

表 5-6　$\boldsymbol{C}$ 层次总排序权值计算法

层次 $\boldsymbol{B}$ 层次 $\boldsymbol{C}$	B_1	B_2	$\cdots$	B_m	$\boldsymbol{C}$ 层次总排序权值
	b_1	b_2	$\cdots$	b_m	
C_1	c_{11}	c_{12}	$\cdots$	c_{1m}	u_1
C_2	c_{21}	c_{22}	$\cdots$	c_{2m}	u_2
$\vdots$	$\vdots$	$\vdots$		$\vdots$	$\vdots$
C_n	c_{n1}	c_{n2}	$\cdots$	c_{nn}	u_n

表中组合权重的计算公式如下：

$$\begin{cases} u_1 = \sum\limits_{j=1}^{m} b_j c_{1j} \\ u_2 = \sum\limits_{j=1}^{m} b_j c_{2j} \\ \vdots \\ u_n = \sum\limits_{j=1}^{m} b_j c_{mj} \end{cases} \tag{5-44}$$

显而易见，$\sum\limits_{j=1}^{m}\sum\limits_{i=1}^{n}b_{j}c_{ij}=1$，即层次总排序仍然是归一化正规向量。

⑤判断矩阵的一致性检验。应用层次分析法，保持判断者思维的一致性是非常重要的。所谓思维的一致性，是指专家在判断指标重要性时，各判断之间协调一致，不致出现相互矛盾的结果。在多阶判断的条件下出现不一致，极易发生，只不过在不同的条件下不一致的程度是有所差别的。

根据矩阵理论可以得到这样的结论，即如果 $\lambda_1,\lambda_2,\cdots,\lambda_n$ 是满足式

$$Ax=\lambda x \tag{5-45}$$

的数，也就是矩阵 A 的特征根，并且对于所有的 $a_{ij}=1$，有

$$\sum_{i=1}^{n}\lambda_i=n \tag{5-46}$$

当矩阵具有完全一致性时，$\lambda_1=\lambda_{max}=n$，其余特征根均为零；当矩阵 A 不具有完全一致性时，则有 $\lambda_1=\lambda_{max}>n$，其余特征根有 $\lambda_2,\lambda_3,\cdots,\lambda_n$ 如下关系：

$$\sum_{i=2}^{n}\lambda_i=n-\lambda_{max} \tag{5-47}$$

在层次分析法中引入判断矩阵最大特征根以外的其余特征根的负平均值，作为度量判断矩阵偏离一致性的指标，用

$$CI=\frac{\lambda_{max}-n}{n-1} \tag{5-48}$$

检验决策者思维判断的一致性。

当判断矩阵具有完全一致性时，$CI=0$，反之亦然。从而有 $CI=0$，$\lambda_1=\lambda_{max}=n$，判断矩阵具有完全一致性。

另外，当矩阵 A 具有满意一致性时，λ_{max} 稍大于 n，其余特征根也接近于零。

衡量不同阶段判断矩阵是否具有满意的一致性，需要引入判断矩阵的平均随机一致性指标 RI。对于 $1\sim9$ 阶判断矩阵，RI 如表 5-7 所示。

表 5-7　平均随机一致性指标 RI

n	1	2	3	4	5	6	7	8	9
RI	0.00	0.00	0.58	0.90	1.12	1.24	1.32	1.41	1.45

由于 1、2 阶判断矩阵总是具有完全一致性，所以对于 1、2 阶判断矩阵，RI 只是形式上的。当判断矩阵的阶数大于 2 时，判断矩阵的一致性指标 CI 与同阶平均随机一致性指标 RI 之比成为随机一致性比率，记作 CR。当

$$CR=\frac{CI}{RI}<0.10 \tag{5-49}$$

即认为判断矩阵具有满意的一致性，否则就需要调整判断矩阵，使之具有满意的一致性。层次总排序进行一致性检验，检验是从高层到低层进行的。有最新研究指出，在 AHP 法中不必检验层次总排序的一致性。也就是说，在实际操作中，总排序一致性检验常常可以省略。

（7）熵权法。熵权法是一种客观的赋权方法，根据各指标自身的变异程度，利用信息

熵原理计算出各指标的熵权，即各指标的权重。因此，为在水资源安全评价中避免人为主观因素的影响，使评价结果更符合客观实际，本书运用熵权法计算指标权重，具体计算过程如下：

首先，对各评价指标进行非负化处理。设第 i 时段子系统中第 j 个影响因子的值为 $X_{ij}(i=1,2,\cdots,n;\ j=1,2,\cdots,m)$。为避免求熵值时对数的无意义，进行以下处理：

$$X'_{ij}=\frac{X_{ij}-\min(X_{ij})}{\max(X_{ij})-\min(X_{ij})}+1 \tag{5-50}$$

其次，计算第 i 时段第 j 个影响因子占所有时段该因子和的比例：

$$P_{ij}=\frac{X'_{ij}}{\sum\limits_{i=1}^{n}X'_{ij}}(i=1,2,\cdots,n;\ j=1,2,\cdots,m) \tag{5-51}$$

第三，求子系统中各指标的权重：

$$w_j=\frac{\mathrm{d}j}{\sum\limits_{j=1}^{m}\mathrm{d}j}(1\leqslant j\leqslant m) \tag{5-52}$$

式中，$\mathrm{d}j=\dfrac{1-ej}{m-\sum\limits_{j=1}^{m}ej}(0\leqslant \mathrm{d}j\leqslant 1,\ \sum\limits_{j=1}^{m}\mathrm{d}j=1)$；$ej=-1/\ln(n)\cdot\sum\limits_{i=1}^{n}P_{ij}\ln(P_{ij})$。

（8）灰色关联度法。

①数据标准化。为消除由评价指标物理量量纲不同带来的影响，在评价之前需将样本矩阵中各指标进行无量纲化处理。笔者采用线性插值法的标准化方法对原始数据进行无量纲处理。评价某地区 m 年的包括 n 个评价指标的水资源安全状况，则其原始指标数据矩阵为

$$\boldsymbol{X}=\begin{cases}x_{11} & x_{12} & \cdots & x_{1n}\\ x_{21} & x_{22} & \cdots & x_{11}\\ \vdots & \vdots & & \vdots\\ x_{m1} & x_{m2} & \cdots & x_{mn}\end{cases} \tag{5-53}$$

一般情况下，安全评价的所有指标可划分为逆向指标和正向指标。正向指标（效益型指标）是指数值越大越好的指标，其标准化方法为

$$y=\frac{x-x_{\min}}{x_{\max}-x_{\min}} \tag{5-54}$$

负向指标（成本型指标）是指数值越小越好的指标，其标准化方法为

$$y=1-\frac{x-x_{\min}}{x_{\max}-x_{\min}} \tag{5-55}$$

式中，$x_{\max}$ 为该项指标最大值，$x_{\min}$ 为该项指标的最小值。

②建模步骤如下：a. 确定数列的最优向量，由于对原始数据进行了标准化处理且都转化为正向指标，所以最优向量为

$$\boldsymbol{G}=(g_1,g_1,\cdots,g_n)=(y_{11}\nu\,y_{12}\cdots\nu\,y_{1m},y_{21}\nu\,y_{22}\cdots\nu\,y_{2m},\cdots,\ y_{n1}\nu\,y_{n2}\cdots\nu\,y_{nm}) \tag{5-56}$$

式中，ν 为取最大运算符。

b. 利用灰色关联系数公式计算 j 个评价指标 y_j 与最优向量 $\boldsymbol{G}$ 的关联系数 $\delta_i(y_j,\boldsymbol{G})$：

$$\delta_i = (y_i, \; \boldsymbol{G}) = \frac{\min_i \min_j |y_{ij} - g_i| + \rho \max_i \max_j |y_{ij} - g_i|}{|y_{ij} - g_i| + \rho \max_i \max_j |y_{ij} - g_i|} \tag{5-57}$$

式中，$\min_i \min_j |y_{ij} - g_i|$ 和 $\max_i \max_j |y_{ij} - g_i|$ 分别为两级极小差和两级极大差，ρ 为分辨系数，$0 < \rho < 1$，一般取 $\rho = 0.5$。

　　c. 计算第 j 个评价指标 y_j 的权重 w_j：

$$w_j = \frac{\delta_j}{\sum_{j=1}^{n} \delta_j} \tag{5-58}$$

　　(9)组合权重法。采用综合权重可利用人为干预与客观信息完整的优点，避开单一权重的不足，即反映客观信息又体现主观信息，其计算公式如式(5-32)所示。

3)评价与预测模型[*]

　　(1)集对分析。集对分析是赵克勤在 1989 年提出的一种研究不确定系统的系统分析方法，主要从同、异、反三个方面研究事物之间的确定性与不确定性。集对分析法的基本原理是：首先对进行研究的问题构建具有一定联系的两个集对，对集对中两集合的特性进行同一、差异、对立的系统分析，然后用联系度 η 表达式定量刻画，再推广到多个集合组成的系统。例如：对于两个给定的集合组成的集对 $H = (A, B)$，在某个具体问题背景(设为 W)下，对集对 H 的特性展开分析，共得到 N 个特性，其中有 S 个特性为集对 H 中两个集合 A 和 B 共同具有的，有 P 个特性为两个集合对立的，其余的 $F = N - S - P$ 个特性既不相互对立又不为这两个集合共同具有，则有

$$\eta = \frac{S}{N} + \frac{F}{N}i + \frac{P}{N}j \tag{5-59}$$

令 $a = \dfrac{S}{N}$，$b = \dfrac{F}{N}$，$c = \dfrac{P}{N}$，则式(5-59)可简写为

$$\eta = a + bi + cj \tag{5-60}$$

　　其核心思想是把确定不确定视作一个确定不确定系统，在这个确定不确定系统中，确定性与不确定性在一定条件下互相转化、互相影响、互相制约，并可用一个能充分体现其思想的确定不确定式子 $\eta = a + bi + cj$ 来统一地描述各种不确定性，从而把对不确定性的辨证认识转换成一个具体的数学工具。其中，η 表示联系数，对于一个具体问题即为联系度；a 表示 2 个集合的同一程度，称为同一度；b 表示 2 个集合的差异程度，称为差异度；c 表示 2 个集合的对立程度，称为对立度。i 为差异度标识符号或相应系数，取值为 $(-1, 1)$，i 在 $-1 \sim 1$ 变化，体现了确定性与不确定性之间的相互转化，随着 $i \to 0$，不确定性明显增加，i 取 -1 或者 1 时都是确定的；j 为对立度标识符号或相应系数，取值(即影响因子)为 -1。联系度 η 与不确定系数 i 是该理论的基石，该理论包容了随即、模糊、灰色等常见的不确定现象。水安全作为一个庞大的系统，具有确定性与不确定性。水安全评价实质上就是一个具有确定性的评价指标和评价标准与具有不确定性的评价因子及其含量(即影响因子)变化相结合的分析过程。将集对分析方法用于水安全评价，可

---

　　[*] 本节内容引用自：
　　苏印，2016. 贵州省喀斯特地区城市水安全时空分异模拟及评价研究. 重庆：重庆交通大学.

以将待评价地区的水安全的某项指标和其标准分为 2 个集合，这 2 个集合就构成一个集对，若该指标处于评价级别中，则认为是同一；若处于相隔的评价级别中，则认为是对立；若指标在相邻的评价级别中，则认为是差异；取差异系数 i 在 $-1 \sim 1$ 变化，越接近所要评价的级别，i 越接近 1；越接近相隔的评价级别，i 越接近 -1。根据集对分析联系度表达式中的同一度、差异不确定度、对立度数值及其相互间的联系、制约、转化关系进行水安全评价。在运算分析时，联系度 η 又可以看成是一个数，称为三元联系数。根据不同的研究对象将式(5-59)进行不同层次的展开，得到多元联系数：

$$\eta = \frac{S}{N} + \frac{F_1}{N}i_1 + \frac{F_2}{N}i_2 + \cdots + \frac{F_n - 2}{N}i_{n-2} + \frac{p}{N}j \tag{5-61}$$

简写为

$$\eta = a + b_1 i_1 + b_2 i_2 + \cdots + b_{n-2} i_{n-2} + cj \tag{5-62}$$

由于各指标的性质不同，具有不同的单位，为了统一评价，根据指标的性质，可以将其分为发展类指标(正向指标对于水安全等级标准)即越大越好和限制类指标(负向指标对于水安全等级标准)即越小越好两类。

(2)模糊-集对分析。集对分析评价理论将评价指标体系与安全等级当作一个集对，根据指标体系 x_i 和评价等级 B_l(安全等级一般分为五级)构造集对 $H(x_i, B_l)$($l=1,2,3,4,5$；$i=1,2,3,\cdots,n$)，得到 $l=5$ 的多元联系度，即

$$\eta(X, B) = w\eta(x_i, B) = \sum_{l=1}^{m} w_l a_l + \sum_{l=1}^{m} w_l b_{l,1} i_1 + \sum_{l=1}^{m} w_l b_{l,2} i_2 + \sum_{l=1}^{m} w_l b_{l,3} i_3 + \sum_{l=1}^{m} c_l j \tag{5-63}$$

式中，$\eta(x_i, B)$ 代表指标 x_i 与评价等级 B 的联系度，a_l、b_l、c_l 分别为指标 x_i 对于不同安全等级 B_l 的同一联系度、对立联系度和差异联系度等分量，w_l 为对应各分量的权重，i_1、i_2、i_3 和 j 为对应对立度系数和差异度系数。

令 $f_1 = \sum_{l=1}^{m} w_l a_l$，$f_2 = \sum_{l=1}^{m} w_l b_l i_1$，$f_3 = \sum_{l=1}^{m} w_l b_l i_2$，$f_4 = \sum_{l=1}^{m} w_l b_l i_3$，$f_5 = \sum_{l=1}^{m} c_l j$

则式(5-63)变成：

$$\eta(x, B) = f_1 + f_2 + f_3 + f_4 + f_5 \tag{5-64}$$

式中，f_1、$f_2 + f_3 + f_4$、f_5 分别代表集对 $H(x_i, Bk)$ 的同一度、对立度和差异度。同时，根据正向指标(越大越优型)和负向指标(越小越优型)分别按照式(5-65)和式(5-66)计算。对于负向性指标，指标值 x_i 与该指标 k 级评价标准的联系度 $\eta(x_i, Bk)$ 如下：

$$\eta(x_i, B_k) \begin{cases} 1 + 0i_1 + 0i_2 + 0i_3 + 0j, & x_i \leqslant S_1 \\[2mm] \dfrac{S_1 + S_2 - 2x_i}{S_2 - S_1} + \dfrac{2x_i - 2S_1}{S_2 - S_1}i_1 + 0i_2 + 0i_3 + 0j, & S_1 < x_i \leqslant \dfrac{S_1 + S_2}{2} \\[3mm] 0 + \dfrac{S_2 + S_3 - 2x_i}{S_3 - S_1}i_1 + \dfrac{2x_i - S_1 - S_2}{S_3 - S_1}i_2 + 0i_3 + 0j, & \dfrac{S_1 + S_2}{2} < x_i \leqslant \dfrac{S_2 + S_3}{2} \\[3mm] 0 + 0i_1 + \dfrac{S_3 + S_4 - 2x_i}{S_4 - S_2}i_2 + \dfrac{2x_i - S_2 - S_3}{S_4 - S_2}i_3 + 0j, & \dfrac{S_2 + S_3}{2} < x_i \leqslant \dfrac{S_3 + S_4}{2} \\[3mm] 0 + 0i_1 + 0i_2 + \dfrac{2S_4 - 2x_i}{S_4 - S_3}i_3 + \dfrac{2x_i - S_3 - S_4}{S_4 - S_3}j, & \dfrac{S_3 + S_4}{2} < x_i \leqslant S_4 \\[3mm] 0 + 0i_1 + 0i_2 + 0i_3 + 1j, & x_i > S_4 \end{cases} \tag{5-65}$$

对于正向性指标，指标值 x_i 与该指标 k 级评价标准的联系度 $\eta(x_i, Bk)$ 如下：

$$\eta(x_i,\ B_k) \begin{cases} 1+0i_1+0i_2+0i_3+0j,\ x_i>S_1 \\[6pt] \dfrac{2x_i-S_1-S_2}{S_1-S_2}+\dfrac{2S_1-2x_1}{S_1-S_2}i_1+0i_2+0i_3+0j,\ \dfrac{S_1+S_2}{2}<x_i\leqslant S_1 \\[6pt] 0+\dfrac{2x_i-S_2-S_3}{S_1-S_3}i_1+\dfrac{S_1+S_2-2x_i}{S_1-S_3}i_2+0i_3+0j,\ \dfrac{S_2+S_3}{2}<x_i\leqslant\dfrac{S_1+S_2}{2} \\[6pt] 0+0i_1+\dfrac{2x_i-S_3-S_4}{S_2-S_4}i_2+\dfrac{S_2+S_3-2x_i}{S_2-S_4}i_3+0j,\ \dfrac{S_3+S_4}{2}<x_i\leqslant\dfrac{S_2+S_3}{2} \\[6pt] 0+0i_1+0i_2+\dfrac{2x_i-2S_4}{S_3-S_4}i_3+\dfrac{S_3+S_4-2x_i}{S_3-S_4}j,\ S_4\leqslant x_i<\dfrac{S_3+S_4}{2} \\[6pt] 0+0i_1+0i_2+0i_3+1j,\ x_i<S_4 \end{cases} \quad (5\text{-}66)$$

根据已有研究，本书采用置信度准则来确定样本的等级，即

$$h_k=(f_1+f_2+\cdots+f_k)>\lambda,\ (k=1,2,3,4,5) \qquad (5\text{-}67)$$

式中，λ 为置信度，其取值范围一般建议为 $[0.5,0.7]$；h_k 为样本的 k 元联系度。

（3）多目标模糊隶属度函数标准化法。目前，对不同量纲指标的属性值进行标准化的方法主要有比例标准化、标准差标准化、离差标准化等。然而，这几种标方法仅依据样本数据进行计算，计算得到的结果只在样本数据的范围内具有可比性，超出样本数据的范围便无法进行对比。另外，如果某个指标在某个区域的值很大，而在其他区域的值很小，采用上述几种标准化的方法进行计算时，该项指标在其他区域计算得到的标准化值则趋近于 0，如此便不能体现其他区域之间的差异。考虑到上述两种不足，本书采用多目标模糊隶属度函数标准化方法。

①综合权重确定。为使赋权结果能兼具主观因素和客观信息，本书分别以层次分析法和熵权法确定第 j 个指标权重的主观权重和客观权重（W_{1j} 和 W_{2j}），进一步利用拉格朗日乘数法求得综合权重 W_j。在熵权法计算各指标权重时，由于部分指标如平均坡度、海拔、地表起伏度、径流密度等历年变化较小，先将这些指标剔除；然后，计算出剩余参与指标下述公式中的 d_j 后，将参与指标 d_j 的平均值赋予剔除指标，参与 W_{2j} 的计算中，其具体计算过程如式（5-68）～式（5-71）所示。

设第 i 时段子系统中第 j 个影响因子的值为 $X_{ij}(i=1,\ 2,\ \cdots,\ n;\ j=1,\ 2,\ \cdots,\ m)$，对各指标进行非负化处理：

$$X_{ij}=\frac{X_{ij}-\min(X_{ij})}{\max(X_{ij})-\min(X_{ij})}+1 \qquad (5\text{-}68)$$

计算第 i 时段第 j 个影响因子占所有时段该因子和的比重：

$$P_{ij}=\frac{X'_{ij}}{\sum\limits_{i=1}^{n}X'_{ij}}(i=1,\ 2,\ \cdots,\ n;\ j=1,\ 2,\ \cdots,\ m) \qquad (5\text{-}69)$$

最后，求得子系统中各指标权重：

$$W_{2j}=\frac{d_j}{\sum\limits_{j=1}^{m}d_j}(1\leqslant j\leqslant m) \qquad (5\text{-}70)$$

式中，$d_j = \dfrac{1-e_j}{m - \sum\limits_{j=1}^{m} e_j}$ $(0 \leqslant d_j \leqslant 1, \sum\limits_{j=1}^{m} d_j = 1)$；$e_j = -\dfrac{1}{\ln(n)} \times \sum\limits_{i=1}^{n} P_{ij} \ln(P_{ij})$。

利用拉格朗日乘数法解得最优解，即综合权重：

$$W_j = \sqrt{W_{1j} W_{2j}} \Big/ \sum_{j=1}^{n} \sqrt{W_{1j} W_{2j}} \qquad (5\text{-}71)$$

②多目标模糊隶属度计算。设指标集为 $w = \{w_1, w_2, \cdots, w_j\}$，评语集为 $H = \{h_1, h_2, h_3, h_4, h_5\}$，结合各指标水资源安全指标等级阈值，将 h_1 设为极不安全，h_2 为不安全，h_3 为临界安全，h_4 为较安全，h_5 为安全，评语 h_1、h_2、h_3、h_4、h_5 对应的水资源安全综合指数区间分别为 $[k_1, k_2)$、$[k_2, k_3)$、$[k_3, k_4)$、$[k_4, k_5)$、$[k_5, k_6]$，其中 $k_1 = 0$，$k_2 = 0.2$，$k_3 = 0.4$，$k_4 = 0.6$，$k_5 = 0.8$，$k_6 = 1$。对任意指标 j，假设水资源安全综合指数阈值 k_1、k_2、k_3、k_4、k_5、k_6 对应指标的标准值分别为 u_1、u_2、u_3、u_4、u_5、u_6。对正向指标，其隶属度公式为：

$$S_{\lambda ij} = \begin{cases} k_1 & x_{\lambda ij} < u_1 \\ \dfrac{k_{n+1} - k_n}{u_{n+1} - u_n} \times (x_{\lambda ij} - u_n) + k_n & u_n \leqslant x_{\lambda ij} \leqslant u_{n+1}\,(1 \leqslant n \leqslant 5) \\ k_6 & x_{\lambda ij} > u_6 \end{cases} \qquad (5\text{-}72)$$

对于负向指标，其隶属度公式为：

$$S_{\lambda ij} = \begin{cases} k_1 & x_{\lambda ij} > u_1 \\ \dfrac{k_{n+1} - k_n}{u_{n+1} - u_N} \times (x_{\lambda ij} - u_n) + k_n & u_{n+1} \leqslant \chi_{\lambda ij} \leqslant u_n\,(1 \leqslant n \leqslant 5) \\ k_6 & x_{\lambda ij} < u_6 \end{cases} \qquad (5\text{-}73)$$

式(5-72)和式(5-73)中，$s_{\lambda ij}$ 为第 λ 年 i 区域第 j 项指标的隶属度或标准化值，$x_{\lambda ij}$ 为第 λ 年 i 区域第 j 项指标的实际值。

③综合指数计算。根据各指标的综合权重(式 5-71)和标准化值，利用加权法分别计算各准则层、目标层的综合指数。其中，目标层综合指数计算公式：

$$F_{\lambda i} = \sum_{k=1}^{m} \sum_{j=1}^{n} (S_k^l \times S_j^k \times s_{\lambda ij}) \qquad (5\text{-}74)$$

式中，$F_{\lambda i}$ 为第 λ 年 i 区域的水资源安全综合指数，S_j^k 为指标相对于准则层的综合权重，S_k^l 为准则层相对于目标层的综合权重，m、n 分别代表准则层和指标层中相应评价指标的个数。

准则层综合指数计算公式：

$$F_{\lambda ki} = \sum_{j=1}^{n} (S_j^k \times S_{\lambda ij}) \qquad (5\text{-}75)$$

式中，$F_{\lambda ki}$ 为第 λ 年 i 区域 k 准则层的水资源安全指数，S_j^k 为指标相对于准则层的综合权重，n 代表指标层中相应评价指标的个数。

(4)马尔可夫链。设 P 是一概率空间，$\{C(n), n \geqslant 0\}$ 为定义在概率空间内的整数随机序列，若对于任意的 $m \geqslant 1$，当 $t_1, t_2, \cdots, t_m$(其中 $t_1 < t_2 <, \cdots, < t_m$) 时刻，对应 $C(n)$ 的观测 $C(t_1), C(t_2), \cdots, C(t_m)$ 满足条件：

$$P\left[C(t_m)\mid C(t_{m-1}),C(t_{m-2}),\cdots,C(t_1)\right]=P\left[C(t_m)\mid C(t_{m-1})\right] \quad (5\text{-}76)$$

则称 $\{C(n),\ n\geqslant 0\}$ 为马尔可夫链（Markov chain）。马尔可夫链性质表明：t_m 时刻的 $\{C(n),\ n\geqslant 0\}$ 只与 t_{m-1} 时刻的数值有关，与其他时刻的数值无关，$P\left[C(t_m)\mid C(t_{m-1})\right]$ 即为 t_{m-1} 与 t_m 时段的转移概率。设时间状态集合 $S=S_1,S_2,S_3,\cdots,S_n$，则将 $\boldsymbol{P}=P\left[C(t_m)\mid C(t_{m-1})\right]$ 称为转移概率矩阵。

在 $[t_m,\ t_m+\Delta t]$ 时段内，评估指标的安全等级通常会因 Δt 的取值不同而不同。由此，假设在 t_m 时刻有 S_n 个评价指标的安全等级为非常安全，到 $t_m+\Delta t$ 时有 S_{n1} 个评价指标为非常安全等级，有 S_{n2}、S_{n3}、S_{n4}、S_{n5} 个评价指标等级分别转变成安全、临界安全、不安全和极不安全，且 $n=n_1+n_2+n_3+n_4+n_5$。故 S_n 个安全等级评价指标在 $[t_m,t_m+\Delta t]$ 周期内的状态转移概率向量为

$$
\begin{aligned}
\boldsymbol{P}_1 &= (P_{11},\ P_{12},\ P_{13},\ P_{14},\ P_{15}) \\
&= \Bigg[\sum_{k=1}^{S_{n1}}w_k(t),\ \sum_{k=S_{n1}+1}^{S_{n1}+S_{n2}}w_k(t),\ \sum_{k=S_{n1}+S_{n2}+1}^{S_{n1}+S_{n2}+S_{n3}}w_k(t),\ \sum_{k=S_{n1}+S_{n2}+S_{n3}+1}^{S_{n1}+S_{n2}+S_{n3}+S_{n4}}w_k(t), \\
&\quad \sum_{k=S_{n1}+S_{n2}+S_{n3}+S_{n4}+1}^{S_n}w_k(t)\Bigg]\Big/\boldsymbol{P}
\end{aligned} \quad (5\text{-}77)
$$

式中，$P_{11}+P_{12}+P_{13}+P_{14}+P_{15}=1$，$\boldsymbol{P}=\sum_{k=1}^{S_n}w_k(t)$ 为 $[t_m,\ t_m+\Delta t]$ 周期内的各转移方向的权重之和。同理，可以得到 $\boldsymbol{P}_2$、$\boldsymbol{P}_3$、$\boldsymbol{P}_4$、$\boldsymbol{P}_5$ 对应的转移概率向量，进而可得出评价指标体系在 $[t_m,\ t_m+\Delta t]$ 期间的状态转移概率矩阵为

$$
\boldsymbol{P}_n=\begin{bmatrix}
P_{11} & P_{12} & P_{13} & P_{14} & P_{15} \\
P_{21} & P_{22} & P_{23} & P_{24} & P_{25} \\
P_{31} & P_{32} & P_{33} & P_{34} & P_{35} \\
P_{41} & P_{42} & P_{43} & P_{44} & P_{45} \\
P_{51} & P_{52} & P_{53} & P_{54} & P_{55}
\end{bmatrix} \quad (5\text{-}78)
$$

通过上述 SPA 确定的安全等级联系度和状态转移概率矩阵，采用隶属度的原理建立水资源安全评价模型，即 $[t_m,\ t_m+n\Delta t]$ 时期内，水资源安全评价值为

$$
\begin{aligned}
\mu_{A\sim B}(t_m+n\Delta t) &= d(t_m+n\Delta t)+e(t_m+n\Delta t)i_1+f(t_m+n\Delta t)i_2+g(t_m+n\Delta t)i_3+h(t_m+n\Delta t)j \\
&= [d(t_m),e(t_m),f(t_m),g(t_m),h(t_m)]\cdot\boldsymbol{P}^{n\Delta}\cdot(1,i_1,i_2,i_3,j)^T
\end{aligned}
$$

$$(5\text{-}79)$$

式中，$d(t_m)$，$e(t_m)$、$f(t_m)$、$g(t_m)$，$h(t_m)$ 分别代表 t_m 时刻原始同一度、对立度和差异度；$\boldsymbol{P}^{n\Delta}$ 为 $n\Delta t$ 时段后的概率转移矩阵；$(1,i_1,i_2,i_3,j)^T$ 为同一度、对立度和差异度系数。

由 MC 的遍历性可知，转移概率矩阵 $\boldsymbol{P}^{n\Delta}$ 符合 A. N. 柯尔莫哥洛夫方程，即随着变化周期 n 的递增，$\boldsymbol{P}^{n\Delta}$ 将趋于稳定。因此，t 时刻的安全状态评估值在经过多个变化周期的转移矩阵后，最终达到稳定态势。同时，考虑到联系度归一化的性质，则可由式（5-80）得到水资源安全评价稳态值：

$$
\begin{cases}
(\hat{d},\hat{e},\hat{f},\hat{g},\hat{h})\cdot(\boldsymbol{E}_n-\boldsymbol{P}_n)=0 \\
\hat{d}+\hat{e}+\hat{f}+\hat{g}+\hat{h}=1 \\
\hat{d},\hat{e},\hat{f},\hat{g},\hat{h}>0
\end{cases} \quad (5\text{-}80)
$$

即水资源安全评价的稳态值为：$\mu_{A\sim B}=\hat{d}+\hat{e}i_1+\hat{f}i_2+\hat{g}i_3+\hat{h}j$，$(i_{1,2,3}\in[0,1]；j=-1)$。其中，$\hat{d}$、$\hat{e}+\hat{f}+\hat{g}$、$\hat{h}$ 为历年水资源安全评价的同一度、对立度和差异度的稳态值；E_n、P_n 分别为单位矩阵和转移概率矩阵。

5.2.2　水生态足迹评价法 *

1. 水生态足迹核算

水域生物生产能力（自然生产潜力）主要是由区域水量和水质决定的，故水生态足迹核算中不加入渔业账户。另外，水生态承载力中并不包含水资源对生态环境本身的支持量，因此，水量生态足迹也不加入生态需水量。然后，将水生态足迹核算账户折算成区域水资源供给和污水消纳的水资源用地需求，并核算研究区水生态承载力，通过供需两方面的比较分析，判断区域水资源可持续利用状况与发展潜力。

水生态足迹核算模型为

$$EF_W=EF_{WR}+EF_{WP} \tag{5-81}$$

式中，EF_W 为水生态足迹（hm^2）；EF_{WR} 为水资源生态足迹（hm^2）；EF_{WP} 为水质生态足迹（hm^2）。其中，水资源生态足迹为

$$EF_{WR}=N\times ef_{WR}=r_W\times U_{WR}/P_W \tag{5-82}$$

式中，N 为区域总人口数；ef_{WR} 为人均水量生态足迹（hm^2/人）；r_W 为全球水资源均衡因子；U_{WR} 为区域水资源利用量，且 $U_{WR}=U_{WR1}+U_{WR2}+U_{WR3}$，$U_{WR1}$、$U_{WR2}$、$U_{WR3}$ 分别代表工业用水、农业用水、城乡居民生活用水等（m^3）；P_W 为全球水资源平均生产能力（m^3/hm^2）。

为有效地判别水体中主要污染物排放程度，引入 COD 和氨氮排放量的核算子账户，分析废水中主要污染物浓度对水质生态足迹的影响。

水质生态足迹核算模型为

$$EF_{WP}=EF_{COD}+EF_{NH3}=r_W\times\left(\frac{U_{COD}}{P_{COD}}+\frac{U_{NH3}}{P_{NH3}}\right) \tag{5-83}$$

式中，EF_{COD} 和 EF_{NH3} 分别代表 COD 水生态足迹和 NH_3 水生态足迹；U_{COD} 和 U_{NH3} 分别代表区域内社会生产、生活过程中 COD 和氨氮的排放量；P_{COD} 和 P_{NH3} 分别代表单位面积水域对污染物 COD 和 NH_3 的吸纳能力（t/hm^2）。

2. 水生态承载力核算

水生态承载力计算模型为

$$EC_W=(1-0.6)\times r_W\times\varphi\times Q/P_W \tag{5-84}$$

＊本节内容引用自：

①潘真真，苏维词，王建伟，等，2017. 基于生态系统供给及净化服务功能的贵州省水生态占用研究. 环境科学学报，37（7）：2786-2796.

②杨振华，苏维词，赵卫权，2016. 岩溶地区水资源与经济发展脱钩分析. 经济地理，36（10）：159-165.

③杨振华，苏维词，赵卫权，等，2016. 基于 GRNN 模型的岩溶地区城市水生态足迹分析与预测. 中国岩溶，35（1）：36-42.

④邓灵稚，杨振华，苏维词，2019. 城市化背景下重庆市水生态系统服务价值评估及其影响因子分析. 水土保持研究，26（4）：208-216.

式中，EC_W 为区域水生态承载力(hm^2)；φ 为区域水资源产量因子；r_W 为全球水资源均衡因子；Q 为区域水资源总量(m^3)；$(1-0.6)$ 为扣除 60% 用于维持生态环境本身发展和生物多样性的水资源量。

3. 水资源可持续利用指数

将水生态足迹和水生态承载力的比值作为区域水资源可持续利用指数，表征区域水资源供需平衡状况以及区域社会经济发展与水资源的协调性。

$$WSUI = EC_W / EF_W \tag{5-85}$$

式中，WSUI 代表区域水资源可持续利用指数，当 $WSUI \in [0,1]$ 时，表明区域水资源供给量小于消耗量，且其值越小，代表水资源供需缺口越大，水资源可持续利用程度也越低；当 $WSUI \in [1, +\infty]$ 时，表明区域水资源供给量大于消耗量，且其值越大，水资源可持续利用程度也越高；当 $WSUI = 1$ 时，区域水资源供给需求达到临界平衡，是水资源生态可持续利用程度的临界点。

水资源生态足迹和水资源承载力核算参数主要为水资源的全球均衡因子 r_W、区域水资源的产量因子 φ、水资源平均生产能力 P_W。其中，r_W 采用世界自然基金会（World Wide Fund for Nature or World Wildlife Fund，WWF）2000 年核算的全球水资源均衡因子，取 5.19；φ 为该区域多年水资源平均生产能力与世界水资源平均生产能力的比值，经核算贵阳市产量因子为 1.67。水资源全球平均生产能力参照相关文献进行核算，取 $3140m^3/hm^2$；另根据《地表水环境质量标准》（GB3838-2002）中规定的 Ⅲ 类水质中 COD、氨氮的质量浓度分别不超过 20、1.0mg/L，计算出全球水域 COD、氨氮的平均消纳能力分别为 0.0629、0.0031t/hm^2。

4. GRNN 预测模型

广义回归神经网络（generalized regression neural network，GRNN）作为一种高度并行的 RBF 神经网络，具有很强的非线性映射能力和柔性网络结构，同时，具有高度的容错性和鲁棒性，与 AHP 层次分析、模糊评价等多因素综合指数评价模型相比，无须人为确定模型参数或权重，从而提高了模型评价的客观科学性。广义回归神经网络的理论基础为非线性回归分析，非独立变量 Y 相对于独立变量 x 的回归分析实际上是计算具有的最大概率值的 y，且其条件均值为

$$\hat{Y} = E(y/X) = \frac{\int_{-\infty}^{\infty} yf(X,y)dy}{\int_{-\infty}^{\infty} f(X,y)dy} \tag{5-86}$$

式中，$\hat{Y}$ 为在输入为 X 的条件下对应 y 的预测输出。

在应用 Parzen 非参数估计条件下，可由样本数据集 $\{x_i, y_i\}_{i=1}^{n}$ 估算密度函数 $\hat{f}(X,y)$。

$$\hat{f}(X,y) = \frac{1}{n(2\pi)^{\frac{p+1}{2}} \sigma^{p+1}} \sum_{i=1}^{n} e^{\left[-\frac{(X-X_i)^T(X-X_i)}{2\sigma^2}\right]} e^{\left[-\frac{(X-Y_i)^2}{2\sigma^2}\right]} \tag{5-87}$$

式中，X_i、Y_i 分别为随机变量 x 和 y 的样本观测值；n 为样本容量；p 为随机变量 x 的维数；σ 为高斯函数的宽度系数，即光滑因子。

用 $\hat{f}(X,y)$ 代替 $f(X,y)$ 代入式(5-79)，并交换积分与求和的顺序：

$$\hat{Y}(X) = E(y/X) = \frac{\sum\limits_{i=1}^{n} e^{\left[-\frac{(X-X_i)^T(X-X_i)}{2\sigma^2}\right]} \int_{-\infty}^{\infty} y\, e^{\left(-\frac{(X-Y_i)^2}{2\sigma^2}\right)} dy}{\sum\limits_{i=1}^{n} e^{\left[-\frac{(X-X_i)^T(X-X_i)}{2\sigma^2}\right]} \int_{-\infty}^{\infty} e^{\left(-\frac{(X-Y_i)^2}{2\sigma^2}\right)} dy} \tag{5-88}$$

由于 $\int_{-\infty}^{\infty} z\, e^{-z^2} dy = 0$，对于两个积分进行计算后可得到网络输出 $\hat{Y}(X)$，为

$$\hat{Y}(X) = \frac{\sum\limits_{i=1}^{n} Y_i\, e^{\left[-\frac{(X-X_i)^T(X-X_i)}{2\sigma^2}\right]}}{\sum\limits_{i=1}^{n} e^{\left[-\frac{(X-X_i)^T(X-X_i)}{2\sigma^2}\right]}} \tag{5-89}$$

$\hat{Y}(X)$ 为所有样本观测值 Y_i 的加权平均，每个样本值 Y_i 的权重因子为相应的样本 X_i 与 X 之间的 Euclid 距离平方的指数。当光滑因子 σ 趋向于 $+\infty$ 时，则概率密度函数的估计较平滑，$\hat{Y}(X)$ 为多元 Gauss 函数，接近于所有样本应变量的均值；当平滑参数 σ 趋向于 0 时，估计值 $Y(x)$ 为所有估计值 $\hat{Y}(X)$ 为与输入变量 X 之间 Euclid 距离最近的样本观测值；对于合适的平滑参数，所有样本观测值均可计算在内，且与 X 之间 Euclid 距离较近的样本观测值的权重因子较大。

5.2.3　水生态压力指数法

1. 水生态占用

1）水产品消费的水生态占用

水产品消费的水生态占用是指生产供一定人口消费的各种水产品所需要的土地面积，计算公式为

$$\mathrm{ESPWEF} \begin{cases} EF_{\mathrm{AP}} = C_{\mathrm{AP}}/P_{\mathrm{AP}} \\ EF_{\mathrm{WR}} = \max(EF_{\mathrm{FW}}, EF_{\mathrm{WP}}) \end{cases} \tag{5-90}$$

式中，ESPWEF 为基于生态系统供给及净化服务功能的水生态占用（hm^2）；EF_{AP}、EF_{WR}、EF_{FW}、EF_{WP} 为水产品、水资源、淡水资源消费、消纳污染的水生态占用（hm^2）；C_{AP} 为计算区域水产品消费总量（t）；P_{AP} 为水产品全球平均生产能力（$\mathrm{t/hm}^2$）。

2）水资源消费的水生态占用

淡水消费的水生态占用是指提供一定人口或一定经济规模条件下消耗水资源所需要的土地面积，主要核算生活用水、生产用水和其他用水，计算公式为

$$EF_{\mathrm{FW}} = C_{\mathrm{FW}}/P_{\mathrm{WR}} \tag{5-91}$$

式中，C_{FW} 为计算区域水资源消费总量（m^3）；P_{WR} 为水资源全球平均生产能力（$\mathrm{m}^3/\mathrm{hm}^2$）。

消纳污染的水生态占用是指吸纳一定人口所排放的水污染物所需要的土地面积。本书选取具有代表性的氮和有机物两种污染物，计算公式为

$$EF_{\mathrm{CODP}} \begin{cases} EF_{\mathrm{NP}} = C_{\mathrm{N}}/P_{\mathrm{N}} \\ EF_{\mathrm{PP}} = C_{\mathrm{P}}/P_{\mathrm{P}} \\ EF_{\mathrm{CODP}} = C_{\mathrm{COD}}/P_{\mathrm{COD}} \end{cases}$$

$$EF_{WP} = \max(EF_{NP}, EF_{CODP}) \begin{cases} EF_{NP} = \dfrac{C_N}{P_N} \\[3mm] EF_{CODP} = \dfrac{C_{COD}}{P_{COD}} \end{cases} \tag{5-92}$$

$$EF_{WP} = \max(EF_{NP}, EF_{PP}, EF_{CODP}) \begin{cases} EF_{NP} = \dfrac{C_N}{P_N} \\[3mm] EF_{PP} = C_P/P_P \\[3mm] EF_{CODP} = \dfrac{C_{COD}}{P_{COD}} \end{cases}$$

式中，EF_{NP}、EF_{CODP} 为计算区域氮、有机物污染水生态占用（hm^2）；C_N、C_{COD} 为计算区域排入水体的氮、有机物量（t）；P_N、P_{COD} 为水域吸纳氮、有机物全球平均生产能力（t/hm^2）；由于两种污染物在水环境影响上具有明显重叠，因此以其中最大的水污染占用作为最终的消纳污染的水生态占用。

2. 水生态承载力

水生态承载力本质上反映的是社会经济系统与水生态系统的承压关系，水生态压力与支持力二者之间的承压关系是衡量具体承载状况的核心内容，同时也是判定水生态承载力是否超载的重要依据。

$$\text{ESPWEC} = \begin{cases} BC_F = 0.88\, Y_F \times A_W \\[2mm] EC_{WR} = 0.4 \times Q_W/P_{WR} \\[2mm] CC_{WE} = \min(CC_{NP},\ CC_{CODP}) \end{cases} \tag{5-93}$$

$$CC_{WE} = \min(CC_{NP}, CC_{CODP}) \begin{cases} CC_{NP} = 0.88 \times (Q_{WP} \times U_N \div P_N) \\[2mm] CC_{CODP} = 0.88 \times (Q_{WP} \times U_{COD} \div P_{COD}) \end{cases} \tag{5-94}$$

$$Q_{WP} = Q_W - (Q_R \times k) \tag{5-95}$$

式中，ESPWEC 为基于生态系统供给及净化服务功能的水生态承载力（hm^2）；BC_F、EC_{WR}、CC_{WE}、CC_{NP}、CC_{CODP} 为水产品、淡水消费、消纳污染、氮、有机物污染的水生态承载力（hm^2）；Y_F 为研究区域水产品消费的产量因子 EC_{WR}；A_W 为研究区水域面积（hm^2）；Q_W 为研究区水资源总量（m^3）；P_{WR} 为水资源全球平均生产能力（m^3/hm^2）；P_N、P_{COD} 为水域消纳氮和有机物全球平均能力（t/hm^2）；0.88 表示水产品承载力中预留 12% 用于生物多样性保护；0.4 表示水资源承载力中预留 60% 用于维护生态环境；Q_{WP} 为研究区域用于接纳污染物的水量（m^3）；Q_R 为研究区域用于接纳污染物的取水量（m^3），U_N、U_{COD} 为地表水 Ⅲ 类水质标准中的总氮和有机物含氧量量上限（mg/L）（低于 Ⅲ 类标准的水体的生态服务功能会衰退甚至丧失，等于或高于 Ⅲ 类的水体能够维持水体的生态服务功能）；k 为研究区综合耗水率。

3. 水生态赤字/盈余

根据前面阐述现有水生态足迹和水生态承载力计算公式中进行简单相加存在的缺陷，水生态赤字/盈余的正确性无疑受到很大影响。水生态赤字/盈余的计算应包括水产品消费的水生态赤字（盈余）和水资源消费的水生态赤字（盈余），其计算公式为

$$\text{ESPWED}_\text{W}(\text{ESPWES}_\text{W}) \begin{cases} ED_\text{F}(ES_\text{F}) = EF_\text{F} - BC_\text{F} \\ ED_\text{WR}(ES_\text{WR}) = EF_\text{FW} - EC_\text{WR} \\ ED_\text{WE}(ES_\text{WE}) = EF_\text{WP} - CC_\text{WE} \end{cases} \tag{5-96}$$

式中，$\text{ESPWED}_\text{W}(\text{ESPWES}_\text{W})$ 为基于生态系统供给及净化服务功能的水生态赤字（盈余）(hm^2)；$ED_\text{F}(ES_\text{F})$、$ED_\text{WR}(ES_\text{WR})$、$ED_\text{WE}(ES_\text{WE})$ 为水产品消费、淡水消费、消纳污染的水生态赤字（盈余）(hm^2)；当 $ED_\text{F}(ES_\text{F})$、$ED_\text{WR}(ES_\text{WR})$、$ED_\text{WE}(ES_\text{WE})$ 大于 0 时为水生态赤字，当 $ED_\text{F}(ES_\text{F})$、$ED_\text{WR}(ES_\text{WR})$、$ED_\text{WE}(ES_\text{WE})$ 小于 0 为水生态盈余、当 $ED_\text{F}(ES_\text{F})$、$ED_\text{WR}(ES_\text{WR})$、$ED_\text{WE}(ES_\text{WE})$ 等于 0 为水生态平衡。

4. 水生态压力指数

水生态压力指数主要用来衡量区域水生态系统所承受的压力状态：

$$\text{ESPWEPI}_\text{W} = \max(\text{EPI}_\text{F}, \text{EPI}_\text{WR}, \text{EPI}_\text{WE}) \begin{cases} \text{EPI}_\text{FF} = EF_\text{F} \div BC_\text{F} \\ \text{EPI}_\text{WR} = EF_\text{FW} \div EC_\text{WR} \\ \text{EPI}_\text{WE} = EF_\text{WP} \div CC_\text{WE} \end{cases} \tag{5-97}$$

式中，ESPWEPI_W 为基于生态系统供给及净化服务功能的水生态压力指数，EPI_FF、EPI_WR、EPI_WE 为水产品消费、淡水消费、消纳污染的水生态压力指数。

综上所述，相对于现有水生态足迹模型，基于 ESPWEF 模型具有以下优点：①核算更为全面，该模型对现有模型进行修正，不仅核算了水环境账户中的点源污染，而且将面源污染对水环境净化功能的占用也考虑在内，同时，测算了区域内达标废水中的主要污染物所占用的水资源用地面积，更能准确核算区域内消纳污染的水生态占用；②不考虑均衡因子和淡水生态承载力计算公式中的产量因子，克服了现有模型中加入两参数存在的问题；③以 ESPWEF 理论为基础，将水生态占用包括生物生产和非生物生产两部分，与之相对应生态承载力的计算模型也应分为这两部分，摆脱了现有模型中总水生态足迹和总水生态承载力计算方法存在的缺陷；④水生态占用模型中舍去均衡因子，对不同土地类型只做分类比较而不进行均衡加总计算，对于同一土地类型取其最大值作为最终的水生态占用，取其最小值作为最终的水生态承载力，并以最大水生态压力指数代替均衡因子，实现的累加式生态压力评价更具合理性。

5.2.4　水生态系统服务功能评价法

1. 评价指标体系

依据系统功能完整性、主导性原则，结合水资源-环境系统服务内涵及各个指标的服务功能，构建出水资源-环境系统服务功能评价指标体系（表 5-8），同时根据评价指标的主要影响因素，将评价指标属性分为复合型、水质型、水量型，其中复合型代表其服务功能受水质、水量的影响均显著，二者缺一不可；水质型其服务功能受水环境质量的影响为主，水环境污染成为其主要限制因素；水量型代表其服务功能受水资源量影响为主，以往服务功能减弱多表现为干旱影响，造成供水不足，具体分类如表 5-8 所示。

表 5-8　水资源-环境系统服务功能价值评价指标体系

评价准则	评价指标	释义及选取依据	修正属性
生态系统维持(C_1)	生态用水量(I_1)	维持生态系统(生物、土壤等圈层)物质、能量循环的用水量,其水质达 V 类以上即可	水量型
	林地覆盖(I_2)	水资源对林地生态系统的维持以及水源涵养,其水质达 V 类以上即可	水量型
	生境重要性(I_3)	水资源对生物栖息环境重要性的影响,其水质达 V 类以上即可	水量型
生态产品供给(C_2)	生活供水(I_4)	提供人类生存发展的用水量,对水质、水量均有严格要求	复合型
	农业供水(I_5)	提供农作物生长过程的用水量,其水质须达 V 类以上即可	水量型
	工业供水(I_6)	提供工业生产过程中的用水量,其水质达 IV 类以上即可	水量型
	服务业供水(I_7)	提供服务业发展过程中的用水量,对水质、水量均有比较严格的要求	复合型
	渔类产品(I_8)	人类社会对水生态系统中生物量的利用,受水质影响为主,尤其是珍稀鱼类	水质型
水文调蓄与水力航运(C_3)	地表水蓄积(I_9)	地表河川径流、湖库水域对水量的涵养能力	水量型
	地下水蓄积(I_{10})	地下岩层、裂隙等含水介质对水量的存储能力	水量型
	水力发电(I_{11})	地表径流的水力资源开发与利用,受径流量影响显著	水量型
	航运价值(I_{12})	通航河段的客运、货运能力利用,受径流量影响显著	水量型
景观休闲与旅游(C_4)	水域景观旅游(I_{13})	水域旅游景点对旅游总收入的贡献,对水质、水量均有一定的要求	复合型
	景观休闲娱乐(I_{14})	公益性水域景观对居民休闲娱乐的贡献,对水质、水量均有一定的要求	复合型
环境调节与净化(C_5)	气候调节(I_{15})	对气候起增加湿度、降低温度的作用,受水量影响为主	水量型
	空气净化(I_{16})	雨水资源产生负离子和吸收尘埃的作用,受水质影响为主	水质型
	水质净化(I_{17})	水资源对 P、N 等水体污染物的吸纳能力,受原水水质、水量的共同影响	复合型
	河道输沙(I_{18})	影响河流的侵蚀、搬运、堆积作用,受水量影响为主	水量型
	石漠化治理(I_{19})	促进植被的恢复、生长、水土流失防治作用,受水量影响为主	水量型

2. 核算方法

　　结合不同评价指标属性以及涉及数据的可获取性,采用替代成本法、旅行费用法、恢复费用法、影子价格法、市场价值法等方法对研究区水资源-环境系统服务功能进行价值计算(表 5-9)。

表 5-9　水资源-环境系统服务功能评价方法

评价指标	方法	公式	参数含义及选取依据
I_1	影子价格法	$V_1 = q_e \cdot p_d$	V_1 代表生态用水量价值;q_e 代表生态用水量(m^3);p_d 代表单位生态用水量价格(元/m^3),采用研究区生活用水单价 3.7 元/m^3 代替

续表

评价指标	方法	公式	参数含义及选取依据
I_2	恢复费用法	$V_2 = s_{fl} \cdot p_{fl}$	V_2 代表水资源的林地生态系统维持价值；s_{fl} 代表林地覆盖面积；p_{fl} 为单位面积的林地水源涵养价值，参考相关研究值取值为 12932.8 元/hm²·a
I_3	恢复费用法	$V_3 = s_h \cdot p_h$	V_3 代表水资源的生物多样性的价值；s_h 代表重要生物保护区的面积，包括珍稀动渔业资源保护区，自然保护 DW 区等生态功能区。p_h 代表单位面积生物保护区价值，采用水体的生物多样性价值为 1598.8 元/hm²·a
I_4	市场价值法	$V_4 = q_d \cdot p_d$	V_4 代表生活用水量价值；q_d 代表生活用水量；p_d 代表单位生活用水量价格(元/m³)，采用研究区第一档生活用水单价平均值 2.01 元/m³
I_5	市场价值法	$V_5 = q_i \cdot p_i$	V_5 代表农业用水量价值；q_i 代表农业用水量；p_i 代表单位农业用水量价格(元/m³)，采用研究区第一档生活用水单价平均值 2.01 元/m³
I_6	市场价值法	$V_6 = q_i \cdot p_i$	V_6 代表工业用水量价值；q_i 代表工业用水量；p_i 代表单位工业用水量价格(元/m³)，采用研究区第一档工业用水单价平均值 2.56 元/m³
I_7	市场价值法	$V_7 = q_s \cdot p_s$	V_7 代表服务业用水量价值；q_s 代表服务业用水量；p_s 代表单位服务业用水量价格(元/m³)，采用研究区第一档服务业用水单价平均值 3.27 元/m³
I_8	市场价值法	$V_8 = q_{f2} \cdot p_{f2}$	V_8 代表渔业产品价值，直接采用统计年鉴的渔业产值；q_{f2} 代表渔业产量；p_{f2} 代表单位渔产品价格(元/m³)
I_9	替代成本法	$V_9 = q_{sw} \cdot p_{sw}$	V_9 代表地表水调蓄价值；q_{sw} 代表地表水资源调蓄量(含河流、湖库水量)；p_{f2} 代表单位调蓄水量价格，考虑到地表水主要用途，则采用研究区第一档工业用水单价平均值 2.56 元/m³
I_{10}	替代成本法	$V_{10} = q_{gw} \cdot p_{gw}$	V_{10} 代表地下水调蓄价值；q_{gw} 代表地下水资源调蓄量(含伏流、岩层裂隙、孔隙水量)；q_{gw} 代表单位调蓄水量价格，由于地下水作为生活水源为主，故采用研究区第一档生活用水单价平均值 2.01 元/m³
I_{11}	替代成本法	$V_{11} = q_{hp} \cdot p_{hp}$	V_{11} 代表水力发电价值；q_{hp} 代表水力发电量(已开发)；p_{hp} 代表单位水力发电价格，采用研究区三档电费平均价格 0.57 元/(kW·h)
I_{12}	替代成本法	$V_{12} = q_{ft} \cdot p_{ft} + q_{pt} \cdot p_{pt}$	V_{12} 代表水力航运价值，由货运、客运价值组成；q_{ft}、q_{pt} 分别代表货运量；p_{ft}、p_{pt} 分别为货运均价 0.12 元/kg、客运均价 2 元/人，两者取值源于研究区水运公报中运输量与行业收入的比值
I_{13}	旅游收入法	$V_{13} = c_{t1} \cdot i_{t1}$	V_{13} 代表营业性水域景观的旅游价值；c_{t1} 为该类水域景点所占比重，取全省旅游资源大普查的平均值 11.1%；i_{t1} 为区域旅游总收入
I_{14}	旅游收入法	$V_{14} = c_{t2} \cdot i_{t2}$	V_{14} 代表非营业性水域景观的旅游价值；c_{t2} 为非营业性水域景观(公园、广场等)面积；i_{t2} 为单位水域面积的娱乐文化价值 3840.2 元/(hm²·a)
I_{15}	替代成本法	$V_{15} = \dfrac{q_h \cdot p_h}{\alpha} + \beta \cdot q_w \cdot p_h$	V_{15} 代表水资源的气候调节功能价值；q_h、q_w 分别为水资源蒸发过程中所吸收的热量和多年蒸发量，其数值源于 2015 年研究区所在省贵州省主要站点的年度蒸发量；p_h 为对应的吸热、蒸发过程中单位耗电量，其价格为 0.45 元/(kW·h)
I_{16}	替代成本法	$V_{16} = c_a \cdot s_w \cdot p_a + c_d \cdot p_d$	V_{16} 代表水资源的空气净化价值；c_a、c_d 分别为水体产生的负离子和降尘含量；s_w 代表水域面积；p_a、p_d 代表产生单位负离子价格降尘价格，参考工业处理标准 2.8 元/(10¹⁰个) 和 0.15 元/kg
I_{17}	恢复费用法	$V_{17} = q_c \cdot p_c$	V_{17} 代表水资源水质净化价值；q_c 为水体中排放污染物(COD、氨氮)总量。p_c 为单位污染物净化价格，参考生活污水处理成本得到 COD 去除单价为 15161 元/t，氨氮去除单价为 24497 元/t

续表

评价 指标	方法	公式	参数含义及选取依据
I_{18}	替代成本法	$V_{18}=s_{sc} \cdot p_{sc}$	V_{18}代表径流的河道输沙价值；s_{sc}为河道年输沙量(t/a)；p_{sc}为单位淤泥的清理成本投入 3.1 元/t
I_{19}	恢复费用法	$V_{19}=s_{rc} \cdot p_{rc}$	V_{19}代表水资源的石漠化治理价值；s_{rc}为石漠化综合治理面积；p_{rc}代表石漠化治理成本 62.83 万元/km²，系各治理模式成本均值

3. 修正系数

根据水资源-环境服务功能的修正类型，以喀斯特发育程度、水环境状况等因子作为服务功能价值量的修正依据。本书在参照喀斯特水循环过程特殊性的基础上，采用 AHP 法对不同喀斯特发育等级和水环境状况的影响力进行赋权。权重越接近于 0，代表对服务功能的负面影响越小，反之越接近于 1，则对服务功能的负面影响就越大。其修正系数公式如下：

$$E=1-\sum_{i=1}^{m} P_i \cdot W_i \tag{5-98}$$

式中，E 代表修正因子的影响力(修正系数)；P_i 为第 i 类修正因子数量比重，i 为两类修正因子的分级数；W_i 为第 i 类修正因子权重。

5.3　喀斯特地区水资源安全评价案例

5.3.1　喀斯特小流域水资源安全评价—以普定县哪叭岩流域为例*

1. 水量评价

据对贵州省普定县喀斯特溶蚀特征的研究(俞锦标 等，1990)，不同碳酸盐岩地层具有不同的溶蚀量和溶蚀速度，溶蚀量和溶蚀速度代表了喀斯特作用的强弱，也造成裂隙水分布的空间不均匀性。总体灰岩类的溶蚀量大于白云岩类，灰岩地区裂隙水的不均匀

---

* 本节内容引用自：

① 潘真真，苏维词，王建伟，等，2017. 基于生态系统供给及净化服务功能的贵州省水生态占用研究. 环境科学学报，37(7)：2786-2796.

② 苏印，官冬杰，苏维词，2015. 基于 SPA 的贵州省喀斯特地区水安全评价研究. 中国岩溶，34(6)：560-569.

③ 杨振华，苏维词，赵卫权，等，2016. 基于 GRNN 模型的岩溶地区城市水生态足迹分析与预测. 中国岩溶，35(1)：36-42.

④ 邓灵稚，杨振华，苏维词，2019. 城市化背景下重庆市水生态系统服务价值评估及其影响因子分析. 水土保持研究，26(4)：208-216.

⑤ 杨振华，周秋文，郭跃，等，2017. 基于 SPA-MC 模型的岩溶地区水资源安全动态评价——以贵阳市为例. 中国环境科学，37(4)：1589-1600.

⑥ 郑群威，苏维词，杨振华，等，2019. 基于集对分析法的喀斯特地区水资源安全动态变化及原因分析——以贵州省为例. 中国岩溶，38(6)：846-857.

⑦ 张凤太，王腊春，苏维词，等，2015. 基于 DPSIRM 概念框架模型的岩溶区水资源安全评价. 中国环境科学，35(11)：3511-3520.

⑧ 杨振华，宋小庆，屈秋楠，等，2018. 岩溶地区水资源-环境系统服务功能评价修正——以贵州省为例. 长江流域资源与环境，27(6)：1259-1268.

性大于白云岩地区。而灰岩类的溶蚀量最大为泥灰岩，裂隙水的不均匀性最大，其余岩类按大小顺序排列为：含泥灰岩、含云含泥灰岩、灰岩、纯灰岩、云灰岩；白云岩类溶蚀量的大小顺序为：含泥含云灰岩、灰云岩、含灰白云岩、纯白云岩、含泥云岩、白云岩。

　　根据对贵州普定县几个主要不同喀斯特流域裂隙水资源的试验研究和观测，喀斯特裂隙水资源在时间上的分布，其年际变化取决于降水量的年际变化（表 5-10）。设计年雨量大，水资源多，对快速裂隙水下渗供水充分，而当设计年雨量小，降雨强度小时，慢速裂隙水流所占水资源总量比例相对较大。

表 5-10　普定县部分单元流域不同设计年喀斯特裂隙水水资源

| 单元流域 | 流域面积/km² | 5%(丰水年) | | | 50%(平水年) | | |
		降水量/mm	快速裂隙水总量/($10^6 m^3$)	慢速裂隙水总量/($10^6 m^3$)	降水量/mm	快速裂隙水总量/($10^6 m^3$)	慢速裂隙水总量/($10^6 m^3$)
后寨	68.2	1722.9	6.28	29.14	1433.1	5.39	24.83
水母	48.8	1885.7	5.44	23.65	1449.8	3.9	18.39
波玉河	321.2	1793.2	51.68	112.89	1397.6	39.02	94.93
城关陇黑	61.8	1808.8	6.6	23.73	1365.1	4.5	21.28
猫洞	16.1	1808.8	3.1	3.56	1365.1	2.3	3.7
高羊	166.1	1808.8	36.52	35.98	1365.1	23.7	34

| 单元流域 | 流域面积/km² | 75%(枯水年) | | | 95%(特枯年) | | |
		降水量/mm	快速裂隙水总量/($10^6 m^3$)	慢速裂隙水总量/($10^6 m^3$)	降水量/mm	快速裂隙水总量/($10^6 m^3$)	慢速裂隙水总量/($10^6 m^3$)
后寨	68.2	1115.7	2.69	17.58	915.9	1.69	13.71
水母	48.8	1094.5	1.72	12.49	1064.3	1.84	12.29
波玉河	321.2	1056.9	6.92	18.49	950.5	5.58	17.33
城关陇黑	61.8	1181.8	2.96	15.78	1055.7	2.41	15.03
猫洞	16.1	1181.8	1.97	3.45	1055.7	1.42	3.23
高羊	166.1	1181.8	15.64	26.02	1055.7	12.34	27.74

2. 水质评价

　　在贵州，因碳酸盐岩分布广泛，裂隙水水化学体现了碳酸盐岩地区的特色，裂隙中主要离子以重碳酸根和钙、镁离子为主。据贵州普定县典型喀斯特区裂隙水水化学分析研究，裂隙水的水化学类型受地层岩石类型影响较大，主要有重碳酸钙型、重碳酸钙镁型和重碳酸硫酸钙型。重碳酸钙型裂隙水主要发育于灰岩类地层中，水中钙离子含量较高，镁离子含量低，Ca^{2+}/Mg^{2+} 一般为 3.8～6.32，重碳酸钙镁型发育于白云岩类地层中，镁离子富集，Ca^{2+}/Mg^{2+} 相对较低，多为 2 左右，而重碳酸硫酸钙型则主要发育于夹有石膏岩层或硫化物含量较高的地层区，水中 HCO_3^-/SO_4^{2-} 小于 2（表 5-11）。

表 5-11　不同化学类型裂隙水离子含量　　　　　　　（单位：mg/L）

裂隙水分布点	Ca^{2+}	Mg^{2+}	Ca^{2+}/Mg^{2+}	HCO_3^-	SO_4^{2-}	HCO_3^-/SO_4^{2-}
普定东部	57.36	27.2	2.1	269.6	23.87	11.29
普定哪叭岩半坡井泉	46.09	7.29	6.32	109.83	45.63	2.4
普定哪叭岩九头坡泉	60.12	15.8	3.8	183.05	60.04	3.05
普定西部	65.7	5.26	12.5	162.2	85.5	1.9

另外，据对贵州普定部分裂隙水出露点（泉）的水进行分析，pH 为 6.47～6.54，偏酸性，矿化度多为 0.217～0.33g/L，细菌总数为 1～10CFU/mL，总大肠菌群和粪大肠菌群均未检出，浑浊度小于或等于 5°，未发现余氯，水质标准高，以 Ⅰ 类和 Ⅱ 类水水质为主，大多数裂隙水经过简单净化处理即可为人畜使用，且开发利用条件优越，投资成本低。同时，喀斯特裂隙水中也含有多种金属离子（表 5-12），含量较低，完全符合国家饮用水质标准。

表 5-12　普定哪叭岩地区裂隙水菌类指标和重金属指标分析

监测站点	菌类指标			重金属类指标/(μg/L)						
	细菌总数 /(CFU/mL)	总大肠菌群 /(MPN/100mL)	浑浊度 /(°)	Cu	Zn	As	Cd	Cr	Pb	Hg
半坡井泉	$<1\times10$	未检出	5°	0.002	0.044	0.003	0.0003	0.009	0.0008	<0.00005
九头坡泉	10	未检出	5°	0.001	0.027	0.0015	0.0001	0.022	0.0005	<0.00005

5.3.2　基于 DPSIRM 模型水资源安全评价——以贵州省为例

1. 评价指标体系

DPSIRM 模型框架为喀斯特区水资源安全评价指标体系的确立奠定了理论基础，提供了新的研究视角。水资源的分布具有地域的特色，因此，在不同地域的水资源评价指标体系应有所区别。笔者根据喀斯特地区的水资源特点和利用状况，参照已有的研究，遵循指标的代表性、独立性、可量化和系统性等原则，建了基于 DPSIRM 概念模型的喀斯特区水资源安全评价指标体系，如表 5-13 所示。其中，水资源保护和管理制度的健全性、水资源保护和管理制度的落实性、防洪抗旱信息化程度指标属于主观性指标，采用专家打分的形式获取，专家打分采用 10 分制。

表 5-13　省域水资源安全评价指标、权重及含义

目标层	因子层	指标层	权重	含义
水资源安全	驱动力 (D)	人均 GDP/(元/人)	0.036	表示经济发展状况对水资源安全的驱动
		人口密度/(人/km²)	0.043	表示人口的聚集程度对水资源安全的驱动
		城市化率/%	0.044	表示区域发展对水资源安全的驱动
		灌溉面积占常用耕地面积的比例/%	0.041	表示农业发展对水资源安全的驱动
		GDP 的年增长率/%	0.037	表示经济发展强度对水资源安全的驱动

续表

目标层	因子层	指标层	权重	含义
水资源安全	压力 (P)	万元 GDP 耗水量/(m³/万元)	0.041	表示经济发展强度和水平对水资源数量的压力
		万元工业产值用水/(m³/万元)	0.036	表示工业用水资源数量的压力
		万元农业产值用水/(m³/万元)	0.041	表示农业用水对水资源数量的压力
		单位工业产值废水排放量/(t/万元)	0.046	表示工业生产对水资源质量的压力
		单位耕地面积化肥使用量/(kg/hm²)	0.042	表示农业生产对水资源质量的压力
	状态 (S)	人均水资源量/(m³/人)	0.038	表示水资源人均状态
		单位面积水资源量/(万 m³/km²)	0.046	表示水资源地区状态
		石漠化率/%	0.045	表示水土流失的状态
	影响 (I)	森林覆盖率/%	0.046	表示对地表蓄水能力的影响
		河流水质达标率/%	0.042	表示对河流水质的影响,用三类以下水质标准河段所占比例
		水旱灾害损失占 GDP 比例/%	0.054	表示对经济社会的影响
	响应 (R)	输沙模数/(t/km²)	0.034	表示对水土流失的影响
		污水处理率/%	0.038	表示水资源质量安全的响应
		工业废水排放达标率/%	0.038	表示水资源质量安全的响应
	管理 (M)	水资源开发率/%	0.049	表示水资源数量安全的响应
		环境保护投资占 GDP 比例/%	0.044	表示对水资源和水环境保护与管理资金的充足性
		水资源保护和管理制度的健全性	0.041	表示管理制度的健全性
		水资源保护和管理制度的落实性	0.039	表示管理的有效性
		防洪抗旱信息化程度	0.039	表示管理的信息畅通性

2. 评价指标等级

水资源安全指标的等级标准具有地区差异性,在考虑到喀斯特地区生态环境脆弱性基础上,参照已有水资源安全标准的相关文献,结合有关水污染安全指标的临界值以及地方政府颁布的标准和规划目标,并根据专家的意见将安全标准做出适当调整(考虑以贵州为代表的西南喀斯特地区主要欠发达地区,部分用水指标等标准降低 5%~50%),把水资源安全评价安全等级划分为安全、较安全、较不安全、不安全、极不安全 5 个等级,具体的指标分级标准如表 5-14 所示。

表 5-14　水资源安全评价等级

目标层	指标层	安全	较安全	临界安全	不安全	极不安全
水资源安全	人均 GDP/(元/人)	>12000	12000~>8000	8000~>5000	5000~>2000	≤2000
	人口密度/(人/km²)	<400	400~<800	800~<2000	2000~<5000	≥5000
	城市化率/%	<30	30~<40	40~50	50~<60	≥60
	灌溉面积占常用耕地面积的比例/%	>60	60~>50	50~>40	40~>30	≤30
	GDP 的年增长率/%	<10	10~<15	15~20	20~<30	≥30
	万元 GDP 耗水量/(m³/万元)	<300	300~<600	600~<1000	1000~<1500	≥1500

续表

目标层	指标层	安全	较安全	临界安全	不安全	极不安全
	万元工业产值用水/(m³/万元)	＜200	200～＜400	400～＜600	600～＜1000	≥1000
	万元农业产值用水/(m³/万元)	＜500	500～＜1000	1000～＜1500	1500～＜2000	≥2000
	单位工业产值废水排放量/(t/万元)	＜10	10～＜20	20～＜35	35～＜50	≥50
	单位耕地面积化肥使用量/(kg/hm²)	＜100	100～＜250	250～＜400	400～＜500	≥500
	人均水资源量/(m³/人)	≥3000	2500～＜3000	1500～＜2500	500～＜1500	＜500
	单位面积水资源量/(万 m³/km²)	≥200	150～＜200	100～＜150	50～＜100	＜50
	石漠化率/%	＜5	5～＜10	10～＜20	20～＜25	≥25
水资源安全	森林覆盖率/%	≥40	30～40	20～30	10～20	＜10
	河流水质达标率/%	≥90	80～＜90	70～＜80	60～＜70	＜60
	水旱灾害损失占 GDP 比例/%	＜1	1～＜2.5	2.5～＜4	4～＜5.5	≥5.5
	输沙模数/(t/km²)	＜200	200～＜1000	1000～＜2500	2500～＜5000	≥5000
	污水处理率/%	＞80	80～＞70	70～＞60	60～＞45	≤45
	工业废水排放达标率/%	≥90	80～＜90	70～＜80	60～＜70	＜60
	水资源开发率/%	＜5	5～15	15～30	30～45	≥45
	环境保护投资占 GDP 比例/%	＞1.5	1.5～＞1	1～＞0.6	0.6～＞0.3	≤0.3
	水资源保护和管理制度的健全性	高(10～＞9)	较高(9～＞7)	中等(7～＞6)	较低(6～＞5)	低(0～5)
	水资源保护和管理制度的落实性	高(10～＞9)	较高(9～＞7)	中等(7～＞6)	较低(6～＞5)	低(0～5)
	防洪抗旱信息化程度	高(10～＞9)	较高(9～＞7)	中等(7～＞6)	较低(6～＞5)	低(0～5)

3. 评价结果与分析

依据权重计算公式，计算水资源安全评级指标的权重(表 5-15)。由于数据较多，鉴于篇幅限制，在此，仅以 2005 年数据为例，介绍各参数意义和运算过程，将 2005 年的各项指标按照正向指标和负向指标的认定，计算出 2005 年各个指标的联系度。然后，将各指标联系度与权重结合，得出 2005 年各等级的联系度，如表 5-16 所示。取 $\lambda=0.5$，对于 2005 年，$h_2=f_1+f_2=0.394<\lambda$，$h_3=f_1+f_2+f_3=0.596>\lambda$，由置信度准则可以判断出 2005 年贵州省水资源安全为第三等级，即临界安全，同理，可以计算出 2006～2012 年贵州省水资源安全等级以及各年水资源的驱动力安全、压力安全、状态安全、影响安全、响应安全以及管理安全等级(表 5-15，表 5-16)。

表 5-15　联系度(f_n)及其 h_k(2005～2012 年)

年份	f_1	f_2	f_3	f_4	f_5	h_1	h_2	h_3	h_4	h_5	安全等级
2005	0.162	0.232	0.202	0.212	0.192	0.162	0.394	0.596	0.808	1	临界安全
2006	0.184	0.221	0.262	0.172	0.161	0.184	0.405	0.667	0.839	1	临界安全
2007	0.275	0.234	0.206	0.203	0.082	0.275	0.509	0.715	0.918	1	较安全
2008	0.288	0.231	0.186	0.155	0.140	0.288	0.519	0.705	0.86	1	较安全
2009	0.418	0.149	0.194	0.123	0.116	0.418	0.567	0.761	0.884	1	较安全
2010	0.312	0.230	0.302	0.083	0.073	0.312	0.542	0.844	0.927	1	较安全
2011	0.368	0.158	0.307	0.079	0.088	0.368	0.526	0.833	0.912	1	较安全
2012	0.430	0.208	0.188	0.096	0.078	0.430	0.638	0.826	0.922	1	较安全

表 5-16　水资源 DPSIRM 安全等级及 h_k（2005～2012 年）

类别	2005 年						2006 年					
	h_1	h_2	h_3	h_4	h_5	安全等级	h_1	h_2	h_3	h_4	h_5	安全等级
D	0.433	0.433	0.866	1.000		临界安全	0.433	0.498	0.956	1		临界安全
P	0.000	0.392	0.705	1.000		临界安全	0.011	0.558	0.684	0.969	1	较安全
S	0.000	0.048	0.393	0.647	1	不安全	0.000	0.023	0.393	0.644	1	不安全
I	0.178	0.761	0.761	0.928	1	较安全	0.415	0.587	0.761	0.761	1	较安全
R	0.000	0.342	0.474	0.696	1	不安全	0.000	0.320	0.599	0.696	1	临界安全
M	0.270	0.270	0.270	0.413	1	极不安全	0.135	0.27	0.461	0.824	1	不安全

类别	2007 年						2008 年					
	h_1	h_2	h_3	h_4	h_5	安全等级	h_1	h_2	h_3	h_4	h_5	安全等级
D	0.433	0.626	0.99	1		较安全	0.486	0.823	1			较安全
P	0.220	0.602	0.796	0.925	1	较安全	0.404	0.691	0.796	0.903	1	较安全
S	0.000	0.255	0.467	0.785	1	不安全	0.090	0.295	0.486	0.785	1	不安全
I	0.524	0.761	0.761	0.995	1	安全	0.377	0.454	0.516	0.693	1	临界安全
R	0.056	0.392	0.602	0.696	1	临界安全	0.056	0.392	0.596	0.696	1	临界安全
M	0.270	0.27	0.51	1		临界安全	0.135	0.27	0.687	1		临界安全

类别	2009 年						2010 年					
	h_1	h_2	h_3	h_4	h_5	安全等级	h_1	h_2	h_3	h_4	h_5	安全等级
D	0.798	1				安全	0.868	1				安全
P	0.236	0.509	0.769	0.827	1	较安全	0.129	0.555	0.796	0.832	1	较安全
S	0.295	0.295	0.509	0.668	1	临界安全	0	0.220	0.537	0.705	1	临界安全
I	0.723	0.761	0.79	1		安全	0.381	0.454	0.788	1		临界安全
R	0	0.361	0.574	0.696	1	临界安全	0	0.498	1			临界安全
M	0.27	0.27	0.769	1		临界安全	0.270	0.35	0.9	1		临界安全

类别	2011 年						2012 年					
	h_1	h_2	h_3	h_4	h_5	安全等级	h_1	h_2	h_3	h_4	h_5	安全等级
D	0.597	0.82	1			安全	0.597	0.785	0.956	1		安全
P	0.420	0.647	0.796	0.796	1	较安全	0.514	0.694	0.796	0.796	1	安全
S	0	0	0.486	0.644	1	不安全	0	0.054	0.546	0.72	1	临界安全
I	0.454	0.454	0.714	1		临界安全	0.761	0.761	0.869	1		安全
R	0.304	0.688	1			较安全	0.351	0.909	1			较安全
M	0.27	0.382	0.95	1		临界安全	0.162	0.509	0.75	1		较安全

　　从表 5-15 来看，2005 年和 2006 年整个贵州省水资源安全处于临界安全状态，2007～2012 年处于较安全状态，可以看出贵州省水资源安全在近 8 年整体较好，表明 2004 年贵州省在提出"生态立省"战略后，经过 2004～2006 年三年的调整和实施，贵州省的水资源更趋安全。

　　从表 5-16 看出，贵州省水资源驱动力安全等级在 2005 年和 2006 年为临界安全，2007 年和 2008 年为比较安全，2009～2012 年为安全，总体驱动力安全状况良好，并呈现逐渐转好的态势，这与当前贵州省经济社会发展相对落后，对水资源及生态环境的驱动影响相对较小相符合。从压力安全来看，2005 年属于临界安全，2006～2011 年属于较安全，2012 年属于安全，表明在贵州随着 2004 年"生态立省"战略的实施，通过降低人口数量增速、提高人口素质，逐步减轻对生态环境的承载压力。发展生态农业、有机农业，在保护自然环境基础上实现农业可持续发展和农民增收。工业结构调整上按照循环经济理念，走新型工业化道路。在强调保护的前提下，大力发展生态旅游业，促进第三产业的大发展。实现了经济结构调整和经济增长方式的转变，逐渐减少了对生态环境和水资源的压力，生态效益开始显现。从状态安全来看，2005～2008 年以及 2011 年属于不安全，2009 年、2010 年及 2012 年分别为临界安全，可以看出贵州省水资源状态安全不容乐观。贵州地处长江，珠江两大流域的分水岭，其中 70％以上属长江流域，73％的土地面积均属（含）碳酸盐岩层，喀斯特地貌发育，岩层透水性强，平坝区土层厚度一般在 1.0m 左右，但山脊、陡坡和岩石裸露地区的土层较薄，耕地土层厚度仅 0.3～0.5m。因此，地表水贮存条件差，水土流失严重，水分涵养能力低，抵御干旱能力弱。受贵州省经济条件的限制，水资源开发和利用的前期工作经费短缺，相应的基础工作薄弱，贵州省许多中小河流缺乏详细的流域开发规划和水资源开发专题规划，缺乏灌溉条件。因此，形成了降水量大、工农业取水难、耕地灌溉率低、工程蓄水量小的现状，水资源状态安全仍然面临巨大挑战。从影响安全来看，2005 年和 2006 年分别为较安全，2007 年、2009 年和 2012 年分别为安全，2008 年、2010 年和 2011 年分别为临界安全，表明喀斯特地区水资源安全随着经济社会的发展产生了胁迫影响，水资源影响安全呈下降趋势。从响应安全来看，2005 年为不安全、2006～2010 年分别为临界安全，2011 年和 2012 年分别为较安全，表明针对贵州省的水资源安全状况，已经引起地方政府和人民的重视，采取响应措施应对水资源安全面临的威胁，并产生了一定的积极效果；从管理安全来看，2005 年为极不安全，2006 年为不安全，2006～2011 年分别为临界安全，2012 年为较安全，可以看出在"生态立省、生态文明"战略的实施大背景下，水资源管理制度不断完善，水资源管理安全逐步改善的过程。

　　本书基于 DPSIRM 概念框架，对贵州水资源安全进行评价研究，定量与定性指标相结合，对每个评级指标都赋予了等级判定，进而进行了分项和总体评价，计算得出的结果与水资源安全客观情况相吻合，证明了该评价方法具有一定的应用价值。该方法凸显了水资源管理的重要性，克服了主观赋权的片面性，充分考虑了每个指标的等级信息，避免了有效信息的遗失，一定程度上丰富和发展了水资源安全评价方法。

5.3.3　基于熵权和 PCA 的水资源安全评价——以毕节市为例

1. 水资源安全评价的主成分分析（PCA）

　　(1)运用 SPSS18.0 统计软件对 2004～2013 年各评价因素进行标准化处理。

　　(2)对数据进行"降维"处理，运用 SPSS 的因子分析功能得到 12 个评价因素间的相关系数矩阵(表 5-17),并计算出相关矩阵的特征值、各主成分贡献率及累计方差贡献率(表 5-18)。

表 5-17　毕节市水资源安全变化驱动因素相关系数矩阵

相关系数矩阵	X_1	X_2	X_3	X_4	X_5	X_6	X_7	X_8	X_9	X_{10}	X_{11}	X_{12}
X_1	1.00											
X_2	−0.86	1.00										
X_3	0.48	−0.38	1.00									
X_4	0.59	−0.26	0.79	1.00								
X_5	0.25	−0.34	−0.41	−0.35	1.00							
X_6	0.11	0.13	−0.25	0.06	0.60	1.00						
X_7	−0.15	0.37	0.36	0.47	−0.68	−0.25	1.00					
X_8	−0.44	0.55	−0.55	−0.24	0.40	0.59	0.02	1.00				
X_9	0.09	−0.13	−0.55	−0.42	0.97	0.68	−0.60	0.56	1.00			
X_{10}	−0.20	0.03	0.32	0.09	−0.80	−0.92	0.29	−0.57	−0.85	1.00		
X_{11}	0.22	−0.18	0.73	0.55	−0.84	−0.65	0.50	−0.77	−0.93	0.77	1.00	
X_{12}	−0.68	0.47	−0.52	−0.53	−0.11	−0.03	−0.13	0.18	−0.01	0.15	−0.17	1.00

注：X_1 表示人均水资源量(m^3/人)，X_2 表示水资源开发利用率(%)，X_3 表示蓄水工程供水率(%)，X_4 表示地下水供水率(%)，X_5 表示农田灌溉定额(m^3/亩)，X_6 表示平均每头牲畜用水量(m^3/头)，X_7 表示工业耗水率(%)，X_8 表示人均生活用水量(m^3/人)，X_9 表示万元 GDP 耗水量(m^3/万元)，X_{10}表示工业污水排放系数(t/m^3)，X_{11}表示生活污水排放系数(t/m^3)，X_{12}表示 GDP 增长率(%)。

表 5-18　特征值、主成分贡献率及累计方差贡献率

成分	初始特征值			提取平方和载入		
	合计	方差的 %	累计 %	合计	方差的 %	累计 %
1	5.532	46.099	46.099	5.532	46.099	46.099
2	3.300	27.501	73.600	3.300	27.501	73.600
3	1.756	14.635	88.235	1.756	14.635	88.235
4	0.564	4.700	92.935	0.564	4.700	92.935
5	0.315	2.622	95.557	0.315	2.622	95.557
6	0.251	2.088	97.645	0.251	2.088	97.645
7	0.212	1.765	99.410	0.212	1.765	99.410
8	0.057	0.477	99.887	0.057	0.477	99.887
9	0.014	0.113	100.000	0.014	0.113	100.000

从表 5-19 可以看出,前三个主成分的方差累计贡献率达到 88.235%,因此,选取前三个主成分(分别用 F_1、F_2、F_3 表示)对毕节市水资源安全进行分析。

(3)计算主成分载荷和各主成分因子得分系数矩阵，结果如表 5-19 所示。

表 5-19　主成分载荷矩阵和主成分因子得分系数矩阵

变量	主成分载荷矩阵			主成分因子得分系数矩阵		
	F_1	F_2	F_3	F_1	F_2	F_3
X_1	0.196	0.944	−0.055	0.083	0.520	−0.041
X_2	−0.160	−0.827	0.467	−0.068	−0.455	0.353
X_3	0.736	0.471	0.236	0.313	0.259	0.178
X_4	0.561	0.514	0.563	0.239	0.283	0.425
X_5	−0.850	0.460	−0.181	−0.361	0.253	−0.136
X_6	−0.715	0.288	0.491	−0.304	0.159	0.370
X_7	0.549	−0.269	0.656	0.233	−0.148	0.495
X_8	−0.718	−0.289	0.517	−0.305	−0.159	0.390
X_9	−0.940	0.297	−0.065	−0.400	0.163	−0.049
X_{10}	0.810	−0.394	−0.349	0.344	−0.217	−0.263
X_{11}	0.985	0.018	−0.030	0.419	0.010	−0.023
X_{12}	−0.223	−0.739	−0.254	−0.095	−0.407	−0.191

　　由表 5-19 可以看出，第一主成分（F_1）在农田灌溉定额（X_5）、万元 GDP 耗水量（X_9）、工业污水排放系数（X_{10}）和生活污水排放系数（X_{11}）上具有很大的载荷，这些变量包含用水安全的部分指标和水环境安全的全部指标，说明第一主成分在一定程度上代表了用水安全和水环境安全水平。第二主成分（F_2）在人均水资源量（X_1）、水资源开发利用率（X_2）和 GDP 增长率（X_{12}）上具有较大的载荷，这说明第二主成分在一定程度上代表着经济增长速度、水资源量和水资源的开发利用程度。第三主成分（F_3）在地下水供水率（X_4）、平均每头牲畜用水量（X_6）、工业耗水率（X_7）和人均生活用水量（X_8）上具有较大的载荷，表明地下水供水与社会经济用水是影响水资源安全的重要因素。因此，三大主成分（F_1，F_2，F_3）可比较全面地概括了毕节市水资源安全指标体系的大部分信息，能较好地反映水资源安全的演变状况。

2. 毕节市水资源安全演化

　　根据主成分因子得分系数矩阵（表 5-20）可以得出影响水资源安全演变的三大主成分表达式，将计算出的各评价因素标准化值代入式（5-99）～式（5-101）计算得出 2004～2013年三大主成分的评价分值（表 5-21）。

$$F_1 = 0.083X_1 - 0.068X_2 + 0.313X_3 + 0.239X_4 - 0.361X_5 - 0.304X_6 + 0.233X_7 - 0.305X_8 - 0.400X_9 + 0.344X_{10} + 0.419X_{11} - 0.095X_{12} \tag{5-99}$$

$$F_2 = 0.520X_1 - 0.455X_2 + 0.259X_3 + 0.283X_4 + 0.253X_5 + 0.159X_6 - 0.148X_7 - 0.159X_8 + 0.163X_9 - 0.217X_{10} + 0.010X_{11} - 0.407X_{12} \tag{5-100}$$

$$F_3 = -0.041X_1 + 0.353X_2 + 0.178X_3 + 0.425X_4 - 0.136X_5 + 0.370X_6 + 0.495X_7 + 0.390X_8 - 0.049X_9 - 0.263X_{10} - 0.023X_{11} - 0.191X_{12} \tag{5-101}$$

表 5-20　水资源安全三大主成分评价分值

年份	F_1	F_2	F_3
2004	−1.04158	0.735876	1.719285
2005	−1.04951	0.232233	2.331922
2006	−0.67571	0.317219	2.391985
2007	−0.00572	1.207958	2.612202
2008	0.108012	1.378027	2.787607
2009	0.350292	0.863326	2.788682
2010	0.584296	0.781278	2.54897
2011	0.0422	−0.56906	2.984286
2012	1.231437	0.301957	1.886272
2013	1.212958	0.10588	1.925078

　　以毕节市水资源安全三大主成分评价值（表 5-20）为变量，利用熵权法公式计算出三大主成分的权重分别为 0.43，0.26，0.32。2004～2013 年毕节市三大主成分评价得分演变趋势及水资源安全评价指数如图 5-9、图 5-10 所示。其中 2011 年为毕节乃至西南喀斯特地区遭遇百年不遇的大旱导致水资源安全指数大幅降低。

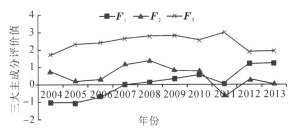

图 5-9　2004～2013 年水资源安全三大主成分演变趋势

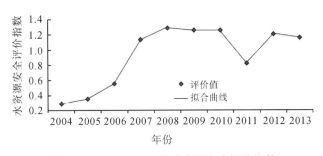

图 5-10　2004～2013 年水资源安全评价指数

3. 毕节市水资源安全主成分分析

　　由表 5-21 可以看出，三大主成分较全面地反映了影响水资源安全的驱动因素，包含水资源自身条件、社会、经济发展因素和水环境因素。其中，第一主成分（F_1）反映水资源的社会、经济发展影响因素和水环境因素的信息，其与农田灌溉定额（X_5）和万元 GDP 耗水量（X_9）呈负相关，与工业污水排放系数（X_{10}）和生活污水排放系数（X_{11}）呈正相关。

分析认为喀斯特地区生态环境脆弱，污染物极易随水通过溶蚀裂隙、落水洞等渗流从而污染地下含水层，且一旦发生污染很难治理，因此，工业和生活污水对水资源安全影响极大。2004～2013 年 F_1 总体呈上升趋势(图 5-9)，从−1.04 增加到 1.21，表明随着农田节水技术的应用和社会节水意识的提高，农田灌溉定额和万元 GDP 耗水量逐年减少，而工业的快速发展和居民生活水平的提高造成污水排放量的逐年增加，导致工业和生活污水排放系数同步上升。2011 年 F_1 存在波动，主要是由当年大旱及生活污水排放系数的极低值造成的。

第二主成分(F_2)反映了水资源自身条件和经济发展因素的部分信息，其与人均水资源量(X_1)、水资源开发利用率(X_2)和 GDP 增长率(X_{12})有关，且 F_2 与人均水资源量呈正相关，与水资源开发利用率和 GDP 增长率呈负相关。2004～2013 年毕节市社会经济发展迅速，GDP 年均增长率为 14.96%，比同期全国平均增速高 4.76%，经济的快速发展必将引起用水量的迅速增长，给水资源带来巨大压力。从变化趋势上看，2005～2008 年 F_2 总体呈上升趋势，2008～2013 年呈下降趋势，这主要与 2005～2008 年 GDP 增长率逐年降低、2008～2013 年 GDP 增长率的持续增长有关。另外，由于水资源总量在丰枯水年有高有低，存在较大波动，如 2007～2009 年是丰水年，人均水资源总量较高而水资源开发利用率较低，导致对应年份 F_2 较高；而 2005～2006 年、2011 年是枯水年，F_2 相对较低。

第三主成分(F_3)与地下水供水率(X_4)、平均每头牲畜用水量(X_6)、工业耗水率(X_7)和人均生活用水量(X_8)呈正相关关系，这说明地下水供水与社会经济用水是影响水资源安全的重要因素。岩溶地区工程性缺水严重，地下水资源相对丰富，但地下水资源开发利用难度大，利用率低，随着技术水平的提高，2004～2013 年毕节市地下水供水率呈上升趋势，在一定程度上为水资源安全提供了一定保障。从变化趋势上看，2004～2011 年，F_3 缓慢上升，2011 年达到最高值，这主要与工业发展和居民生活水平提高引起的工业耗水率和人均生活用水量的增长及降水情况有关。其中，2009～2011 年西南地区遭遇三年大旱(2010 年比 2009 年略好)，2011 年旱情达到百年一遇。2011 年之后，F_3 迅速降低(由 2.98 降为 1.93)，其变化是由地下水供水率、平均每头牲畜用水量、工业耗水率的下降共同导致的；2012 年、2013 年是较丰水年，地表水资源相对丰富，地下水供水率偏低。另外，由于产业结构调整和农村节水意识增强，工业耗水率和平均每头牲畜用水量大大低于 2011 年，使 F_3 较 2011 年下降了 54%。

4. 毕节市水资源安全演变趋势

由图 5-10 可知，2004～2008 年毕节市水资源安全状况逐渐上升，由 0.29 增长到 1.28。2008 年后水资源安全评价指数呈略微下降趋势，但下降变化率不大，其中 2011 年水资源安全评价指数为 0.82，是 2008 年以来的最低值。2004～2008 年第一、二、三主成分的值均有所增加，且增加趋势较明显，其中第一主成分的贡献率最大。从具体评价因素来看，由于水资源开发利用程度加强和科技水平的提高，2004～2008 年人均水资源量和地下水供水率呈上升趋势，而工业发展和生活水平的提高使工业污水排放系数和生活污水排放系数也逐年增加；农田灌溉定额、平均每头牲畜用水量、万元 GDP 耗水量和

GDP 增长率则呈降低趋势，该时期内水污染状况并未成为影响水资源供需分配的制约因素，水资源安全主要受水资源量的丰枯和用水量增加的影响。2008～2013 年 F_1 仍保持增长趋势，增长率为 10%，F_2 明显降低，F_3 呈波动下降态势。从具体评价因素来看，2008～2013 年水资源开发利用率、生活污水排放系数和工业污水排放系数逐年增加，而农田灌溉定额、平均每头牲畜用水量和万元 GDP 用水量持续降低，这表明 2008 年后用水量的增加和水资源开发利用程度的提高对水资源的压力越来越大，并且工业污水和生活污水排放量持续增加，如果不及时采取有效的污染治理和废水回用措施，水资源安全系统将面临巨大挑战。2011 年毕节市水资源安全评价指数出现一个极低值，相比 2010 年下降变幅为 36%，分析认为其原因主要是 2011 年是特大干旱年，水资源总量仅有 68.57 亿 m³，而经济的快速增长伴随的工业用水量和生活用水量突增，工业耗水率和人均生活用水量达到极大值，三大主成分的值分别表现为 F_1 和 F_2 较低，甚至 F_2 表现为负值，而 F_3 较高，综合评价后导致 2011 年毕节市水资源安全评价指数出现 2008 年以来的最低值。

5.3.4 基于集对分析与 SD 模型的水资源安全评价与预测——以贵州省为例[*]

1. 基于集对分析(SPA)的水资源安全评价——以贵州省和各市州为例

1)贵州省水安全时空分异评价

(1)历年动态评价过程中关联度计算。水安全的综合关联度是通过集对分析评价方法计算水资源、水环境与水灾害三个子要素下面的 18 个指标得到的，水资源关联度是计算水资源要素下的 9 个指标(人口自然增长率、城市化率、水资源总量、人均水资源占有量、水资源利用率、用水总量、万元 GDP 耗水量、固定资产投资额、森林覆盖率)得到的，水环境关联度是计算水环境要素下的 5 个指标(污水排放总量、水功能区达标率、水污染事故、工业废水排放达标率、城市污水处理率)得到的，水灾害关联度是计算水灾害要素下的 4 个指标(水土流失率、降水量、石漠化面积比例、水利建设投资)得到的，根据得到的关联度分别确定水安全三个子要素和综合状态的安全等级。这里以贵州省 2005 年为例，其他年份同理。

①贵州省 2005 年水资源关联度：

$$\eta_{2005-W1} = \frac{3}{9} + \frac{1}{9}i_1 + \frac{1}{9}i_2 + \frac{0}{9}i_3 + \frac{4}{9}j, \qquad \eta_{2005-W2} = \frac{1}{9} + \frac{4}{9}i_1 + \frac{0}{9}i_2 + \frac{4}{9}i_3 + \frac{0}{9}j$$

---

[*] 本节内容引用自：

①苏印，官冬杰，苏维词，2016. 岩溶生态脆弱区水安全动态模拟及其演变机制研究. 水土保持通报，36(4)：9-16.

②苏印，官冬杰，苏维词，2015. 基于 SPA 的贵州省喀斯特地区水安全评价研究. 中国岩溶，34(6)：560-569.

③官冬杰，苏印，左太安，等，2015. 贵州省毕节市水资源生态承载力动态变化评价. 重庆交通大学学报(自然科学版)，34(2)：77-84.

④Su Y，Guan D J，Su W C，2017. Integrated assessment and scenarios simulation of urban water security system in southwest of China with system dynamics analysis. Water Science and Technology，76 (9)：2255-2267.

⑤苏印，2016. 贵州省喀斯特地区城市水安全时空分异模拟及评价研究. 重庆：重庆交通大学，(4)：75-75.

$$\eta_{2005-W3}=\frac{1}{9}+\frac{1}{9}i_1+\frac{7}{9}i_2+\frac{0}{9}i_3+\frac{0}{9}j, \qquad \eta_{2005-W4}=\frac{0}{9}+\frac{5}{9}i_1+\frac{1}{9}i_2+\frac{3}{9}i_3+\frac{0}{9}j$$

$$\eta_{2005-W5}=\frac{4}{9}+\frac{0}{9}i_1+\frac{1}{9}i_2+\frac{1}{9}i_3+\frac{3}{9}j$$

②贵州省 2005 年水环境关联度：

$$\eta_{2005-W1}=\frac{2}{5}+\frac{0}{5}i_1+\frac{0}{5}i_2+\frac{0}{5}i_3+\frac{3}{5}j, \qquad \eta_{2005-W2}=\frac{0}{5}+\frac{2}{5}i_1+\frac{0}{5}i_2+\frac{3}{5}i_3+\frac{0}{5}j$$

$$\eta_{2005-W3}=\frac{0}{5}+\frac{0}{5}i_1+\frac{5}{5}i_2+\frac{0}{5}i_3+\frac{0}{5}j, \qquad \eta_{2005-W4}=\frac{0}{5}+\frac{3}{5}i_1+\frac{0}{5}i_2+\frac{2}{5}i_3+\frac{0}{5}j$$

$$\eta_{2005-W3}=\frac{3}{5}+\frac{0}{5}i_1+\frac{0}{5}i_2+\frac{0}{5}i_3+\frac{2}{5}j$$

③贵州省 2005 年水灾害关联度：

$$\eta_{2005-W1}=\frac{1}{4}+\frac{0}{4}i_1+\frac{0}{4}i_2+\frac{0}{4}i_3+\frac{3}{4}j, \qquad \eta_{2005-W2}=\frac{0}{4}+\frac{1}{4}i_1+\frac{0}{4}i_2+\frac{3}{4}i_3+\frac{0}{4}j$$

$$\eta_{2005-W3}=\frac{0}{4}+\frac{0}{4}i_1+\frac{4}{4}i_2+\frac{0}{4}i_3+\frac{0}{4}j, \qquad \eta_{2005-W4}=\frac{0}{4}+\frac{3}{4}i_1+\frac{0}{4}i_2+\frac{1}{4}i_3+\frac{0}{4}j$$

$$\eta_{2005-W5}=\frac{3}{4}+\frac{0}{4}i_1+\frac{0}{4}i_2+\frac{0}{4}i_3+\frac{1}{4}j$$

依据经验取值法，分别取 $i_1=0.5$，$i_2=0$，$i_3=-0.5$，$j=-1$ 代入公式，得贵州省 2005 年水资源关联度为：$\eta_{2005-W1}=0.11$，$\eta_{2005-W2}=0.11$，$\eta_{2005-W3}=0.17$，$\eta_{2005-W4}=0.11$，$\eta_{2005-W5}=0.06$。贵州省 2005 年水环境关联度为：$\eta_{2005-W1}=-0.2$，$\eta_{2005-W2}=-0.1$，$\eta_{2005-W3}=0$，$\eta_{2005-W4}=0.1$，$\eta_{2005-W5}=0.2$。贵州省 2005 年水灾害关联度为：$\eta_{2005-W1}=-0.5$，$\eta_{2005-W2}=-0.25$，$\eta_{2005-W3}=0$，$\eta_{2005-W4}=0.25$，$\eta_{2005-W5}=0.5$。根据最大数原则取数值最大，所以贵州省 2005 年水资源安全等级为基本安全，水环境安全等级为危机，水灾害安全等级为危机，依据上面的计算方法分别计算其他年份的关联度，结果如表 5-21 所示。

表 5-21　贵州省各年份水安全等级关联度（2005～2010 年）

		η_{2005-W}	η_{2006-W}	η_{2007-W}	η_{2008-W}	η_{2009-W}	η_{2010-W}
	W1	0.111	0.056	0.333	0.333	−0.167	−0.167
	W2	0.111	0.111	0.611	0.389	0.222	0
水资源	W3	0.167	0.278	0.444	0.222	0.5	0.167
	W4	0.111	0.333	0.056	−0.056	0.556	0.222
	W5	0.056	0.056	−0.333	−0.111	0.167	0.167
	W1	−0.2	−0.1	0.1	0	−0.3	0.4
	W2	−0.1	0.2	0.4	0.5	0.2	0.3
水环境	W3	0	0.3	0.5	0.6	0.5	0.2
	W4	0.1	0.2	0.4	0.5	0.6	−0.1
	W5	0.2	0.1	−0.1	0	0.3	−0.4

续表

		η_{2005-W}	η_{2006-W}	η_{2007-W}	η_{2008-W}	η_{2009-W}	η_{2010-W}
	W1	−0.5	−0.5	−1	0.125	0	1
	W2	−0.25	0	−0.5	0.375	0.25	0.5
水灾害	W3	0	0.6	0	0.625	0.5	0
	W4	0.25	0.5	0.6	0.375	0.25	−0.5
	W5	0.5	0.5	1	−0.125	0	−1

(2)历年动态评价结果分析。利用 OriginPro 7.5 软件将贵州省水资源、水环境、水灾害子要素在不同年份的安全等级反映出来，如图 5-11 所示。

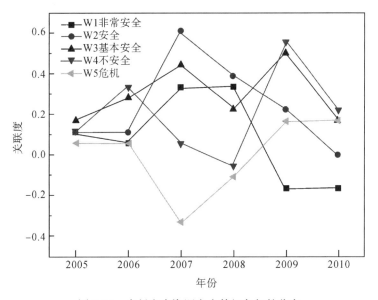

图 5-11　贵州省水资源安全等级各年份分布

从图 5-11，我们可以看出，整个贵州省 2005 年水资源状态为基本安全，2006 年转变为不安全，2007 年上升为安全，2008 年保持安全，2009 年下降为不安全，2010 年依然为不安全。其水资源状态演变规律呈现为：基本安全—不安全—安全—安全—不安全—不安全。在安全、基本安全和不安全三个等级间转变，没有非常安全和危机的状态，表现为较稳定的特性。

图 5-12 显示，贵州省水环境状态 2005～2010 年的演变规律为：危机—基本安全—基本安全—基本安全—不安全—非常安全。同时，从单个安全等级的变化趋势来观察，非常安全和安全的等级趋势在逐渐上升，不安全和危机的等级趋势在下降。因此，水环境状态有逐渐转好的趋势。

图 5-13 反映，贵州省水灾害状态从 2005～2010 年的演变梯次为：危机—基本安全—危机—基本安全—基本安全—非常安全，表现为一定的跳跃性，某一年份加强了抵御水灾害的准备（包括干旱和洪涝），这年就表现为较高的安全度，某年份采取的措施不强，则表现为较低的安全度。因此，水灾害的安全等级具有一定的突变性。

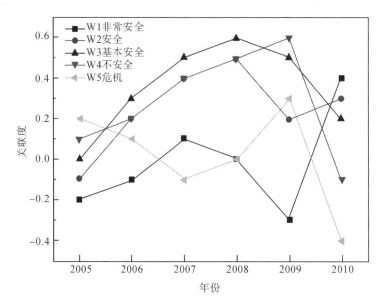

图 5-12　贵州省水环境安全等级各年份特征

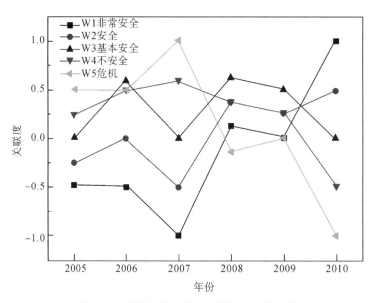

图 5-13　贵州省水灾害安全等级各年份分布

2)各地州市水安全空间分异评价

(1)空间分异评价过程。水安全的综合关联度是通过集对分析评价方法计算水资源、水环境和水灾害三个子要素下面的 14 个指标得到的,这里水资源关联度是计算水资源要素下的 5 个指标(人口自然增长率、城镇化率、水资源总量、人均水资源占有量、森林覆盖率)得到的,水环境关联度是计算水环境要素下的 2 个指标(工业废水排放达标率、城市污水处理率)得到的,水灾害关联度是计算水灾害要素下的 7 个指标(水土流失率、降水量及微、轻、中、强、极强度石漠化面积比例)得到的,根据得到的关联度分别确定水安全三个子要素和综合状态的安全等级。这里以 2012 年贵阳市为例，其他州市同理。

①贵阳市水资源关联度：

$$\eta_{贵阳市-w1}=\frac{0}{5}+\frac{1}{5}i_1+\frac{0}{5}i_2+\frac{1}{5}i_3+\frac{3}{5}j, \qquad \eta_{贵阳市-w2}=\frac{1}{5}+\frac{0}{5}i_1+\frac{1}{5}i_2+\frac{3}{5}i_3+\frac{0}{5}j$$

$$\eta_{贵阳市-w3}=\frac{0}{5}+\frac{2}{5}i_1+\frac{3}{5}i_2+\frac{0}{5}i_3+\frac{0}{5}j, \qquad \eta_{贵阳市-w4}=\frac{1}{5}+\frac{3}{5}i_1+\frac{1}{5}i_2+\frac{0}{5}i_3+\frac{0}{5}j$$

$$\eta_{贵阳市-w5}=\frac{3}{5}+\frac{1}{5}i_1+\frac{0}{5}i_2+\frac{1}{5}i_3+\frac{0}{5}j$$

②贵阳市水环境关联度：

$$\eta_{贵阳市-w1}=\frac{2}{2}+\frac{0}{2}i_1+\frac{0}{2}i_2+\frac{0}{2}i_3+\frac{0}{2}j, \qquad \eta_{贵阳市-w2}=\frac{0}{2}+\frac{0}{2}i_1+\frac{0}{2}i_2+\frac{0}{2}i_3+\frac{0}{2}j$$

$$\eta_{贵阳市-w3}=\frac{0}{2}+\frac{0}{2}i_1+\frac{2}{2}i_2+\frac{0}{2}i_3+\frac{0}{2}j, \qquad \eta_{贵阳市-w4}=\frac{0}{2}+\frac{0}{2}i_1+\frac{0}{2}i_2+\frac{2}{2}i_3+\frac{0}{2}j$$

$$\eta_{贵阳市-w5}=\frac{0}{2}+\frac{0}{2}i_1+\frac{0}{2}i_2+\frac{0}{2}i_3+\frac{2}{2}j$$

③贵阳市水灾害关联度：

$$\eta_{贵阳市-w1}=\frac{3}{7}+\frac{3}{7}i_1+\frac{0}{7}i_2+\frac{1}{7}i_3+\frac{0}{7}j, \qquad \eta_{贵阳市-w2}=\frac{3}{7}+\frac{3}{7}i_1+\frac{1}{7}i_2+\frac{0}{7}i_3+\frac{0}{7}j$$

$$\eta_{贵阳市-w3}=\frac{0}{7}+\frac{4}{7}i_1+\frac{3}{7}i_2+\frac{0}{7}i_3+\frac{0}{7}j, \qquad \eta_{贵阳市-w4}=\frac{1}{7}+\frac{0}{7}i_1+\frac{3}{7}i_2+\frac{3}{7}i_3+\frac{0}{7}j$$

$$\eta_{贵阳市-w5}=\frac{0}{7}+\frac{1}{7}i_1+\frac{0}{7}i_2+\frac{3}{7}i_3+\frac{3}{7}j$$

④贵阳市综合关联度：

$$\eta_{贵阳市-w1}=\frac{4}{14}+\frac{4}{14}i_1+\frac{1}{14}i_2+\frac{2}{14}i_3+\frac{3}{14}j, \qquad \eta_{贵阳市-w2}=\frac{4}{14}+\frac{5}{14}i_1+\frac{2}{14}i_2+\frac{3}{14}i_3+\frac{0}{14}j$$

$$\eta_{贵阳市-w3}=\frac{1}{14}+\frac{6}{14}i_1+\frac{7}{14}i_2+\frac{0}{14}i_3+\frac{0}{14}j, \qquad \eta_{贵阳市-w4}=\frac{2}{14}+\frac{4}{14}i_1+\frac{4}{14}i_2+\frac{4}{14}i_3+\frac{0}{14}j$$

$$\eta_{贵阳市-w5}=\frac{3}{14}+\frac{2}{14}i_1+\frac{1}{14}i_2+\frac{4}{14}i_3+\frac{4}{14}j$$

依据经验取值法，分别取 $i_1=0.5$，$i_2=0$，$i_3=-0.5$，$j=-1$ 代入公式，得贵阳市水资源关联度为：$\eta_{贵阳市-w1}=-0.6$，$\eta_{贵阳市-w2}=-0.1$，$\eta_{贵阳市-w3}-0.2$，$\eta_{贵阳市-w4}=0.5$，$\eta_{贵阳市-w5}=0.6$。贵阳市水环境关联度为：$\eta_{贵阳市-w1}=0.5$，$\eta_{贵阳市-w2}=0.6$，$\eta_{贵阳市-w3}=0.5$，$\eta_{贵阳市-w4}=0$，$\eta_{贵阳市-w5}=-0.5$。贵阳市水灾害关联度为：$\eta_{贵阳市-w1}=0.57$，$\eta_{贵阳市-w2}=0.64$，$\eta_{贵阳市-w3}=0.29$，$\eta_{贵阳市-w4}=-0.07$，$\eta_{贵阳市-w5}=-0.57$。贵阳市综合关联度为：$\eta_{贵阳市-w1}=0.14$，$\eta_{贵阳市-w2}=0.36$，$\eta_{贵阳市-w3}=0.29$，$\eta_{贵阳市-w4}=0.14$，$\eta_{贵阳市-w5}=-0.14$。根据最大数原则取数值最大，所以贵阳市水资源安全等级为危机，水环境安全等级为安全，水灾害安全等级为安全，综合为安全；依据上面的计算方法分别计算其他州市的关联度，结果如表 5-22 所示。

表 5-22　贵州省各州市水安全等级关联度（2012 年）

评价准则		$\eta_{\text{贵阳市}}-W$	$\eta_{\text{遵义市}}-W$	$\eta_{\text{安顺市}}-W$	$\eta_{\text{黔南州}}-W$	$\eta_{\text{黔东南州}}-W$	$\eta_{\text{铜仁市}}-W$	$\eta_{\text{毕节市}}-W$	$\eta_{\text{六盘水市}}-W$	$\eta_{\text{黔西南州}}-W$
水资源	W1	−0.6	0.5	−0.2	0.6	0.6	0.3	0	−0.3	−0.1
	W2	−0.1	0.6	0.3	0.7	0.7	0.8	0.3	0.2	0.2
	W3	0.2	0.5	0.8	0.4	0.4	0.7	0.4	0.3	0.5
	W4	0.5	0	0.7	−0.1	−0.1	0.2	0.5	0.4	0.4
	W5	0.6	−0.5	0.2	−0.6	−0.6	−0.3	0	0.3	0.1
水环境	W1	0.5	0.75	0.25	0.5	0	−0.25	0.5	−0.25	0
	W2	0.6	0.76	0.75	0.5	0.5	0.25	1	0.25	0.25
	W3	0.5	0.25	0.77	0.6	0.5	0.25	0.51	0.75	0.25
	W4	0	−0.25	0.25	0	0.5	0.28	0	0.76	0
	W5	−0.5	−0.75	−0.25	−0.5	0	0.25	−0.5	0.25	0
水灾害	W1	0.57	0.07	0.36	0.29	0.36	−0.21	−0.5	−0.14	0.29
	W2	0.64	0.43	0.57	0.36	0.29	0.29	−0.14	0.21	0.64
	W3	0.29	0.64	0.36	0.29	0.07	0.64	0.21	0.29	0.57
	W4	−0.07	0.29	0.14	0.07	−0.14	0.71	0.43	0.36	0.21
	W5	−0.57	−0.07	−0.21	−0.29	−0.36	0.21	0.5	0.14	−0.29
综合关联度	W1	0.14	0.32	0.14	0.43	0.39	−0.036	−0.18	−0.21	0.11
	W2	0.36	0.53	0.5	0.5	0.46	0.46	0.18	0.21	0.39
	W3	0.29	0.54	0.57	0.36	0.25	0.61	0.32	0.36	0.46
	W4	0.14	0.11	0.36	0	−0.036	0.46	0.39	0.43	0.25
	W5	−0.14	−0.25	−0.14	−0.43	−0.39	0.036	0.18	0.21	−0.11

（2）空间分异评价结果。用 ArcGIS 9.3 软件作为实现工具，将贵州省各州市水安全分为水资源、水环境、水灾害和综合水安全的属性数据输入，得到水资源安全等级划分、水环境安全等级划分、水灾害安全等级划分和水安全综合等级划分，如表 5-23 所示。

表 5-23　贵州省水资源安全、水环境安全、水灾害及水安全综合等级划分

地级行政区	水资源安全	水环境安全	水灾害	水安全综合
贵阳市	危机	安全	安全	安全
遵义市	安全	安全	基本安全	基本安全
六盘水市	不安全	不安全	不安全	不安全
铜仁市	安全	不安全	不安全	基本安全
毕节市	不安全	基本安全	危机	不安全
安顺市	基本安全	基本安全	安全	基本安全
黔西南州	基本安全	不安全	安全	基本安全
黔南州	安全	基本安全	安全	安全
黔东南州	安全	基本安全	非常安全	安全

2012 年，在贵州省各州市水资源安全子系统中，只有省会贵阳市处于危机状态。该子系统主要是从水资源数量供需缺口的角度予以描述的，由于贵阳市是全省工业化城镇化最高的城市，水量供需矛盾较大，贵阳市人均水资源占有量只有 760m³，相比其他州市均高于 1400m³ 的人均占有量，是其他州市的约 50%；遵义、铜仁、黔东南、黔南均处于

安全状态，这也印证了这些州市在水量供应方面满足需求的实际情况；安顺、黔西南为基本安全，水量的供需基本是平衡的；毕节和六盘水是不安全的，水量供不应求，与快速增长的工业需水量有关。具体而言，水资源子系统的安全现状在地理空间格局上表现为：贵州省北部、东部以及东南部是安全的；贵州省中西部、西南部是不安全的甚至是危机的。

2012 年，在贵州省各州市水环境安全子系统中，贵阳和遵义处于安全状态。该子系统主要是从水质优劣的角度给予阐述的，尽管贵阳遵义较其他州市的经济发达，但并没有造成水环境的污染破坏，贵阳和遵义较高的污水回用率和城市污水处理率为水环境提供了保障，这与缪应祺指出的"城市污水集中处理是城市水环境保护的最后一道防线，直接关系城市水环境安全"相一致；毕节、安顺、黔南、黔东南水质是基本安全的，各类水质级别刚好能够达到标准；六盘水和黔西南水环境是相对不安全的，水环境容易受到破坏，应该重点提高城市污水处理率和降低污水排放系数，以满足各类用水对水质质量的要求。水环境子系统的安全现状在地理空间格局上表现为：贵州省中北部是安全的；贵州省东部、东南部、西部和西南部是基本安全和存在安全隐患的。

2012 年，贵州省各州市水灾害安全子系统的状态，主要是从地质地貌、降水对发生水灾害概率的影响角度考虑的。黔东南处于非常安全状态，这里的海拔全省最低，地貌类型主要以碎屑岩或喀斯特低山丘陵洼地平原为主，属于喀斯特地貌发育后期，泥石流滑坡等灾害发生较少；贵阳、安顺、黔南、黔西南是安全的，一是水利设施投入较高，二是土壤侵蚀石漠化的比例低于其他州市；遵义水灾害是基本安全的；铜仁、六盘水是不安全的；毕节处于危机状态，地貌类型以喀斯特高原峰丛峡谷为主，再者人口较多，不合理的劳作，容易发生水土流失，毕节石漠化土壤侵蚀面积重度比例达 10.25%，远高于其他州市，水土流失率也是最高的，可达 58.89%。这在同等降水量的情况下，加剧了水灾害的发生频率。这与史德明指出的"水土流失对洪涝灾害的叠加效应导致在同样降雨条件下，加剧了洪涝灾害的发生频率和灾害程度"是一致的。具体而言，水灾害子系统的安全现状在地理空间格局上表现为：贵州省北部、西部是不安全甚至是危机的；贵州省东南部、西南部和中部是安全的甚至是非常安全的，大致表现出由北向南、由西向东逐渐由不安全向安全转变的趋势。

表 5 23 的贵州省水安全综合等级划分从水量、水环境、水灾害方面综合反映了 2012 年贵州省各州市水安全系统的状况。贵阳、黔东南、黔南的水安全系统状况是安全的；遵义、铜仁、安顺、黔西南的水安全系统处于基本安全状态；毕节、六盘水的水安全系统是相对不安全的。具体而言，水安全综合系统的安全状况在地理空间格局上表现为：贵州省北部、西南部是基本安全的；贵州省西部、西北部是不安全的；贵州省东南部和中部是安全的，大致表现出由北向南、由西向东逐渐由不安全向安全转变的趋势。目前，贵州省各州市水安全系统的综合安全状况共有三种类型，即：安全、基本安全、不安全。相应的，本书将其命名为贵阳模式、遵义模式和毕节模式。

在喀斯特地区（城市）水安全评价指标体系构建的基础上，运用集对分析法对贵州省各市州水安全做了历史时期动态变化评价和空间格局分异评价。当前，贵州省各市州水安全时空分布规律如下。

①在历史时期动态变化评价方面，从 2005～2010 年，贵州省喀斯特地区城市水资源安全状态表现为基本稳定状态，贵州省喀斯特地区城市水环境安全状态表现为逐渐在向良好的趋势转变，而贵州省喀斯特地区城市水灾害安全状态表现出一定的突变性。

②在空间格局分异评价方面，2012 年贵州省各市州水安全综合状态表现出三种安全类型：贵阳模式(安全型)、遵义模式(基本安全型)、毕节模式(不安全型)。a. 贵阳模式(安全型)：贵阳的水安全发展模式是一种在水资源承载力较低的情况下，通过改善提高水环境承载力和抵御水灾害的能力，从而使得水安全综合等级处于安全状态，也就是水生态承载力较高。黔东南和黔南州基本上就是这种模式。b. 遵义模式(基本安全型)：遵义的水安全发展模式是一种在水资源、水环境承载力都较高的情况下，水利设施的建设和抵御水灾害能力相对不足，造成水安全综合等级处于基本安全状态，即水生态承载力水平一般。铜仁市、安顺市、黔西南州基本属于这一类型。c. 毕节模式(不安全型)：毕节的水安全发展模式是一种在水资源承载力和水环境承载力即将出现不安全的情况下，没有及时对恶化的水生态承载力做出积极响应，生态环境的修复尚待努力，同时，社会经济发展遭遇瓶颈，造成水安全综合等级处于相对不安全状态，即水生态承载力较低、抵抗灾害(如干旱)较弱。六盘水市的情况和毕节相类似。

2. 基于系统动力学模型的水资源安全模拟——以贵州省各市州为例

1)城市水安全系统动力学模型构建

基于前面阐述的贵州省喀斯特地区水安全历史时期演变发展规律，以及空间格局的分布特征，本章运用系统动力学模型，对贵州省喀斯特区域(城市)水安全的三种模式分别进行模拟。在计算机上用其专用模拟分析软件 VENSIM 对贵阳模式、遵义模式、毕节模式进行模拟运行，检验其结果与真实历史数据相符程度，并不断对各种模式结构进行改进，当真实历史值与模拟仿真值的相对误差结果达到误差范围内，就可以对贵州省喀斯特区域(城市)水安全未来发展趋势做系统动力学仿真模拟。

(1)区域(城市)水安全系统动力学模型总体结构。贵州省喀斯特区域(城市)水安全系统模型作为一个动态、复杂的系统，涉及的变量因子种类复杂多变，但尚能通过五个基本要素来全面涵盖贵州省喀斯特区域(城市)水安全系统的全部内容，即水资源子系统、水环境子系统、水灾害子系统、人口子系统、经济子系统。根据系统动力学的基本原则和现实情况，各个子系统之间存在着复杂的因果关系，利用系统动力学软件绘制因果关系图反映各系统之间的关系，如图5-14所示。主要反馈回路为：

①经济→＋人口→＋劳动力→＋经济；

②经济→＋用水总量→－水资源→－经济；

经济→＋水资源开发利用率→＋水资源→－经济；

③经济→＋污水总量→－水环境→＋经济；

经济→＋水质达标率→＋水环境→＋经济；

④经济→＋水土流失→＋水灾害→＋经济；

　经济→＋水利建设投入→＋水灾害→＋经济；

　经济→＋水土流失→＋水灾害→＋经济；

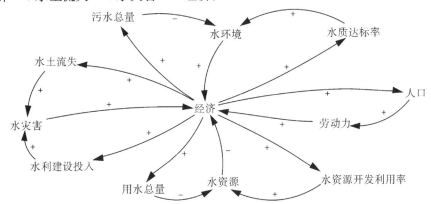

图 5-14　贵州省喀斯特区域(城市)水安全系统反馈回路图

(2)水安全系统动力学子系统分析。水资源子系统的主要研究内容是观察全省水资源量方面的变化，通过研究社会经济的发展对水资源量的改变，进而了解水资源承载力对全省社会经济发展的承载情况。

水环境子系统主要研究贵州省水环境及水质方面的情况，预测未来贵州省水环境及水质变化情况，进而观察水环境承载力对全省社会经济发展的承载情况。

水灾害子系统主要研究洪涝灾害对全省经济社会的影响，随着社会经济的发展，对水利设施的建设加大投入，增强了抵御水灾害的能力，减少经济损失，降低水灾害的风险。

人口子系统在水安全这个巨系统中占有重要地位，人口的数量和素质直接影响社会经济发展水平的"质量"和"数量"，以及对水生态环境产生深远的影响。人口子系统在整个系统的功能主要有以下四个方面：反映了人口对贵州省喀斯特地区水资源量的影响；反映了人口对贵州省喀斯特地区水环境质量的影响；反映了人口对生态环境破坏或改善造成的水灾害影响；并反映了人口对社会经济发展的影响。

经济子系统主要研究的是经济产出与水资源子系统、水环境子系统、水灾害子系统和人口子系统之间的关系。经济建设是社会发展的核心，代表区域社会经济发展水平，经济子系统在整个系统的功能主要有以下三个方面：反映研究地区的经济发展水平；反映经济发展对研究区水资源量的影响；反映经济发展对水环境质量的影响。

(3)水安全动力系统的模型总体流程图(图 5-15)。

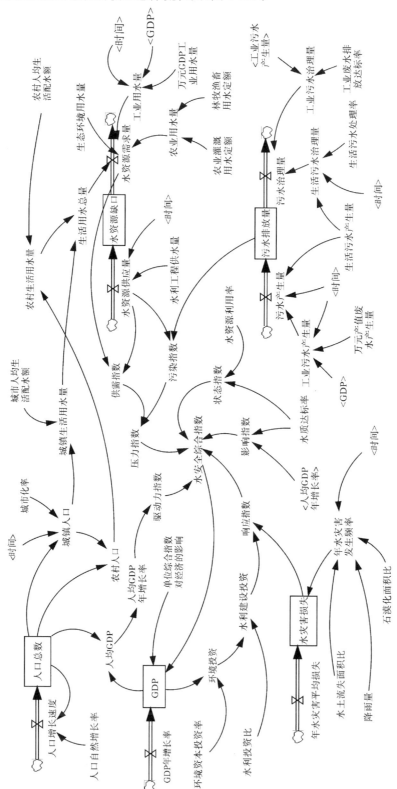

图5-15 水安全动力系统

（4）模型有效性验证。

①历史检验。对模型进行历史检验，将仿真计算出的总人口、GDP 与 2005～2010 年的实际值进行对比验证，发现仿真值和历史值误差均小于 10%（图 5-16、图 5-17），说明模型具有较高的可信度。

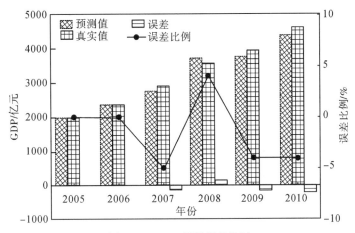

图 5-16　GDP 模拟误差统计

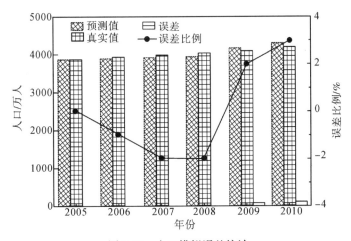

图 5-17　人口模拟误差统计

②灵敏度分析。灵敏度分析是验证模型有效性的重要方法，一个稳定性好且有效的模型应具有较低的灵敏度。灵敏度分析是通过调节模型中的参数，来分析参数变化对模型变量输出结果产生的影响。本书采用灵敏度模型对系统灵敏度进行分析，其公式如下：

$$S_Q = \left| \frac{\Delta Q_{(t)} X_{(t)}}{Q_{(t)} \Delta X_{(t)}} \right| \tag{5-102}$$

式中，t 为时间；S_Q 为状态变量 Q 对参数 X 的灵敏度；$Q_{(t)}$ 和 $X_{(t)}$ 分别为 Q 和 X 在 t 时刻的值；ΔQ 和 $\Delta X_{(t)}$ 分别为 Q 和 X 在 t 时刻的增加量。对于 n 个状态变量（Q_1, Q_2, …, Q_n），任一参数 X 在时刻 t 的灵敏度平均值为

$$S = \frac{1}{n} \sum_{i=1}^{n} S_{Q_i} \tag{5-103}$$

式中，n 为状态变量个数；S_{Q_i} 为 Q_i 的灵敏度；S 为参数 X 对 n 个状态变量的平均灵敏度。

　　因水安全系统中涉及较多参数和变量，只选取系统内较为关键的 6 个参数和 6 个变量，根据其 2005～2010 年的数据进行分析，每次变化其中一个参数(增加 10%)，分析其对 6 个变量的影响。灵敏度分析结果如表 5-24 所示，由表 5-24 可知，只有工业废水排放达标率参数对系统的灵敏度达到 10%，其余参数对系统灵敏度均低于 10%，表明系统对参数的灵敏度较低，稳定性较强。综合历史检验结果，该模型可以用于贵州省喀斯特区域(城市)水安全系统实际模拟。

表 5-24　贵州省喀斯特区域(城市)水安全系统模型中灵敏度误差检验表

	人口自然增长率	GDP 年增长率	工业废水排放达标率	环境资本投资率	生活污水处理率	水土流失面积比
污水治理量	0	0	0.6597	0.0008	0.2853	0.0001
人口总数	0.0064	0.0064	0	0	0	0
GDP	0	0.0145	0.0000	0.0001	0	0.0002
水资源需求量	0.0009	0.0410	0.0000	0.0001	0	0.0064
污水产生量	0	0.0799	0	0.0000	0	0.0000
水利投资比	0	0.1432	0	0.5023	0	0.0001
S	0.0012	0.0475	0.1100	0.0839	0.0476	0.0011

2)区域(城市)水安全系统动力学模型情景模拟

　　(1)贵州省喀斯特区域(城市)水安全系统调控参数的选择。通过分析制约因素，确定模型主要影响因子，对主要影响因子进行参数调节。分析比较不同影响因子变化对系统趋势影响的程度，明确影响水安全系统特征的主要驱动因子。选择水安全系统的 14 个主要参数，分别变化 3%、2%、1%、-1%、-2%、-3%，观察各个参数对水安全综合指数这一变量的影响，从而根据灵敏度斜率确定影响贵州省喀斯特区域(城市)水安全的主要驱动参数(表 5-25)。

表 5-25　各参数对 2025 年水安全综合指数的变化

参数名称	3%	2%	1%	-1%	-2%	-3%	灵敏度斜率
人口自然增长率	0.0001	0.0001	0.0000	0.0000	-0.0001	-0.0001	0.0029
GDP 年增长率	0.0095	0.0053	0.0031	-0.0031	-0.0063	-0.0094	0.3137
农业灌溉用水定额	0.0161	0.0107	0.0054	-0.0054	-0.0107	-0.0161	0.5362
林牧渔畜用水定额	0.0011	0.0007	0.0004	-0.0004	-0.0007	-0.0011	0.0366
城市人均生活配水额	0.0028	0.0018	0.0009	-0.0009	-0.0018	-0.0028	0.0921
城市化率	0.0015	0.0010	0.0005	-0.0006	-0.0010	-0.0015	0.0496
水资源利用率	-0.0029	-0.0019	-0.0010	0.0010	0.0019	0.0029	-0.0972
水质达标率	-0.0140	-0.0093	-0.0047	0.0047	0.0093	0.0140	-0.4660
工业废水排放达标率	-0.0010	-0.0007	-0.0003	0.0003	0.0007	0.0010	-0.0341
生活污水处理率	-0.0007	-0.0005	-0.0002	0.0002	0.0005	0.0007	-0.0234
环境资本投资率	-0.0102	-0.0069	-0.0035	0.0035	0.0071	0.0108	-0.3501

续表

参数名称	3%	2%	1%	−1%	−2%	−3%	灵敏度斜率
水利投资比	−0.0030	−0.0022	−0.0014	0.0001	0.0009	0.0017	−0.0784
水土流失面积比	0.0121	0.0120	0.0045	−0.0051	−0.0173	−0.0176	0.4950
石漠化面积比（中度）	0.0006	0.0004	0.0002	−0.0002	−0.0004	−0.0006	0.0214

经研究分析可知，所有常数参数对 2025 年水安全综合指数的灵敏度都在合理范围之内（小于 10%），模型行为模式并没因为参数的微小变动而出现异常变动，因此，模型是可信的，可以据此进行模拟分析（图 5-18）。14 个常数参数中，人口自然增长率、GDP 年增长率、农业灌溉用水定额、林牧渔畜用水定额、城市人均生活配水额、城市化率、水土流失面积比、石漠化面积比 8 个参数的灵敏度斜率为正，而水资源利用率、水质达标率、工业废水排放达标率、生活污水处理率、环境资本投资率、水利投资比 6 个参数的灵敏度斜率则为负。灵敏度斜率为正值说明参数值的增加将引起 2025 年水安全综合指数的上升，灵敏度斜率为负值则相反。

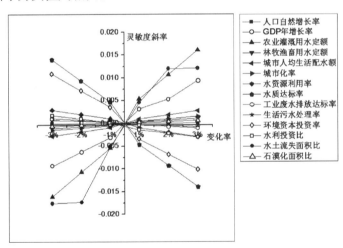

图 5-18　不同影响因子下 2025 年贵州省水安全综合指数的变化

水安全综合指数是驱动力指数、压力指数、状态指数、影响指数和响应指数的代数和的综合反映。综合指数为零，表明水资源系统处于平衡状态，综合指数大于零，水资源变得不安全，综合指数值越大，则代表水资源状态越不安全；综合指数小于零，水资源是安全的，综合指数值越小，水资源状态就越安全。利用灵敏度斜率的正负特性，提高灵敏度斜率为负的参数值，或者降低灵敏度斜率为正的参数值，可以达到降低水安全综合指数的目的，使城市水安全综合状态越来越安全；相反，会使城市水安全综合状态越来越不安全。

从图 5-18 可以形象地看出，这些参数对 2025 年水安全综合指数的影响程度大小（灵敏度斜率绝对值）依次为：农业灌溉用水定额、水土流失面积比、水质达标率、环境资本投资率、GDP 年增长率，其次为水资源利用率、城市人均生活配水额、水利投资比、城市化率、林牧渔畜用水定额、工业废水排放达标率，最小的为生活污水处理率、石漠化面积比、人口自然增长率。灵敏度斜率绝对值越大，说明参数灵敏性越强。即改变灵敏度斜率绝对值大的参数，在参数改变相同比率前提下，比改变灵敏度斜率绝对值小的参数更容易达到影响目的。

利用灵敏度正负特性以及灵敏度斜率绝对值大小特性，我们可以分析得出降低水安全综合指数，保障贵州省喀斯特区域（城市）水安全的途径为：降低农业灌溉用水、人均生活配水，提高水土流失治理面积、水质达标率和环境资本投资率。在下文中，我们将利用这一特点进行政策实验分析。

（2）贵州省喀斯特区域（城市）水安全情景参数的设定。根据以上分析，收集相关资料，在计算机上用系统动力学专用模拟分析软件 VENSIM 对贵州省喀斯特区域（城市）水安全系统模型进行模拟运行，检验模型与实际情况的吻合程度，对存在的问题进行改进，在对历史数据的模拟结果和灵敏度检验达到误差允许的范围之内后，开始对贵州省喀斯特区域（城市）水安全系统进行仿真模拟。本书在得到调控参数的基础上，设定了代表贵州省喀斯特区域（城市）水安全发展的三种模式：贵阳模式、遵义模式、毕节模式，以及调试后的协调型模式，具体相关参数如表 5-26 所示。

表 5-26　不同水安全发展模式情景参数值

参数名称	贵阳模式	遵义模式	毕节模式	协调型模式
农业灌溉用水定额/(10^8m^3)	49.34	29.64	35.58	26.68
城市人均生活配水额/m^3	62.78	32.65	46.00	29.39
水质达标率/%	87.50	81.00	69.20	96.25
环境资本投资率/%	6.50	4.00	2.50	7.15
水土流失面积比/%	32.60	41.70	58.90	29.34
工业废水排放达标率/%	97.20	89.50	80.60	99.14

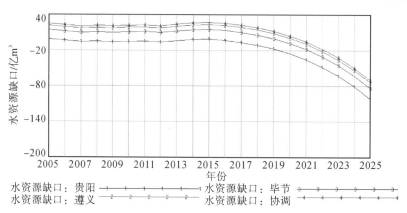

图 5-19　不同模式水资源缺口的变化

（3）贵州省喀斯特地区城市水安全情景模拟特征分析。水资源缺口为水资源供应量与水资源需求量的差值，用来表征水安全系统下的水资源子系统的安全状况。从图 5-19 可以得知，贵阳模式从 2005～2017 年水资源缺口为负值，表示水资源供应量低于水资源需求量，水资源供应不足，缺口较小，但是水资源缺口从 2017 年开始持续增大，增大的速度越来越快，若不考虑黔中水利枢纽工程等增加供水的背景下，到 2025 年贵州省水资源缺口值将达到 102 亿 m^3；遵义和毕节模式从 2005～2017 年水资源缺口为正值，表示水资源供应量高于需求量，水资源供应盈余，但是遵义模式从 2020 年开始变成负值，并逐渐增大；毕节模式从 2019 年开始出现负值并增大；协调型模式下，分别降低农业灌溉用水定额和城市人均配水额 10%，到 2025 年协调型模式水资源缺口比贵阳模式减少了 30%，比遵义模式减少了 4%，比毕节模式减少了 15%，水资源缺口值是最低的，并且延缓了水资源缺口继续增大的这种趋势。

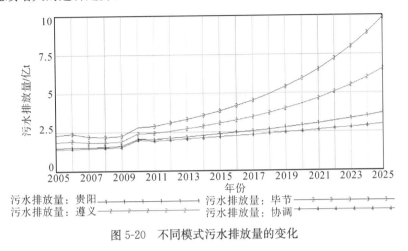

图 5-20　不同模式污水排放量的变化

污水排放量表征水安全系统下水环境子系统的安全状况。从图 5-20 可以看出，从 2011 年开始，贵阳、遵义、毕节三种模式下的污水排放量都在逐渐增大，毕节模式下的污水排放量最多，污水排放的增长速度也是最快，其次是遵义模式，然后是贵阳模式。到 2025 年，贵阳模式下污水排放量为 3.7 亿 t，遵义模式下是 6.6 亿 t，毕节模式下是 9.9 亿 t，在协调型模式下，提高了工业废水排放达标率 2%，排放量为 3 亿 t，协调型模式污水排放量比贵阳模式降低 18.9%，比遵义模式降低了 54.5%，比毕节模式降低了 69.7%，污水排放量是最少的，并且污水排放量的增长速度也是最慢的，是环境友好型的发展模式。

以贵州为中心，包括整个云南、四川南部、重庆、湖南等部分的喀斯特地区，从 2009 年开始出现了连续三年的大旱，造成农作物大量减产和超千万人口用水困难，对当地人民的生产生活造成严重威胁。喀斯特地区频繁大旱、人畜饮水困难的主要原因是西南地区近几年降水偏少和喀斯特地区特殊的地质地貌，但更重要的是与过去很长一段时间在水利工程规划建设和资金投入上受重视不足有很大关系。水利建设投资用来表征水安全系统下的水灾害子系统的安全状况，图 5-21 显示，在 2009 年贵阳、遵义、毕节模式下的水利建设投资均较低。从 2015 年开始，水利投资建设均加大了投资力度，贵阳模式到 2025 年将达到 150 亿元，遵义其次，毕节模式增长最低。在协调型模式下，分别提高环境资本投资率和降低水土流失面积比 10 个百分点，到 2025 年相应的水利建设投资比贵阳模式提高 10%，比遵义模式提高 78.7%，比毕节模式提高 186.2%。

水安全综合指数代表水安全系统的综合安全状态，是水资源子系统、水环境子系统、水灾害子系统的综合反映。图 5-22 显示，贵阳模式下水资源是安全的，到 2018 年综合指数开始大于零，水资源状态出现不安全，逐渐有向不安全发展的趋势；遵义模式下水资源状态是不安全的，水安全综合指数大于零，经历了先上升后下降的趋势，安全级别低于贵阳模式；而毕节模式下的水资源不安全级别高于前两种模式，从 2005 年开始水安全

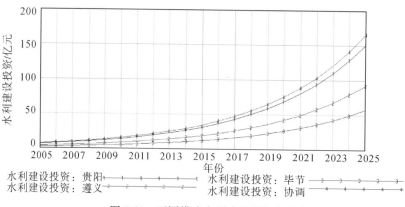

图 5-21　不同模式水利建设投资的变化

综合指数大于零并在不断升高。在协调型模式下,分别降低农业灌溉用水、人均生活配水,提高水土流失治理面积、水质达标率和环境资本投资率,到 2025 年相应的水安全综合指数比贵阳模式降低了 45.5%,比遵义模式降低了 50%,比毕节模式降低了 80.3%,水安全综合指数是四种模式中最低的,水安全系统安全级别是最高的。

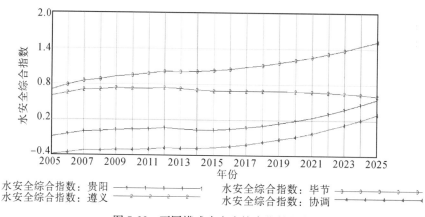

图 5-22　不同模式水安全综合指数的变化

本节首先研究了贵州省喀斯特地区(地州市)水安全系统特征的主要驱动因子,然后对贵州省喀斯特区域(城市)水安全系统调控参数做了选择,之后开始对贵州省喀斯特区域(城市)水安全进行系统动力学仿真模拟。建立了贵阳市城市水安全发展模型、遵义市城市水安全发展模型、毕节市城市水安全发展模型和协调型城市水安全发展模型共四种区域(城市)水安全发展方案,并分析其水安全未来演变趋势如下。

①通过研究灵敏度斜率发现农业灌溉用水定额、水土流失面积比、水质达标率、环境资本投资率、GDP 年增长率,水资源利用率、城市人均生活配水额、水利投资比、城市化率、林牧渔畜用水定额、工业废水排放达标率为贵州省喀斯特区域(城市)水安全主要驱动因子。

②贵阳模式:水资源缺口从 2017 年开始持续增大,增大的速度加快,到 2025 年贵州省水资源缺口值将达到 102 亿 m³;到 2025 年贵阳模式下污水排放量为 3.7 亿 t;到 2025 年全省用于抵抗水灾害、完善水利设施建设的投资将达到 150 亿元。

③遵义模式:从 2020 年开始水资源缺口将会开始出现负值,并逐渐增大;到 2025 年

遵义模式污水排放量要达到 6.6 亿 t；到 2025 年用于抵抗水灾害、完善水利设施建设的投资约 90 多亿元。

④毕节模式：从 2019 年水资源缺口开始出现负值并增大；到 2025 年毕节模式下污水排放量将高达 9.9 亿 t；到 2025 年用于抵抗水灾害、完善水利设施建设的投资约 60 多亿元。

⑤协调模式：到 2025 年协调型模式水资源缺口比贵阳模式减少了 30%，比遵义模式减少了 4%，比毕节模式减少了 15%，并且延缓了水资源缺口继续增大的这种趋势；污水排放量比贵阳模式降低了 18.9%，比遵义模式降低了 54.5%，比毕节模式降低了 69.7%；到 2025 年相应的水利建设投资比贵阳模式提高了 10%，比遵义模式提高了 78.7%，比毕节模式提高了 186.2%。

⑥基于贵州省喀斯特地区城市水安全四种模式下的模拟分析，在协调型模式下，水资源子系统、水环境子系统、水灾害子系统都处于最佳状态，在 2025 年以内，水资源供给基本能够满足社会经济发展的需求，且能够获得最大的经济效益和环境效益。

3. 基于马尔可夫链（MC）的水资源安全评价预测——以贵阳市为例

1）水资源安全评价

根据 PESBR 概念模型构造水资源安全评价因子与评价等级集对分析集合，并进行同一性（f_1）、差异性（$f_2 \sim f_4$）、对立性（f_5）等联系度分析，得到贵阳市 2002～2014 年水资源安全评价指标的联系度，然后，将各指标的联系度与权重相结合，得到贵阳市 2002～2014 年历年水资源安全水平与评价等级的联系度，取 $\lambda = 0.5$ 为界，$H_3 = f_1 + f_2 + f_3 = 0.55 > \lambda$，由置信度准则可以判断 2002 年贵阳市水资源安全为临界安全等级，同理，可以计算出 2002～2014 年贵阳市水资源安全等级（表 5-27）。

表 5-27　贵阳市 2002～2014 年水资源安全等级联系度

年份	f_1	f_2	f_3	f_4	f_5	评价等级
2002	0.299	0.084	0.168	0.149	0.298	临界安全
2003	0.229	0.087	0.219	0.207	0.255	临界安全
2004	0.188	0.116	0.247	0.191	0.255	临界安全
2005	0.219	0.146	0.248	0.112	0.272	临界安全
2006	0.229	0.116	0.262	0.162	0.227	临界安全
2007	0.249	0.147	0.238	0.138	0.225	临界安全
2008	0.310	0.192	0.140	0.128	0.226	较安全
2009	0.252	0.174	0.195	0.118	0.258	临界安全
2010	0.289	0.102	0.236	0.159	0.211	临界安全
2011	0.334	0.094	0.184	0.096	0.289	临界安全
2012	0.476	0.062	0.170	0.089	0.200	较安全
2013	0.262	0.181	0.205	0.116	0.232	临界安全
2014	0.354	0.183	0.133	0.126	0.200	较安全

由表 5-27 可知，贵阳市 2002～2014 年水资源安全等级除了 2008 年、2012 年、2014 年为较安全，其余年份均为临界安全水平，历年水资源安全水平变化较小，且呈现出波

动式上升的趋势, 累计联系度 H_2 和 H_3 与置信度的距离也有逐渐变小的趋势。这表明贵阳市在供水能力和用水效率上有较大提升, 这也是贵阳市生态文明城市建设进程中, 水利设施不断完善, 产业结构不断优化, 生态环境趋于良性循环的结果。计算结果表明, 2002～2008 年、2009～2012 年和 2013～2014 年, 分别以 2004 年、2010 年和 2013 年为分界点, H_2 皆呈现出先上升后下降的过程, 这与贵阳市供水能力相对不足、人口聚集、经济迅速发展、需水量大的水资源利用特征相关, 如 2009～2010 年受西南大旱影响, 水资源缺乏, 导致 2010 年左右全市水资源安全降为临界安全状态。

2) 水资源安全动态预测

水资源利用系统的不确定性和社会经济因素的年际差异性, 导致水资源安全评价指标的历年变异系数值较高 ($Cv = 0.235$), 属于离散时间序列, 符合马尔可夫过程。书中在各指标等级联系度的基础上, 利用马尔可夫链对贵阳市 2015～2020 年水资源安全趋势进行预测。将贵阳市 2015～2020 年水资源安全评价指标等级与权重相结合, 计算出 2002～2003 年、2003～2004 年、…、2013～2014 年等各时段的转移向量, 得到 2002～2014 年水资源安全转移概率矩阵的稳态值(图 5-23)。

$$\boldsymbol{P}_{\Delta t} = \begin{bmatrix} 0.886 & 0.082 & 0.019 & 0.014 & 0 \\ 0.192 & 0.638 & 0.161 & 0 & 0.009 \\ 0.080 & 0.143 & 0.620 & 0.117 & 0.040 \\ 0.030 & 0 & 0.252 & 0.664 & 0.054 \\ 0.009 & 0.009 & 0.023 & 0.059 & 0.900 \end{bmatrix}$$

图 5-23　水资源安全转移概率矩阵

由于 $\boldsymbol{P}_{\Delta t}$ 满足 C-K 方程, 即经过多个 Δt 周期后, $\boldsymbol{P}_{\Delta t}$ 趋于稳定。根据马尔可夫过程的遍历性, 可得到未来年份的贵阳市水资源安全等级联系度的预测值(表 5-28)以及贵阳市水资源安全的稳态联系度: $\eta(X, B) = [0.2006, 0.2001, 0.1999, 0.1998, 0.1995]$, 处于临界安全状态, 与历年贵阳市的水资源安全系统的整体态势吻合。同时将 2002～2010 年作为水资源安全转移概率矩阵模拟年份, 2011～2014 年为验证年份, 从验证结果(表 5-29)可以看出, 多元联系度 H 的预测整体精度较高, 平均相对误差仅为 0.069, 故达到 MC 对贵阳市未来年份的水资源安全状态预测精度要求。

表 5-28　2015～2030 年贵阳市水资源安全预测值

年份	f_1	f_2	f_3	f_4	f_5	评价等级
2015	0.365	0.167	0.155	0.116	0.194	较安全
2016	0.373	0.160	0.164	0.112	0.188	较安全
2017	0.379	0.158	0.167	0.110	0.184	较安全
2018	0.385	0.157	0.168	0.108	0.179	较安全
2019	0.389	0.158	0.168	0.108	0.175	较安全
2020	0.393	0.158	0.168	0.107	0.172	较安全
2030	0.419	0.164	0.168	0.103	0.150	较安全
2050	0.435	0.168	0.168	0.101	0.138	较安全

从表 5-28 可以看出, 2015～2050 年贵阳市水资源安全等级将长期处于较安全状态,

呈临界安全向较安全—安全的过渡趋势。f_1、f_2、f_3 的等级联系度整体上逐年上升，其中 f_1 从 2015 年的 0.365 上升至 2050 年的 0.435，逐渐向置信度 0.5 靠近，说明未来将有更多的水资源安全单一指标向安全等级变化。f_4、f_5 的等级联系度则持续下降，特别是 f_5 的等级联系度下降 0.056，下降率达 28.86%，表明在人为因素的影响下，水资源安全单一指标等级明显上升。

表 5-29　2011～2014 年贵阳市水资源安全水平预测精度验证

年份	预测值					相对误差					平均误差
	H_1	H_2	H_3	H_4	H_5	H_1	H_2	H_3	H_4	H_5	
2011	0.301	0.426	0.639	0.789	0.997	0.098	0.006	0.044	0.114	0.000	0.052
2012	0.314	0.451	0.651	0.792	0.998	0.340	0.162	0.081	0.006	0.001	0.118
2013	0.327	0.470	0.662	0.796	0.998	0.247	0.061	0.022	0.042	0.002	0.075
2014	0.338	0.486	0.673	0.800	0.998	0.045	0.095	0.004	0.006	0.002	0.030

3) 驱动因素分析

根据各个评价准则的加权等级联系度，可识别出贵阳市 2002～2014 年水资源安全等级主要驱动因素类别。结合表 5-28 和图 5-24 可知，贵阳市 2002～2014 年水资源安全等级主要由 P、E、S、B、R 等因素类对 f_1、f_2、f_3 的加权等级联系度决定，对高等级联系度越高，水资源安全等级也越高，反之则越低。同时，从 2002 年以来，贵阳市不安全、较不安全要素类越来越少，安全和较安全的要素类越来越多，特别是 P、E、S、B、R 等 5 个要素类逐渐从不安全、较不安全向较安全、临界安全转变。

通过分析贵阳市 2002～2014 年水资源安全评价指标体系中各个指标的历年变化特征，及其对水资源安全要素类的贡献率，可了解对各类水资源安全驱动因素产生影响的主要因子。

(1) 需水压力 (P)。从需水压力 (P)(图 5-25)来看，2002～2003 年、2008 年、2010 年、2013～2014 年为较不安全等级，其余年份为临界安全等级，呈波动下降趋势，说明在 2002～2005 年以前经济技术相对落后，万元 GDP 耗水量 X_6 平均值达 845m³/万元(图 5-25)，而随着产业结构的调整，新兴低耗产业占比增加，万元 GDP 耗水量降至 2014 年的 176m³/万元，但 2011 年以来人口密度持续性增加至 2014 年的 567 人/km²，导致人均水资源量也由 2002 年的 415m³ 逐步下降至 2014 年的 232m³，生活用水比重 X_4 以年均 20.81% 的增长率上升，促使需水压力 (P)逐渐由临界安全向较不安全转化。从整体来说，贵阳市面临的需水压力将会不断加大，特别是在贵安新区发展城市化水平进程加快，居民生活用水量增加的背景下，城市供水压力会持续上升。

(2) 工程性缺水 (E)。从工程性缺水 (E)(图 5-26)来看，2002～2006 年、2011 年为较不安全等级，2007～2010 年、2012～2013 年为临界安全等级，2014 年为较安全等级，整体由较不安全向临界安全转变的态势。贵阳市虽地处喀斯特丘陵地带，地表水资源调节能力弱，在"十二五"期间黔中水利工程建设中骨干水源工程、引提灌溉工程和地下水开发利用工程建设以来，城市供水缺口 2010 年由缺水 18 万 t/d 降至 2013 年的 9 万～10 万 t/d。全市有效灌溉面积由 2002 年的 46% 提升至 2014 年的 75%(图 5-26)，农田设施对农业发展的满足率不断提高，使工程性缺水状况得到一定的改善，但大中型水库蓄水量

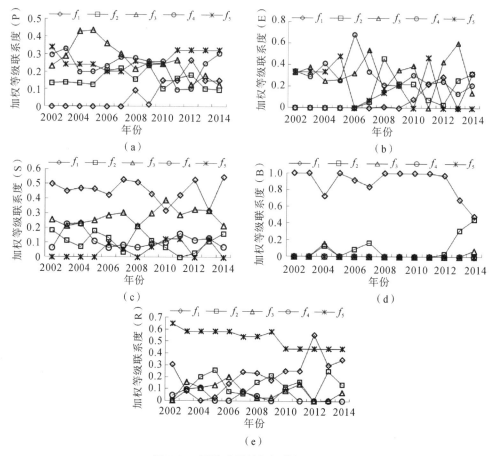

图 5-24　评价准则的加权等级联系度

受降水影响较大，如 2011 年降水量仅 783mm，距平值达 246mm，导致大中型水库蓄水量仅有 23.68 亿 m^3，年末蓄水率为 50.27%，较历年平均值少 9 亿 m^3，严重影响大中型水库蓄水率 X_8；该年份水资源安全等级降低，表明贵阳市仍然属于工程性缺水城市。提引水工程供水比重 X_7 受地表储水量和地形特征的影响较大，一定程度表明贵阳市用水的便利性，其平均值为 33.1%，且变化特征不明显。

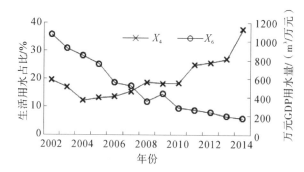

图 5-25　2002～2014 年贵阳市需水压力(P)主要指标变化特征

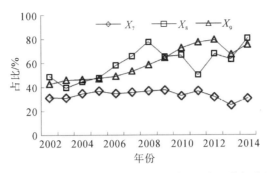

图 5-26　2002～2014 年贵阳市工程性缺水(E)主要指标变化特征

(3)承载状态(S)。从水资源承载状态(S)(图 5-27)来看,除 2010～2011 年受"西南大旱"的影响为临界安全等级,其余年份均为安全或较安全等级。水资源承载状态指标可分成三类。

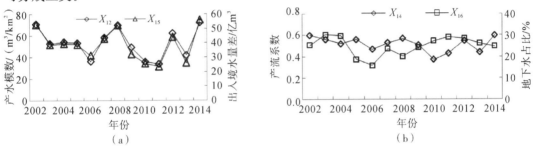

图 5-27　2002～2014 年贵阳市承载状态(S)中主要指标变化特征

①降水特征:贵阳市虽地处亚热带季风气候区,降水总量丰富,但降水的时空变异性也相当显著,特别是降水季节变异性平均指数值为 0.918,相比空间异质性高出 0.804,其出入境水量 X_{15} 也与产水模数 X_{12} 保持显著正相关性［图 5-27(a)］,表明降雨直接决定区域出入境水量差。

②水量特征:贵阳市地形起伏度大,喀斯特地貌广布,导致地表径流密度大,但地表产流系数 X_{14}［图 5-27(b)］介于 0.37～0.6,表明地表径流量较小,较大一部分的地表水直接通过岩溶裂隙、落水洞、竖井等流入地下,导致地下水占比 X_{16} 达 24.91%,接近全国平均水平,地表便于利用的河川径流量较小。

③水质特征:不管是饮用水还是城市地表水,水质皆相对良好,历年水质达标率平均值达 96.43%,其主要原因为贵阳市重工业、高污染企业占比小,水体污染物中的 COD 和氨氮的主要来源于生活污水排放,特别是贵阳市人口密集的中心城区。

(4)生态基础(B)。

由于生态基础(B)(图 5-28)的年际变化较小,故其等级联系度均为安全等级,对水资源安全系统的影响也较小。贵阳市近 10 年以来,持续推进石漠化治理工程和封山育林的相关工作,森林覆盖率 X_{19} 基本呈平稳上升的趋势,使全市石漠化率 X_{20} 持续降低,由 2002 年的 29.87% 降至 2014 年的 16.55%(图 5-28)。而对于输沙模数 X_{21} 来说,其变化幅度较大,主要是受单一禾丰代表站和降水年际变化的影响。

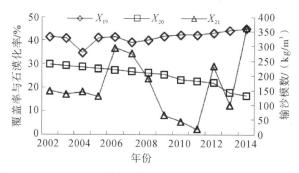

图 5-28 　2002～2014 年贵阳市生态基础(B)主要指标变化特征

（5）人为响应（R）。从人为响应（R）（图 5-29）来看，贵阳市工程性缺水难题一直是困扰全市水资源安全水平提升的关键问题，因此，通过人为响应加强水利工程建设，提升水资源利用效率，合理开发与保护水资源成为保障贵阳市供水的重要途径。贵阳市先后启动实施了水利建设"三大会战"、滋黔水利工程、黔中水利工程、"小康水"行动计划、水利建设"三年行动计划"、水利八大改革、山区现代水利建设示范等一系列水利工作，使得病险水库治理率 X_{22} 接近 100%，水资源开发利用率 X_{27} 也降低至 18.21%。在生态文明建设的驱动下，全市在节能减排成效集中于万元 GDP 污染物减排率 X_{23} 和生活污水处理率 X_{26} 等方面，其中，GDP 污染物减排率平均值达 15.68%，减排成效显著。生活污水处理率年均提升 1.63%，这极大地降低了水体污染物对水源的影响。

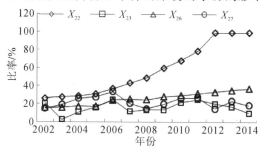

图 5-29 　人为响应(R)主要指标的年际变化特征

综合上述 PESBR 概念模型的各驱动因素分析结果可知，2002～2014 年贵阳市水资源安全等级变化不明显，但各个因素类年际变化显著，整体向安全和较安全等级转变，尤其是工程性缺水（E）和人为响应（R），表明人为活动对贵阳市水资源安全具有重要意义。

5.3.5　基于水服务功能的水生态占用评价——以贵州省为例

1. 水产品账户

2000～2014 年贵州省人均水产品消费的水生态占用总体呈稳步上升的趋势（图 5-30），主要分为两个阶段：2000～2005 年处于缓慢上升阶段；2006～2014 年处于快速上升阶段。这主要是由于近年来随着贵州经济的发展、居民饮食结构的改变，增加了对水产品消费的需求量。在水产品消费的水生态承载力方面，2000～2014 年人均值呈波动状态，无明显的变化趋势，介于 0.0053～0.0071hm² 。历年人均水产品消费的水生态占用均大于水生态承载力，水产品消费处于生态赤字状态，且历年水产品消费的生态压力较大

（图 5-30），尤其 2011～2014 年水生态压力指数剧增，由此表明，贵州省水产品的消费能力远远超过其承载力。

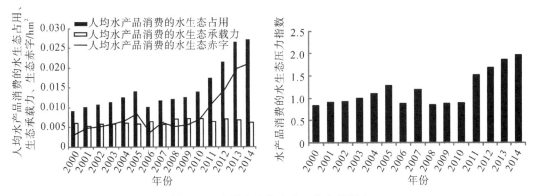

图 5-30　贵州省生物生产—水产品账户

2. 水资源账户

2000～2014 年贵州省人均淡水消费的水生态占用整体呈缓慢上升的趋势（图 5-31），个别年份略有波动，但波动范围不大。在水生态承载力方面，其人均值呈明显波动的趋势，介于 0.2299～0.4405hm² ，变化幅度较大，这主要归因于降水量影响水资源总量的变化，从而影响淡水生态承载力，同时，从图 5-31 也可知：淡水生态承载力与年均降水量变化趋势基本一致。淡水资源处于生态盈余状态，盈余较多且其与承载力的变化趋势一致，表明在水生态占用较小且变化幅度不大的情况下，淡水消费的水生态盈余主要取决于其生态承载力的变化。淡水消费的生态压力较小，贵州省淡水资源处于可持续状态。

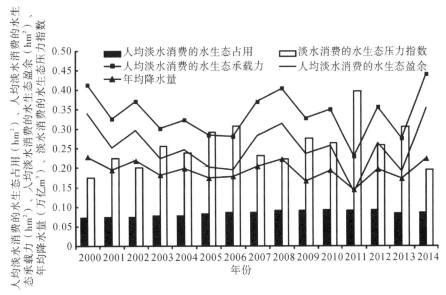

图 5-31　非生物生产—水资源账户

从贵州省历年各类淡水消费的水生态占用变化可知（图 5-32），农业用水消费是其主体部分，虽个别年份略有下降，但总体变化不大；工业用水消费次之，2000～2012 年整体呈逐渐上升的趋势，这主要是为了提高经济发展水平，满足工业发展的需要，但

2012～2014 年呈逐渐下降的趋势，这主要得益于工业用水利用率的显著提高；生活用水消费的水生态占用变化不大，但所占比例呈逐渐下降的趋势，这与人们的节水意识逐渐增强密切相关；林牧畜用水也占有一定的比例，生态环境用水所占比例最小，整体变化不大。

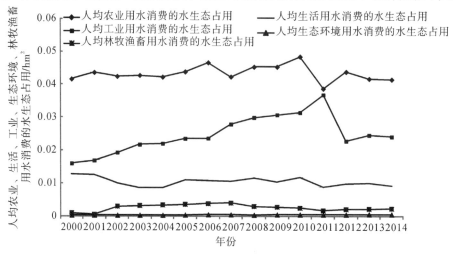

图 5-32　贵州省 2000～2014 年各类淡水生态占用

3. 水环境账户

在消纳有机物污染的水生态占用方面（图 5-33），人均值基本呈逐年增长的趋势，尤

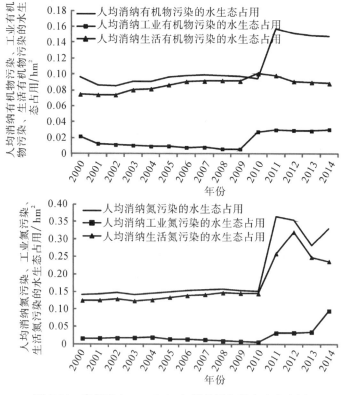

图 5-33　贵州省 2000～2014 年消纳污染的水生态占用

其 2011 年明显大幅度上升。其中，2000~2010 年人均生活账户值呈缓慢上升的趋势，但
2011~2014 年处于下降阶段，表明近年来贵州生活有机物污染有所遏制；人均工业账户
值方面，2000~2009 年呈缓慢下降的趋势，但 2011~2014 年期间急剧上升，这主要是由
于 2010 年以来随着贵州经济的发展，特别是领域化、工业化战略的推进，工业有机物水
污染加剧。在消纳氮污染的水生态占用方面，2000~2010 年人均值变化幅度不大，其中，
人均生活、工业账户值也波动较小，生活账户值呈缓慢增长的趋势，工业账户值呈缓慢
下降的趋势；2010~2014 年人均消纳氮污染的水生态占用波动较大，其中，生活账户值
急剧增长，但 2012~2014 年有下降的趋势，工业账户值有上升的趋势。整体而言，在消
纳污染的水生态占用中，历年人均生活账户值均大于工业，表明贵州生活污染对整体水
污染的影响较大，因此，今后要注重加强生活水污染防治。

　　2000~2014 年人均消纳污染的水生态承载力呈波动变化的趋势，波动范围较小，水
污染处于生态赤字状态，且变化趋势与人均消纳氮污染的水生态占用相同(图 5-34)，说
明贵州省水环境生态压力主要来源于氮污染。历年水污染生态压力指数均较高，2000~
2006 年整体呈增长趋势，随后波动较大，2011 年达到最高值，之后有所下降。虽近年来
贵州水环境有所改善，但从整体上看仍面临着严重的水环境压力，十二五期间贵州区域
水资源的纳污能力已滞后于人们所产生的污染物。

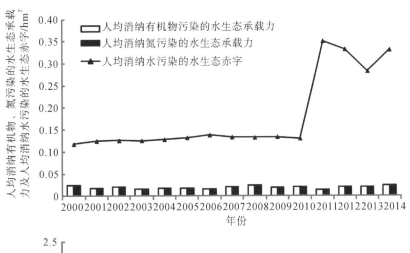

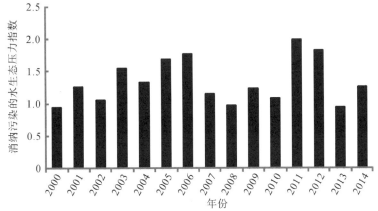

图 5-34　贵州省 2000~2014 年消纳污染的水生态承载力及水生态压力指数

4. 与现有模型的比较与分析

为了便于将本书模型与现有模型的计算结果进行比较分析，将本书的计算结果记为IM，将现有模型一的计算结果记为TM_1，将现有模型二的计算结果记为TM_{2a}（水资源承载力保留12％用来生态环境保护）、TM_{2b}（水资源承载力保留60％用来生态环境保护）。

1) 分类比较

为具可比性，将 TM 模型舍弃均衡因子的计算结果与 IM 模型的结果进行比较，因为TM_2模型的承载力一端仅核算了淡水资源账户，故不能进行分类比较。

由于TM_1中的水产品账户的计算方法及参数取值与 IM 完全相同，故两者的计算结果也完全一样（图5-35）；水资源账户中，IM 中水资源消费的水生态占用与TM_1完全一致，其原因与上述水产品账户相同，但TM_1中的水生态承载力和水生态盈余远大于IM，而其水生态压力指数明显小于IM（图5-36），这主要是由于 TM 中淡水生态承载力公式中含有不该有的产量因子（经计算贵州省水资源产量因子为1.87），从而扩大了该地区水生态承载力。因为TM_1中不包含水污染账户，故不能进行二级账户的比较。因此，从分类比较角度来看，IM 模型除考虑了TM_1模型中水域的水产品生产功能、淡水供给功能，还包含了消纳污染的水环境净化功能，是对贵州省水生态占用、水生态承载力、水生态盈余（赤字）、水生态压力指数更准确全面的核算。

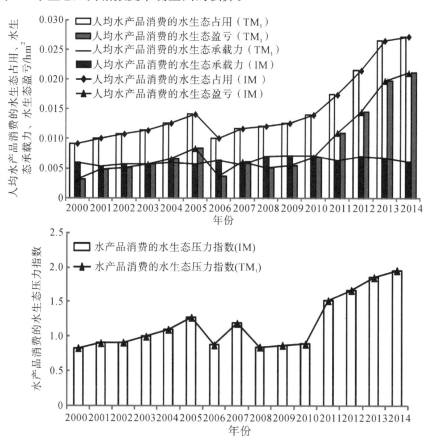

图 5-35　TM_1、IM 模型水产品账户的比较（TM_1模型计算过程中舍弃了均衡因子）

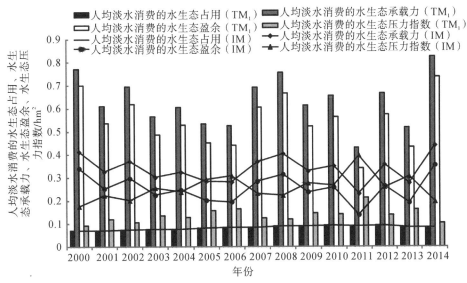

图 5-36　TM$_1$、IM 模型水资源账户的比较(TM$_1$ 模型计算过程中舍弃了均衡因子)

2) 整体比较

水生态压力指数相对于水生态盈余/赤字而言能更好的衡量区域水生态系统所承受的压力状态及水资源的可持续利用状况，因此，选取该指标进行整体比较分析。当 TM、IM 均不考虑均衡因子时，选两者二级账户中最大的水生态压力指数进行比较，其结果为 TM$_1$＜IM[图 5-37(b)]（TM$_2$ 模型由于承载力一端只核算了水资源账户，在此情况下不能与之比较）；若 TM、IM 均考虑均衡因子，两者的水生态占用和水生态承载力为各二级账户之和，此时的结果为：TM$_{2a}$＜TM$_1$＜TM$_{2b}$＜IM[图 5-37(a)]。

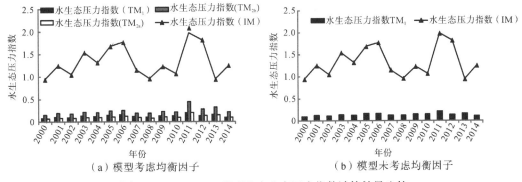

图 5-37　TM$_1$、IM 模型的水生态压力指数计算结果比较

两种比较均表明：IM 模型下贵州省水生态压力较大，现有模型 TM 下的贵州省水生态压力较小。由于现有水生态足迹模型中均衡因子存在前述中的问题，本书认为在水生态占用计算研究中排除均衡因子的比较更具合理性。由于贵州省消纳污染的水生态占用很高，而 TM 没有或只测算其中的很少一部分，因而低估了其消纳污染的水生态占用。同时，TM 高估了该地区的淡水生态承载力(当水资源产量因子大于 1 时，也高估了区域的水资源承载力，经计算贵州省水资源产量因子为 1.87，而分类比较的结果也证明了 TM 中水资源消费的水生态承载力远大于 IM，因而，TM 模型不能全面准确反映研究区

水生态系统的承压状态及水资源可持续利用状态和程度),故 IM 的测算结果更符合该地区的实际情况。

基于生态系统供给及净化服务功能的水生态占用模型丰富了水生态占用的理论基础,并将其划分为生物生产和非生物生产的水生态占用,核算内容较为完整,克服了传统基于生物生产视角的水生态占用的明显缺陷,为水生态占用、水生态足迹的研究提供了另一新思路;分别核算了水产品、水资源、水环境账户,能够明确揭示贵州省水生态系统供给及净化服务功能的可持续状况;该模型对现有模型进行修正,相对客观地反映了区域消纳污染的水生态占用及淡水消费的水生态承载力;不考虑均衡因子和淡水消费的水生态承载力计算公式中的水资源产量因子,并以最大水生态压力指数代替简单式相加(通过均衡因子)来评价区域水生态系统所承受的压力状态具有合理性;该模型与现有模型的分类、整体比较也表明了该模型的科学性和有效性。

5.3.6 基于水生态系统服务功能修正的水资源环境系统价值评价——以贵州省为例

1. 喀斯特区修正系数

依据水资源-环境系统服务功能修正因子(表 5-30),得到不同行政单元的水环境、水量修正系数,其中,喀斯特修正系数 W_k=(0.134、0.200、0.267、0.334、0.067);水环境修正系数 W_{we}=(0.077、0.153、0.308、0.461);计算复合型服务功能修正系数时,将喀斯特发育强度和地表水环境的因子进行依次叠加平均即可(表 5-31),其水量型、水质型和复合型修正系数平均值分别为 0.81、0.86 和 0.84,各修正系数与各地州水循环特征、水环境质量基本吻合,故取值相对合理。

表 5-30 水资源-环境系统服务功能修正因子

行政分区	喀斯特发育强度/%					地表水环境状况/%			
	弱发育	中等发育	较强发育	强烈发育	非喀斯特	≥II 类	III 类	IV 类	≤V 类
贵阳	5.46	—	79.63	—	14.90	65.3	—	1.0	33.7
遵义	—	—	65.77	—	34.23	73.4	13	13.6	—
六盘水	—	22.97	40.21	—	36.82	55.6	44.4	—	—
安顺市	21.71	36.96	7.18	5.35	28.51	81.4	7.5	8.6	2.5
毕节	—	47.25	26.01	—	26.74	97.8	—	—	2.2
铜仁	—	—	60.56	—	39.44	50.2	1.1	47.9	0.8
黔南州	19.31	5.08	—	57.01	18.59	90.2	—	7.2	2.6
黔西南州	—	10.79	5.37	44.16	39.68	91.3	—	8.7	—
黔东南州	0.79	—	22.54	—	76.67	60.9	—	—	39.1

注:表中"—"代表该数值为空或为零。

表 5-31 贵州省各地州市各项水资源-环境系统服务功能修正系数

行政分区	贵阳市	遵义市	六盘水市	安顺市	毕节市	铜仁市	黔南州	黔西南州	黔东南州
水量型	0.78	0.80	0.85	0.89	0.87	0.81	0.67	0.71	0.89
水质型	0.78	0.93	0.96	0.93	0.96	0.83	0.94	0.95	0.75
复合型	0.78	0.87	0.90	0.91	0.91	0.82	0.80	0.83	0.82

2. 评价结果与分析

依据修正前后水资源-环境系统服务功能价值量(表 5-32)比较可知,修正后各地州市各项服务功能价值量融入了水质、水量等属性,其差异系数也由 0.49 缩小至 0.46。从各地州市的各类服务功能价值量排序可知:生态系统维持($C1$)功能价值修正后,贵阳市与毕节市的排序调换,因为毕节市虽石漠化面积大,但总体森林覆盖面积达 1935 万亩,同比贵阳市多 1392 万亩,生态系统维持的价值量较大;生态产品供给($C2$)价值修正后,黔南州与毕节市的调换,两地区总用水仅相差 0.43 亿 m^3,但毕节市工业用量是黔南州的 1.79 倍,且该市位于赤水河上游珍稀鱼类保护区,故毕节市的生态产品供给($C2$)价值应当高于黔南州;景观休闲与旅游($C4$)价值修正后的排序,仅黔南州与黔东南州调换,缘于黔东南州近年来旅游产业的发展,一大批水域旅游景区(剑河温泉、舞阳河景区)建设,旅游产业价值快速攀升,年均增长率达 20% 以上,因此,黔东南州的景观休闲与旅游($C4$)价值应高于黔南州,综上所述,修正后的价值量,弥补了原始明显不合理的排序误差,与实际水资源-环境系统状况的吻合度增加,评价结果更加科学。

通过对贵州省各地州市水资源-环境系统服务功能价值进行修正(表 5-32)得到,全省水资源-环境系统服务功能中生态系统维持价值为 4.55×10^8 元,主要价值在于陆地生态系统维持和用水量供给,尤其是森林覆盖区的生态用水量;生态产品供给价值为 350.54×10^8 元,在用水量提供中以农业、工业用水为主,两者占比达 74.36%,尤其是低用水效率的农业;水文调蓄与能源利用的价值侧重地表-地下水资源蓄积量,两者调蓄价值总量达 529.1×10^8 元,为各类功能价值量之最;另外,水力发电价值量也有 170.2×10^8 元,是航运价值的 1.89 倍,充分说明地表起伏度大的喀斯特山区水力资源丰富,但河道弯曲、狭窄,航运条件差;喀斯特山区水域景观结合多样化自然、文化旅游资源,使其旅游价值量达到 360×10^8 元;环境调节与净化功能价值则以气候调节和水质净化为主,受地表蒸发显著的影响,全省气候调节价值量为 609.37×10^8 元,也与贵州年均气温相对较低的现象吻合,水质净化则受生活、农业污水直接排放的影响较大,导致水质净化价值亦达 114.61×10^8 元。

表 5-32 贵州省修正前后的水资源-环境系统服务功能价值量及其排序

行政分区		贵阳市	遵义市	铜仁市	黔西南州	黔南州	黔东南州	六盘水	毕节市	安顺市
生态系统维持($C1$)	修正前	0.71	1.19	0.53	0.32	0.65	0.82	0.40	0.70	0.28
	排序	3	1	6	8	5	2	7	4	9
	修正后	0.55	0.96	0.43	0.26	0.50	0.73	0.33	0.57	0.23
	排序	4	1	6	8	5	2	7	3	9

续表

行政分区		贵阳市	遵义市	铜仁市	黔西南州	黔南州	黔东南州	六盘水	毕节市	安顺市
生态产品供给(C2)	修正前	43.52	90.26	39.69	33.12	47.07	60.28	32.63	45.17	36.43
	排序	5	1	6	8	3	2	9	4	7
	修正后	33.64	73.41	32.20	27.08	36.63	52.25	26.96	37.47	30.90
	排序	5	1	6	8	4	2	9	3	7
水文调蓄与水力航运(C3)	修正前	38.25	201.41	133.16	126.81	128.49	184.74	29.69	79.50	45.69
	排序	8	1	3	5	4	2	9	6	7
	修正后	29.48	161.53	108.18	100.24	97.85	164.03	24.42	65.07	38.43
	排序	8	2	3	4	5	1	9	6	7
景观休闲与旅游(C4)	修正前	115.80	61.01	27.02	16.03	47.33	43.09	8.44	34.77	42.02
	排序	1	2	7	8	3	4	9	6	5
	修正后	89.23	48.93	21.95	12.67	36.04	38.26	6.94	28.45	35.35
	排序	1	2	7	8	4	3	9	6	5
环境调节与净化(C5)	修正前	106.22	252.14	77.18	92.79	87.92	112.15	55.50	80.83	45.30
	排序	3	1	7	4	5	2	8	6	9
	修正后	82.23	202.42	62.64	74.34	68.44	98.09	47.89	68.08	38.55
	排序	3	1	7	4	5	2	8	6	9

1)生态系统维持

修正结果表明,遵义市、贵阳市生态用水量价值分别为 0.5×10^8 元和 0.46×10^8 元,价值占比之和达全省的 43.50%(表 5-32、图 5-38),而其余地州市均低于 0.3×10^8 元,其主要原因在于遵义市林草地覆盖面积为全省最大,贵阳市城市人工生态系统则以 111.15km² 远超过其他城市的绿化面积,其中对陆地生态系统的维持价值(林地)以黔东南州和遵义市居多,两者价值占比分别占全省的 18.86% 和 21.59%,因为两地区的林地面积大,森林覆盖率高。而水域生态系统受河流干流的水域面积影响较大,特别是赤水河和乌江干流流经的遵义市,仅该市水生态系统价值就达 0.02×10^8 元,价值占比就达 44.92%。

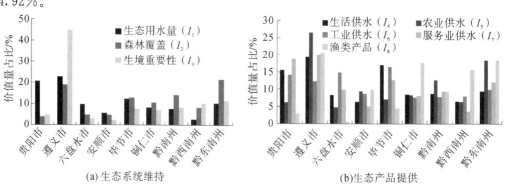

(a) 生态系统维持　　　　　　　　(b) 生态产品提供

图 5-38　各地州生态系统维持和生态产品供给价值量占比

2）生态产品供给

从各部门水资源利用特征可以看出，工业相对发达或工业用水效率低下的地区工业用水量均超过农业用水量（图5-38），如六盘水市和毕节市，其余地区均以农业用水量为主，如遵义市农业用水量为 $14.26\times10^8m^3$，超过工业用水量的3.58倍，其农业用水量价值也达到 26.53×10^8 元，占全省农业用水价值量的26.53%，这也是其作物种植面积达 $12943.4km^2$ 超过了全省各地州市平均值的1.09倍的结果。另外，渔类产品价值也是水域面积较大的遵义市、黔东南州和黔西南州的占比大，三者价值量分别为 7.84×10^8 元、5.88×10^8 元和 6.99×10^8 元。由此可见，决定生态产品供给价值量的关键在于水资源的利用情况，因此，其利用量越大，代表价值量也越大。

3）水文调蓄与能源利用

地表喀斯特越发育，则地表水资源漏失越严重，单位面积地下水资源量则越大，但对于非喀斯特地区，由于土层厚度大，岩土层吸水能力强，使得地下水资源量丰富。例如，喀斯特最为发育的黔南州地下水资源产水模数达 $6535.07m^3/km^2$，超过喀斯特面积大的其他地州市，而非喀斯特地区为主的黔东南州地下水产水模数竟达 $7636.97m^3/km^2$，两者对应的地表-地下水资源调蓄总价值分别为 91.13×10^8 元、132.98×10^8 元。全省水力航运价值也集中于乌江中下游的遵义市、铜仁市以及南北盘江流径的黔西南州。其中，水力发电量最大的是遵义市，其价值量占比为52.69%（图5-38），如总装机63万 kW·h 年发电量达33.4亿 kW·h 的乌江水电站，其次为黔西南州水力发电为 43.02×10^8 元，但占比仅为25.28%，航运价值量则以铜仁市为主，其价值量为 42.76×10^8 元，占比将近全省航运价值量的一半。

4）景观休闲与旅游

水体旅游资源往往分布于水域形态奇特、水域面积大、水质良好的河湖水库，但景观休闲与旅游价值的评价还受区域旅游资源开发条件、配套旅游设施、区域地理位置等因素影响。贵阳市依托省会城市的交通等设施优势，景观休闲与旅游价值量总计 89.23×10^8 元，属全省价值量最高的地区（占比为28.08%），其次为景观休闲与旅游价值量为 48.93×10^8 元的遵义市，相应占比仅有15.39%，约为贵阳市的一半（图5-39）。

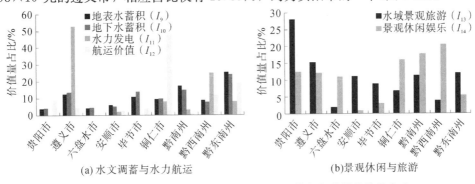

图5-39　各地州水文调蓄与水力航运、景观休闲与旅游价值量占比

5）环境调节与净化

从各地州市环境调节与净化价值结构（图5-40）可以发现，气候调节与空气净化价值量集中于遵义市，两者价值量占比分别为32.61%和43.54%，其余各地州市占比基本上

不足10%；六盘水的水质净化价值占比为全省最高，为26.13%，而其他各地州市的平均值却仅有9.23%；河道输沙价值量相对均衡，最大价值量占比为毕节市(18.29%)，最小价值量占比的地区为贵阳市(6.16%)；石漠化治理价值则主要体现在石漠化比较严重的黔西南州、黔南州、毕节市，三者价值量占比依次为25.82%、25.19%和22.04%。综上所述，水资源-环境系统的调节与净化价值主要体现在水域面积较大的遵义市和生态环境比较脆弱的毕节市、黔南州和黔西南州。

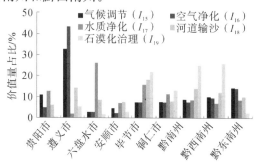

图 5-40　各地州市环境调节与净化价值量比重

3. 结论与讨论

(1)贵州省水资源-环境系统的服务价值量不仅地州市差距较大，且同一地区的不同服务功能的价值量、占比差异也很明显。遵义市的水资源-环境系统的服务价值总量达487.23×10⁸元，属于全省价值量最大的地州，且主要由水力发电、空气调节、地表水蓄积功能价值构成，但价值量占全省比例达45%的为生境重要性和水力发电功能。而价值量最小的地州为六盘水市，其价值总量仅有106.54×10⁸元，全市水力发电、航运价值占全省比例均不足0.1%，仅水质净化价值占比达26.13%，也是全市价值量最大的服务功能项目。

(2)水资源-环境系统的服务价值量主要取决于区域对水资源量的蓄积、利用状况和水域面积及水域旅游景观开发，且各项服务功能价值量差异较大，如贵州省空气调节价值达609.37×10⁸元，为各项服务功能价值量最大的项目，其次为地表水资源蓄积和水域景观旅游价值量，分别只有443.64×10⁸元和316×10⁸元。另外，水资源-环境系统的服务价值量受评价方法和系数的影响也较大，且区域对水资源-环境系统的利用率越高，则价值量就越大，其最小值为毕节市，仅74.35×10⁸元，最大值为贵阳市，达292.65×10⁸元，是毕节市的3.93倍，说明水资源-环境系统对社会经济的发展和生态系统的稳定性都具有不可替代的价值。

(3)常规的水生态系统价值量评价方法多认为水生态服务功能与水环境质量无关，不考虑水质对水资源服务功能的影响，使评价结果过于理想化，与实际状况存在较大偏差。本书结合喀斯特发育强度和水环境特征，采用AHP法确定修正系数，对水资源-环境系统的生态服务功能价值量进行修正，通过定性与定量结合(排序)的方法对修正后价值量进行排序验证，发现修正后的数值更切合实际情况，使得评价结果更加科学合理。但评价结果与实际水资源-环境系统的严密的数理验证目前暂无权威的验证方法，且大部分研究缺乏验证，直接套用国内外其他地区的功能评价系数，对于系数的合理性缺乏探讨，尤其是喀斯特特殊水文地质与生态环境区，因缺乏服务功能价值评价的统一系数，导致不同系数计算得到的水资源-环境系统服务功能价值差异显著，这个问题有待于进一步深入的校正。另外，由于本次评价涉及的数据量庞大，部分缺值数据则采用全省平均值代替，难免造成一定的偏差。因此，对于修正系数、插值数据以及修正后的价值量，其取值的合理性需要进行验证，这也是本书需要进一步深入的方向。

5.3.7 城市水资源承载力评价与情景模拟——以遵义市为例*

从遵义市现状出发，利用系统动力学方法，综合社会、经济、环境、水资源四方面，构建遵义市水资源承载力系统动力学模型，并对未来水资源进行预测。

1. 研究区概况

1) 自然地理概况

(1) 地理位置。遵义市位于中国西南部、贵州省北部、云贵高原东北部，素有"黔北高原"之称，地处东经 $105°36'\sim108°13'$，北纬 $27°08'\sim29°12'$。北面与重庆市接壤，南面与贵阳市接壤，东面与铜仁市和黔东南苗族侗族自治州相邻，西面与四川省交界。截至 2015 年，全市总面积为 30762 平方公里，共包括红花岗区、汇川区、仁怀市、赤水市、遵义县(现播州区)、桐梓县、绥阳县、湄潭县、凤冈县、余庆县、习水县、正安县、道真县、务川县等 14 个县(市、区)。

(2) 地形地貌。遵义市地处云贵高原向湖南丘陵和四川盆地过渡的斜坡地带，境内地势起伏大，地貌类型复杂。全市在第二级阶梯上，海拔一般在 $1\sim1.6$km。大娄山山脉是区域内的主要骨架，西起毕节地区，东北延伸至四川省境，既是乌江水系与赤水河的分水岭，又是贵州高原与四川盆地的分界山脉。全市山地面积占 61.9%，丘陵占 30.7%，山间平坝占 7.4%。根据成因，全市地貌分为溶蚀地貌、溶蚀构造地貌和侵蚀地貌，其中以溶蚀地貌和溶蚀构造地貌分布最广，约占全市土地面积的 75%。

(3) 气候概况。遵义市属亚热带季风气候区，年均气温 14.7℃，终年温凉湿润，冬无严寒，夏无酷暑，雨量充沛，日照充足。年均降水量为 1200mm，年平均相对湿度在 82%左右，年平均蒸发量为 1150mm。遵义市冬季、秋末、春初，受西伯利亚南下冷空气影响，风向多为偏北风，因地貌复杂多变，地面风主要是东北风，从春末至夏季，西太平洋暖湿气流北向西伸，南下冷空气变暖减弱，主要风向为偏南风或东南风。

2) 社会经济概况

(1) 人口。根据遵义市统计年鉴资料，2005 年户籍人口达 725.50 万人，其中乡村人口 616.72 万人，城镇人口 108.78 万人，城镇化率为 28.21%。年末全市就业人员达 419.93 万人，其中城镇就业人员为 51.34 万人。2005 年遵义市年末常住人口有 602.55 万人。

(2) 资源储备。遵义市内已探明的矿产有 60 多种。其中 15 种藏量居贵州省首位，煤、锰、铝土、汞、硫铁矿有"五朵金花"之称。全市 1500m 深度以上的煤炭资源总储存量在 257.61 亿 t 以上，在全省仅次于六盘水市和毕节地区。铝土矿已探明储量和工业保有量居全国同类地区第二、矿石质量居全国之首。探明有硫铁矿 3.27 亿 t、锰矿 5399 万 t、

* 本节内容引用自：
朱玲燕，2016. 基于系统动力学的典型喀斯特地区水资源承载力评价研究. 贵阳：贵州大学.

镓矿 4609.6 万 t、页岩 2178.5 万 t 等。

素有"黔北粮仓"之称的遵义市，粮食产量占全省总量的 1/4。主要供酿酒用的高粱种植面积占全省种植面积的 50%，产量占全省的 60%，油菜籽产量占全省 1/3。遵义是全国三大优质烟区之一，同时也是全国楠竹七大主产区之一。市内药用植物五倍子占全省产量的 1/5、全国产量的 1/6。赤水金钗石斛是国内唯一获得国家地理标志保护的石斛品种。道真洛龙产的党参，位列全国党参前三名，与潞党、汶党齐名。盛产朝天椒的绥阳县，被誉为中国辣椒之乡。

(3)经济状况。遵义市坚持以经济建设为中心，提升产值总量效益，优化经济产业结构。根据《2005 年遵义市国民经济和社会发展统计公报》，遵义市生产总值达 402.32 亿元，其中第一产业 104.44 亿元、第二产业 152.61 亿元、第三产业 145.27 万元，三者占生产总值的比例分别为 26.0%、37.9%、36.1%。

遵义市加大投入农业产业化发展，提升农业生产能力，保证农业经济稳步发展。2005 年全年耕地面积达 $391.106 \times 10^3 hm^2$，其中有效灌溉面积为 $146.665 \times 10^3 hm^2$，粮食产量为 321.65 万 t。全市农林牧渔业总产值为 167.1405 亿元，其中农业产值为 93.1645 亿元。

3)水资源概况

(1)河流水系概况。遵义市是贵州省水能资源较丰富的地区之一。其河流均属长江流域，以大娄山山脉为分水岭，分为乌江、赤水河和綦江三大水系。全市有水流的河长共 9148.5km，河网密度为 $0.3km/km^2$，有 416 条集雨面积大于 $20km^2$ 的河流。其中乌江、赤水河两条干流，均有航行之利，内河航程为 441km，直通长江。区域内河流多属雨源性河流，如连续多日不下雨，相当部分河流就会出现流量大减，少部分河流甚至出现干涸断流，导致最大洪峰流量是最小流量的 671~1898 倍。

(2)水资源量。参考遵义市水资源公报等，2005 年全市平均降水量为 998.3mm，折合降水量为 307.1 亿 m^3，与多年平均降水量为 331.3 亿 m^3 相比较减少了 7.3%，属于平水年。且降水量地域分布不均，最大值发生在赤水市大同镇，为 1468.7mm，年降水量最小值位于遵义县泮水镇，只有 685mm。

全市地表水资源量为 160.2 亿 m^3，折合年径流深 520.8mm，比多年均值减少 7.1%，径流系数为 0.522，产水模数为 52 万 m^3/km^2，属于平水年。全市 14 个县市区的径流深大多在 450~600mm，其中道真、正安、务川、桐梓径流深超过 570mm，而余庆县为最小值，径流深 452.2mm。

全市地下水资源量为 43.40 亿 m^3，其中遵义县为最大，地下水资源量有 5.696 亿 m^3，其次是桐梓县 4.296 亿 m^3，最小是红花岗区 0.866 亿 m^3。

全市人均占有水资源量为 2208m^3。全市大中小型水库年末蓄水量比年初蓄水量增加 0.4854 亿 m^3。2005 年平水年的遵义市各区县水资源具体数据如表 5-33 所示。

表 5-33 2005 年遵义市水资源状况表

行政分区	年降水量 /mm	地表径流深 /mm	地下水资源量 /亿 m^3	水资源总量 /亿 m^3	人均水资源量 /m^3
红花岗区	1023.3	529.7	0.866	3.222	643

续表

行政分区	年降水量 /mm	地表径流深 /mm	地下水资源量 /亿 m³	水资源总量 /亿 m³	人均水资源量 /m³
汇川区	966.5	487.7	0.990	3.384	1072
遵义县	846.8	469.9	5.696	19.29	1668
桐梓县	974.9	575.3	4.296	18.35	2762
绥阳县	971.3	557.8	3.846	14.31	2796
正安县	1004.4	586.9	3.941	15.23	2522
道真县	1131.1	580.5	3.280	12.52	3809
务川县	1118.5	578.0	4.218	16.03	3756
凤冈县	1034.7	486.6	2.730	9.162	2209
湄潭县	1033.0	466.6	2.640	8.608	1814
余庆县	946.6	452.2	2.320	7.369	2624
习水县	872.0	498.5	4.017	15.59	2317
赤水市	924.3	470.6	2.290	8.477	2856
仁怀市	829.1	485.9	2.268	8.689	1432
全市	998.3	520.8	43.40	160.2	2208

（3）水质评价。2005 年遵义市监测 6 条主要河流的水质，并设置水环境监测站点 11 个。依据《地表水环境质量标准》（GB3838—2002），以全年期、丰水期、枯水期的平均值作为评价值，并利用单指标法区分水质，结果用河长表示。

遵义市全年期、汛期和非汛期评价河长 955km，其中Ⅱ类评价河长占总评价河长的 83.8%，其主要超标项目是氨氮、总磷、化学需氧量等。全年监测的北郊、南郊水库水质指标达到使用功能规定的水质标准，汛期和非汛期水质均为Ⅱ类水。

（4）用水结构。2005 年全市总用水量为 18.76 亿 m³，包括农田灌溉用水、牲畜用水、工业用水、生活用水。农田灌溉用水为 9.8282 亿 m³，占总用水量的 52.5%；牲畜用水 0.9537 亿 m³，占总用水量的 5.1%；工业用水 5.4330 亿 m³，占总用水量的 29%；生活用水 2.365 亿 m³，占总用水量的 12.6%；另外，城镇公共用水 0.0894 亿 m³，生态环境用水 0.0597 亿 m³。

2. 评价模型——系统动力学

系统动力学是评价预测水资源承载力的常用方法之一。本节引用系统动力学模型模拟遵义市不同方案下的水资源承载力状况，从而制定最优的发展政策。本节主要从遵义市的实际情况出发，确定研究时间，选择变量因素，绘制流图，构建系统模型，检验校正模型，评价结果等。

1）系统动力学模型建立

遵义市水资源承载力系统是比较复杂的系统，既包含水资源、社会、生态系统中的影响因素，又包括各个因素间的反馈关系。因此，只将影响水资源承载力的关键因素划定在系统边界之内，而忽略关联较小的因素。本书利用 Vensim PLE 软件进行遵义市水资源承载力模拟，模拟时间边界是 2005～2030 年，其中 2005～2014 年为建模与检验校正阶段，而 2015～2030 年为预测与模拟决策阶段，以 2005 年为基准年，模拟时间间隔为一年。

2）系统结构及因果关系

（1）系统结构。遵义市水资源承载力系统动力学模型涉及的变量因素种类繁多，基本涵盖了水资源、社会经济、生态环境三方面。遵义市水资源承载力结构可以划分成5个子系统（图5-41），其中包括人口、工业、农业、水资源、环境子系统。

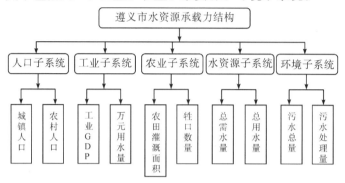

图 5-41　遵义市水资源承载力系统结构图

（2）子系统划分。

①人口子系统：人口子系统是一个复杂的系统，影响人口系统的变量因素有自然增长率、城镇化率、总人口、城镇人口、农村人口等。主要研究内容是通过人口自然增长率来观察遵义市总人口变化，接着利用城镇化率计算出城镇人口和农村人口。本节以常住人口计算总人口，2005 年遵义市常住人口有 602.55 万人，城镇化率达到 28.21%，出生率与死亡率分别为 13.1‰、6.2‰，因此，自然增长率为 6.9‰。

人口子系统的因果关系：人口与其他子系统关系密切，总人口直接影响消耗多少水资源。人口快速增长，加大了对水资源的需求，加剧了水资源供给压力。同时，生活用水量增大使得生活污水排放量也增加，污染水环境的压力也增大。

②工业子系统：工业子系统是社会经济的一个重要方面，系统中主要变量有工业GDP、万元用水量、工业废水排放量、工业用水重复利用率等。2005 年遵义市工业生产总值为 141.02 亿元，增长率为 21.9%，2005 年第一、第二、第三生产总值占总生产值的比例分别为 26.0%、37.9%、36.1%。

工业子系统的因果关系：工业发展迅速，导致工业需水量增加，加大供需水差额，反过来也限制工业增长速度。工业生产过程中消耗水资源较多，工业废水排放量也较多，水质受污染的压力也增大。但另一方面，工业发展能促进技术进步，提高工业废水处理率、工业用水重复利用率，降低工业废水排放系数，一定程度上缓解水资源供需矛盾。

③农业子系统：农业子系统以农田灌溉面积、牲口数量、回归利用水系数等作为参考变量。随着生活水平的提高，人们对农产品、牲畜肉制品等购买力增强，2005 年遵义市农业总产值达 93.1645 亿元。全市有效灌溉面积为 $146.665 \times 10^3 \text{hm}^2$，粮食产量为 321.65 万 t，肉类总产量 60.41 万 t。

农业子系统的因果关系：农田灌溉需水量是农田灌溉面积与灌溉用水定额的乘积，假设灌溉用水定额保持不变，则灌溉需水量与农田灌溉面积成正比，灌溉面积增加则农田灌溉需水量增加。同理，牲口需水量与牲口数量呈正相关，牲口数量变大则牲口需水量变大。农业需水量是总需水量的重要组成部分，如果农业用水过多，会加剧水资源紧缺，同样水资源紧张也会影响农业生产。农田灌溉回归利用水一方面能减少水资源供需差额，另一方面能缓解水资源匮乏问题。

④水资源子系统：水资源子系统主要考虑总需水量、总供水量、供需水差额、缺水程度等因素。总需水量是工业需水量、生态需水量、农业需水量、生活需水量之和。总供水量主要由地表水、地下水组成，另外，还包括农田灌溉回归利用水和污水处理回用水。2005 年遵义市地表水资源量为 160.2 亿 m³，地下水资源量为 43.40 亿 m³。全市统计大、中型水库 13 座，小型水库 469 座，总库容为 29.5936 亿 m³。2005 年全市供水总量为 18.76 亿 m³，其中蓄水、引水、提水、地下水供水分别为 6.7139 亿 m³、7.3512 亿 m³、2.0805 亿 m³、0.4590 亿 m³，剩下其他供水量为 2.1557 亿 m³。全市用水总量与供水总量持平，主要用于农田灌溉、牲畜喂养、工业生产等。

水资源子系统因果关系：地表水、地下水开发利用程度越大，总供水量越大，一定程度上促进社会经济发展。快速经济增长的代价是总用水量增大，供需水差额加大，反过来影响经济发展和社会的进步。

⑤环境子系统：环境子系统一方面为水资源提供补给，另一方面指其他系统的污水排放量。系统中的主要因素有污水总量、生活污水排放量、工业废水排放量、污水处理回用量等。污水总量计算涉及因素复杂，受资料限制，本书只考虑了生活污水排放量和工业废水排放量，而忽略了农业污水排放量。2005 年遵义市废污水年排放量为 51558 万吨，其中工业废污水排放量占废污水总量的 90.18%，生活污水排放量占 9.82%。

环境子系统的因果关系：环境污水是经济发展的废水，它既能促进社会经济发展，也能限制社会经济进步。城市化发展在一定程度上使得污水总量增大，引发水资源短缺。然而随着污水处理技术投入资金的加大，污水处理回用量也出现一些成效，它能补给一部分供水，在某种程度上减轻了水资源紧缺的程度。

(3)反馈回路分析。水资源承载力系统是一个多因素相互联系相互影响的动态反馈系统，了解与掌握反馈系统的特征是系统动力学研究问题的目的之一。在分析水资源系统内部因果关系的基础上，确定因果反馈关系图。充分考虑影响因素，如生活需水量、工业需水量、农业需水量、生态需水量、工业废水排放量、生活污水排放量、农田灌溉回归利用水、污水处理回用水等。但因为资料有限，在构建遵义市水资源承载力模型的过程中排除了一些影响因素如农业污水、牲口污水等，也选择了一部分替代值如用生态用水量值代替生态需水量值。水资源反馈系统有正、负反馈回路之分，正号是正反馈关系，表示箭头所指的参数与源头参数同增同减；负号则表示变量间呈相反关系。下面列举了遵义市水资源承载力系统中的几个重要反馈回路。

回路 1：总人口 →＋ 城镇人口 →＋ 农村人口 →＋ 城镇生活需水量 →＋农村生活需水量→＋生活需水量 →＋ 总需水量 →＋ 供需水差额 →＋ 缺水程度 →—人口自然增长值 →—总人口

回路 2：工业 GDP 增长值 →＋ 工业需水量 →＋ 工业用水量 →＋ 工业废水排放量 →＋污水总量 →＋ 污水处理回用量 →＋ 总供水量 →— 缺水程度 →＋ 工业 GDP 增长值 →＋ 工业 GDP

回路 3：农田灌溉面积 →＋ 农田灌溉需水量 →＋ 农田灌溉回归利用水→＋总供水量

→—缺水程度 →＋ 农田灌溉面积增长值 →＋ 农田灌溉面积

回路4：牲口数量 →＋ 牲口需水量 →＋ 农业需水量 →＋ 总需水量 →＋ 供需水差额 →＋ 缺水程度 →—牲口增加值 →—牲口数量

(4)变量方程式。在分析系统结构及因果反馈关系的基础上，如何定量地描述变量是接下来需要解决的问题。在 Windows 操作系统下，利用 Vensim 软件建立了遵义市水资源承载力系统动力学模型，确定了各个变量间的方程式，以便计算各个变量值。以下举例介绍了一些主要变量及变量方程式。

$$总需水量＝工业需水量＋生活需水量＋农业需水量＋生态需水量$$

$$总供水量＝地表水量＋地下水量＋农田灌溉回归利用水量＋污水处理回用量$$

$$总人口＝INTEG(总初始人口，人口自然增长率)$$

$$城镇人口＝总人口 \cdot 城镇化率$$

$$生活需水量＝(城镇人口 \cdot 城镇生活用水定额 \cdot 365)＋(农村人口 \cdot$$
$$农村生活用水定额 \cdot 365)$$

$$工业需水量＝工业 GDP \cdot 万元工业 GDP 用水量$$

$$污水总量＝工业废水排放量＋生活污水排放量＝(工业用水量 \cdot 工业废水排放系数)＋$$
$$(生活用水量 \cdot 生活污水排放系数)$$

$$农田灌溉回归利用水量＝农田灌溉需水量 \cdot 农田灌溉回归利用系数$$

$$农业需水量＝农田灌溉需水量＋牲口需水量＝农田灌溉面积 \cdot 农田灌溉用水定额＋$$
$$牲口数量 \cdot 牲口用水定额$$

$$供需水差额＝总需水量—总供水量$$

$$缺水程度＝供需水差额/总供水量$$

3)模型参数

系统动力学模型是一个信息反馈模型，建立敏感的反馈模型不是取决于参数大小而是模型结构。水资源承载力系统模型结构复杂，涉及参数众多，选择适当的参数对构建模型至关重要。

(1)参数分类。系统动力学模型中参数主要有：常数、表函数和初始值。

①常数。常数是指固定不变或变化不明显的参数值，如农田灌溉水回归利用系数、工业废水排放系数等。

②表函数。表函数是用于描述变量间非线性关系的函数，以图形方式表示。表函数通常用离散点表示变量关系，弥补了变量不能确定具体方程式的缺点。在建立模型时使用一些表函数，如生活用水定额表函数。

③初始值。状态变量是一段时间内历史值与变化值之和，因此，需要确定状态变量的初始值。利用查询统计方法确定状态变量初始值，主要有总人口、GDP、牲口数量、工业 GDP、农田灌溉面积。

(2)参数方法。系统动力学模型中确定参数的方法大致有 4 种。

①查询统计法。根据统计年鉴、水资源公报及社会经济公报，获取参数值，并进行整理和检验，以确保数据正确性。

②方程式法。根据变量之间的关系方程求解获得数值。

③经验法。依据历史数据，结合实际背景，推算参数值。

④推算法。根据模型的参考行为特征估算参数值。

（3）确定参数。本节利用遵义市统计年鉴、水资源公报、社会经济公报、政府总结报告等，收集数据资料，涉及 49 个变量参数，其中包括 5 个状态变量、5 个速率变量、39 个辅助变量，具体如表 5-34 所示。

表 5-34　遵义市水资源承载力系统动力学模型参数表

参数类型	个数/个	参数名称		
状态变量	5	工业 GDP	GDP	总人口
		牲口数量	农田灌溉面积	
速率变量	5	工业 GDP 增长值	GDP 增长值	人口增长值
		牲口增长值	农田灌溉面积增长值	
辅助变量	39	工业需水量	工业用水量	工业废水排放量
		人口自然增长率	城镇化率	城镇人口
		农村人口	城镇生活需水量	农村生活需水量
		生活需水量	污水总量	农业需水量
		牲口用水定额	牲口需水量	GDP 增长率
		地下水量	地表水量	总供水量
		生态需水量	总需水量	供需水差额
		缺水程度	时间	牲口增长率
		工业 GDP 增长率	农田灌溉面积增长率	
		工业用水重复利用率	工业废水排放系数	
		农田灌溉用水定额	农村生活用水定额	
		生活污水排放系数	生活污水排放量	
		农田灌溉回归利用系数	污水处理回用量	
		万元工业 GDP 用水量	农田灌溉需水量	
		城镇生活用水定额	污水处理回用率	
		农田灌溉回归利用水		

4）模型有效性检验

有效性检验是模型运行前需要做的重要工作，以确保准确性及真实性。在利用水资源承载力系统动力学模型进行多方案预测之前，需要分析系统结构、找出系统问题、调整变量参数、修改方程式等。

（1）检验方法。模型有效性检验的方法主要有三种，包括软件检验、历史检验、灵敏度检验。

①软件检验。利用 Vensim 软件自带的单位检验和语法检验功能来检验模型结构的合理性、方程式的正确性。

②历史检验。将模拟仿真结果与历史数据比较分析，检验模型的可信度。

③灵敏度检验。通过变化参数数值，检验这种变化对模型的影响。一般情况下，模型对参数的数值变化敏感度不高，因此，为了检验有效性仍需要灵敏度检验。

（2）历史检验。构建遵义市水资源承载力系统动力学模型，模拟部分参数值，与真实值比较，作为模型可靠性与准确性的判断依据。以 2005 年为基准年，步长为 1 年，模拟预测 2005～2014 年的 GDP、总人口、工业 GDP 值，将模拟值与实际值进行对比分析，检验运行结果是否合理。表 5-35 的检验结果表明，误差全部在 10% 内，证实此模型的可行性和实用性较高，可用于进行下一步多方案预测模拟。

表 5-35　遵义市模型中 GDP、总人口、工业 GDP 误差检验表

年份	GDP 模拟值/亿元	GDP 真实值/亿元	GDP 误差/%	总人口 模拟值/万人	总人口 真实值/万人	总人口 误差/%	工业 GDP 模拟值/亿元	工业 GDP 真实值/亿元	工业 GDP 误差/%
2005	407.574	407.574	0	602.550	602.550	0	141.03	141.03	0
2006	482.541	464.530	3.8773	604.667	605.861	−0.197	167.963	180.963	−7.184
2007	571.960	540.535	5.8136	606.791	607.922	−0.186	210.978	223.834	−5.744
2008	678.732	655.727	3.5082	608.922	609.791	−0.143	261.606	280.677	−6.795
2009	806.732	777.641	3.6934	611.061	612.667	−0.264	291.794	276.904	5.377
2010	959.088	908.760	5.5381	613.206	613.290	−0.014	354.035	333.672	6.1027
2011	1142.04	1121.46	1.8351	615.359	610.000	0.8785	431.521	430.98	0.1255
2012	1394.08	1361.93	2.3606	617.518	611.700	0.9511	526.322	541.84	−2.864
2013	1686.11	1584.67	6.4013	619.683	614.250	0.8845	638.684	634.53	0.6547
2014	2007.02	1874.36	7.0776	621.855	615.490	1.0341	751.288	716.75	4.8187

（3）灵敏度检验。模型的灵敏度可以划分为数值灵敏度、行为灵敏度、政策灵敏度。一个强壮的模型应具有较低的行为灵敏度及政策灵敏度，即表现为当参数或结构变化时，引起模拟的数值变化较低。选取 3 个状态变量，有总人口、GDP、工业 GDP，通过调节其他 12 个参数变量，分析模型中各个参数的灵敏度。检验方法为：从 2005～2014 年每个参数以 10% 逐年变大，探究对 3 个状态变量的影响程度。计算每个状态变量对某一参数的灵敏值，及每个参数的平均灵敏度（表 5-36）。

表 5-36　主要参数灵敏度分析结果表

序号	参数名称	总人口	工业 GDP	GDP	平均灵敏度
1	城镇化率	0	0.00654	0.00683	0.00446
2	城镇生活用水定额	0	0.01964	0.01367	0.0111
3	生活污水排放系数	0	0	0.00456	0.00152
4	工业 GDP 增长率	0	17.3583	0	5.78610
5	万元工业 GDP 用水量	0	0.00654	0.00683	0.00446
6	工业废水排放系数	0	0	0.00656	0.00328
7	污水处理回用率	0	0	0.00456	0.00152
8	工业用水重复利用率	0	0	0.00258	0.00129
9	牲口增长率	0	0	0	0
10	农田灌溉面积增长率	0	0	0	0
11	农田灌溉用水定额	0.00364	0.2030	0.1915	0.1327
12	农田灌溉水回归利用系数	0	0	0.00456	0.00152

从表 5-36 数据可知，在 12 个参数中除了工业 GDP 增长率灵敏度高于 15%，其余万元工业 GDP 用水量、工业废水排放系数、工业用水重复利用率、农田灌溉面积增长率等 11 个参数都较低，说明该系统较强壮，且对大多数参数敏感度低。根据历史检验和灵敏度检验的结果，证明此模型可行性高、操作性强，可用于多方案的遵义市水资源承载力模拟预测。

3. 系统动力学模型不同情景模拟

遵义市水资源承载力模型建立后，经过历史检验和灵敏度检验的检验结果合格后，进行下一步多方案水资源承载力模拟。通过设计多个政策方案，模拟预测多情景下的遵义市水资源承载力状况，综合评价分析模拟结果，发现水资源利用最优模式，并提出政策性建议。

1)不同情景参数设置

(1)决策参数。遵义市水资源承载力模型中辅助变量共计 39 个，有城镇化率、城镇人口、生活污水排放系数、工业 GDP 增长率、工业用水重复利用率、农田灌溉水回归利用率、污水处理率、缺水程度等。决策参数选取不仅要考虑对系统影响程度大，还要具有可操作性和实践性。参考参数灵敏度分析表，结合遵义市实际情况，最终选取了 10 个灵敏度较高的决策参数。

经济子系统选择工业 GDP 增长率、万元工业 GDP 用水量、工业用水重复利用率为决策参数；人口子系统选取城镇化率、城镇生活用水定额为决策参数；农业子系统选取农田灌溉水回归利用系数、农田灌溉用水定额为决策参数；环境子系统选择工业废水排放系数、生活污水排放系数、污水处理回用率为决策参数。

(2)情景分类。决策参数从系统模型多角度出发，涉及社会、经济、农业、环境多个子系统。依据上述决策参数，通过改变参数值，设计了 5 个模拟方案来预测遵义市水资源承载力，后分析比较不同情境下的水资源承载力仿真结果，并提出改善水资源的建议。5 个方案具体设计如下。

①原始型方案。不改变任何参数值，以 2005 年为基准年，直接预测模拟 2005～2030 年遵义市水资源承载力。

②增长型方案。不考虑任何节水要素如污水处理率、工业用水重复利用率、农田灌溉水回归利用系数等，仅从加快经济发展速度方面出发，提高工业 GDP 增长率 10%。

③节水型方案。从生活、农业、工业用水入手，调整城镇化率、城镇生活用水定额、万元工业 GDP 用水量、农田灌溉用水定额、工业用水重复利用率、农田灌溉水回归利用系数的数值。具体做法：城镇生活用水定额、万元工业 GDP 用水量、农田灌溉用水定额降低 30%，减少城镇化率 10%，提高工业用水重复利用率、农田灌溉水回归利用系数 10%，经济保持现状趋势。

④环保型方案。首先考虑环境保护，减少污水排放量，提高水环境质量。工业废水排放系数、生活污水排放系数降低 5%，提高污水处理回用率 10%，经济保持现有发展趋势。

⑤综合型方案。结合增长型、节水型、环保型方案，兼顾经济发展及环境保护，探讨水资源可持续利用的变化趋势。具体做法：以 2005 年为基准年，提高工业 GDP 增长率、工业用水重复利用率、农田灌溉水回归利用系数、污水处理回用率 10%，城镇生活

用水定额、万元工业 GDP 用水量、农田灌溉用水定额降低 30％，城镇化率降低 10％，工业废水排放系数、生活污水排放系数降低 5％，其他数值保持不变。

2）不同情景模拟结果

（1）原始型方案。原始型方案是保持水资源承载力系统模型中所有决策参数值不变，直接模拟预测 2005～2030 年遵义市水资源承载力。从主要模拟结果（表 5-37）可知，在原始型方案下，总人口、工业 GDP、农田灌溉面积、牲口数量均呈上升趋势，导致各方面对水资源需求增多，使得遵义市水资源供需矛盾加剧。在此过程中，工业、生活、农业需水量都在一定程度上有所增加，特别是工业需水量变化最明显，从 2010 年 0.9629 亿 m³ 增大到 2030 年 21.1107 亿 m³，变化值远远超过生活需水量变化值。随着城市化发展，2005～2030 年期间遵义市水资源越来越紧缺。2005～2030 年间遵义市水资源总供水量和总需水量逐渐变大，两者差额也随之变大。2015 年前总供水量大于总需水量，缺水程度为负值；而 2015 年后在不新增供水工程背景下，总需水量大于总供水量，缺水程度变为正值。从缺水程度趋势线可知每隔五年其增长幅度值不同，且越变越大，到 2030 年缺水程度达 0.5114。上述分析进一步说明在现状经济条件下，遵义市水资源承载能力较差，需采取措施改善水资源环境，提高水资源承载力。

表 5-37　原始型方案主要变量模拟值

主要变量名称	2010 年	2015 年	2020 年	2025 年	2030 年
总人口/万人	613.207	624.034	635.037	646.212	657.542
工业 GDP/亿元	354.035	881.474	1938.10	4179.95	8831.74
GDP/亿元	959.088	2397.02	5665.99	12778.8	27457.9
总需水量/亿 m³	16.7464	19.5890	24.4112	32.3756	46.4373
总供水量/亿 m³	20.8983	21.0085	23.5486	26.5774	30.7237
缺水程度	−0.1986	−0.0675	0.0366	0.2181	0.5114
工业需水量/亿 m³	0.9629	2.1233	4.6563	10.0162	21.1107
生活需水量/亿 m³	2.3389	2.1592	2.4482	2.7563	3.0840
农业需水量/亿 m³	13.2095	14.9442	16.9317	19.2156	21.8454

（2）增长型方案。增长型方案是单纯追求经济效益，而暂不考虑工业用水重复利用率、工业废水排放系数等一系列节水参数变量，更不考虑保护水环境的因素。表 5-38 的数据结果表明，在增长型方案下，经济发展迅猛，到 2030 年 GDP 约为 27352.4 亿元，其中工业 GDP 约为 12838.1 亿元，几乎占年总 GDP 的一半左右。在单纯追求经济的过程中，各产业对水资源的需求越来越大，产生的水资源压力也越来越多。经济发展特别是工业发展，导致工业需水量迅速增多，2010～2030 年其增加值大约有 29 亿 m³，远远超过了生活需水量及农业需水量的增加值。在此过程中，工业需水量与总需水量的比例从 2009 年的 6.21％ 变化到 2030 年的 54.8％，由此说明，工业发展以消耗大量的水资源为代价，同时也挤占了部分农业用水和生活用水。这不仅限制农业发展、破坏生态环境，也可能会反过来降低经济发展速度。2010～2030 年总需水量与总供给量都有所上升，在 2015 年前供给量大于需水量，而之后却相反，不仅如此，供需水差额也逐渐拉大，到 2030 年遵义市供需水差额量约有 23.8 亿 m³，缺水程度达 0.7421。

表 5-38　增长型方案主要变量模拟值

主要变量名称	2010 年	2015 年	2020 年	2025 年	2030 年
总人口/万人	613.206	624.032	635.031	646.192	657.497
工业 GDP/亿元	384.798	1040.44	2458.27	5684.33	12838.1
GDP/亿元	959.058	2396.62	5662.65	12758.0	27352.4
总需水量/亿 m³	16.83	19.9715	25.6593	35.9752	55.9973
总供水量/亿 m³	20.9014	21.0417	23.6808	27.0326	32.1423
缺水程度	−0.1947	−0.0508	0.0835	0.3308	0.7421
工业需水量/亿 m³	1.0466	2.5601	5.9001	13.6211	30.6828
生活需水量/亿 m³	2.3389	2.1592	2.4482	2.7562	3.0838
农业需水量/亿 m³	13.2094	14.9438	16.9302	19.2104	21.8307

与原始型相比，此方案能促进经济快速增长，使得工业 GDP 比原始型高，导致水资源紧缺程度也比原始型高。由此说明，工业经济发展是造成遵义市水资源缺乏的重要原因。如何在保证经济可持续发展的条件下，协调经济与水资源的关系，是今后遵义市需要努力的方向。

(3)节水型方案。节水型方案是在不影响经济发展的条件下，减少工业需水、生活需水、农业需水，因此，需要提高水资源利用率，降低生活用水定额、农田灌溉用水定额、万元工业 GDP 用水量，减少总需水量，才能确保水资源供需平衡。表 5-39 数据表明，在节水型方案下 2005～2030 年遵义市水资源承载力状况良好，总需水量和总供水量相对均衡。2025 年之前水资源总需求量始终小于总供给量，缺水程度为负值；而 2025 年之后水资源总供给量小于总需水量，缺水程度为正值，但水资源供需差额却较小，到 2030 年缺水程度仅有 0.1423。从表 5-31 中看出，2005～2030 年工业需水量、生活需水量、农业需水量都有不同程度的增加，其中工业需水量增加值最大，约有 14.4 亿 m³，而生活需水量增加值最小，仅约有 0.5 亿 m³。2010 年工业需水量、农业需水量分别占总需水量的 5.48%、76.64%，2030 年则是 44.50%、47.15%，由此说明工业需水量对总需水量的影响越来越大，甚至可能占用了农业用水。

表 5-39　节水型方案主要变量模拟值

主要变量名称	2010 年	2015 年	2020 年	2025 年	2030 年
总人口/万人	613.238	624.103	635.148	646.372	657.764
工业 GDP/亿元	355.207	887.708	1958.97	4242.04	9004.64
GDP/亿元	962.056	2413.53	5727.68	12973.0	28007.5
总需水量/亿 m³	12.3216	14.3621	17.8671	23.6456	33.8491
总供水量/亿 m³	20.7548	20.8091	23.2372	26.0257	29.6320
缺水程度	−0.4063	−0.3098	−0.2311	−0.0914	0.1423
工业需水量/亿 m³	0.6763	1.4967	3.2944	7.1154	15.0648
生活需水量/亿 m³	1.9669	1.7733	1.9800	2.1962	2.4222
农业需水量/亿 m³	9.4433	10.7296	12.2177	13.9464	15.9621

通过比较节水型方案与原始型方案，发现两者的工业 GDP 和 GDP 接近，但前者的缺水程度却比后者低很多，这也说明采取节水措施是提高水资源承载力，缓解供需矛盾的重要方法。将节水型方案与增长型方案进行对比，发现前者工业 GDP 值远不如后者，

而后者的缺水程度却远大于前者，这表明经济生产特别是工业生产消耗水量大，引起水资源匮乏问题越来越严重。上述分析都说明节水型方案是解决水资源紧缺、提高遵义市水资源承载能力的有效方案。

（4）环保型方案。环保型方案看重生态保护，减少污水排放量，提高污水回用系数。由表 5-40 数据可知，在该方案下，虽然降低了工业废水排放系数、生活污水排放系数，但在 2005～2030 年工业废水排放量及生活污水排放量仍呈上升趋势，同样污水总量也不断增大。生活污水排放量变化趋势较平缓，数值仅从 2010 年的 1.9997 亿 m^3 变化到 2030 年的 2.6368 亿 m^3；而工业废水排放量变化趋势较大，2010 年只有 0.2305 亿 m^3，到 2030 年却有 11.4316 亿 m^3，大约是 2010 的 50 倍。比较结果说明工业产生的污水比生活产生的污水多，而且工业废水对水资源环境质量影响更大，因此，需加大提高工业废水利用率的投入资金。2005～2030 年间通过科技来提高污水处理回用率，并取得一些成效，污水处理回用量从 2010 年 0.3581 亿 m^3 增加到 2030 年 4.0235 亿 m^3。同时，观察到 2020 年前后的污水处理回用量增长幅度大不相同，更进一步说明，科技进步对污水治理、污水回归利用的重要作用。污水处理回用量是补给水资源的重要部分，在一定程度上缓解水资源供需矛盾。

表 5-40　环保型方案主要变量模拟值

主要变量名称	2010 年	2015 年	2020 年	2025 年	2030 年
总人口/万人	613.206	624.034	635.037	646.211	657.544
工业 GDP/亿元	354.038	881.493	1938.18	4180.27	8833.06
GDP/亿元	959.095	2397.08	5666.23	12779.9	27462.1
总需水量/亿 m^3	16.7464	19.5891	24.4115	32.3766	46.4411
总供水量/亿 m^3	20.9138	21.0320	23.5910	26.6603	30.8975
缺水程度	−0.1992	−0.0686	0.0347	0.2144	0.5030
工业废水排放量/亿 m^3	0.2305	1.0022	2.3058	5.1922	11.4316
生活污水排放量/亿 m^3	1.9997	1.8461	2.0932	2.3566	2.6368
污水总量/亿 m^3	2.303	2.8483	4.3991	7.5488	14.0685
污水处理回用量/亿 m^3	0.3581	0.5467	0.9823	1.9223	4.0235

与节水型相比，环保型方案在污水治理、污水回用、污水减排等方面入手，2030 年的污水处理回用量比节水型多，从而改善了水资源环境。然而对比两者的缺水程度值，发现环保型方案的缺水情况比节水型严重，2030 年环保型缺水程度值是节水型的 4 倍左右。这说明污水治理是节水的一方面，想要节约更多的水资源还需要从其他方面入手，如降低用水定额，提高水资源利用率等。

（5）综合型方案。综合型方案是协调经济发展与水资源生态环境的方案。遵义市水资源承载力系统模型是在经济、生态、社会相互作用的基础上而建立的。遵义市水资源利用过程中不能过度追求经济而破坏水生态环境，也不能为了保护生态环境而局限经济发展。此方案需协调社会、经济、生态环境的关系，结合增长型方案、节水型方案、环保型方案，以此保证遵义市水资源可持续利用。从表 5-41 的数据可知，在综合型方案中，2030 年 GDP 达 27929.2 亿元，其中工业 GDP 13124.9 亿元。2005～2030 年，总需水量迅速增加，其中工业需水量增加变化最大，其次是农业需水量。2010 年工业需水量只有 0.7352 亿 m³，到 2030 年却有 21.9580 亿 m³，几乎占总需水量的一半以上。从表 5-33 看出，2005～2030 年总需水量呈上升趋势，且每隔五年的变化幅度越来越大。图中总供给量虽一直保持稳定增长，但与总需水量的差距不断拉大，导致缺水程度也不断加大。

表 5-41 综合型方案主要变量模拟值

主要变量名称	2010 年	2015 年	2020 年	2025 年	2030 年
总人口/万人	613.238	624.102	635.144	646.360	657.731
工业 GDP/亿元	386.186	1048.48	2487.44	5778.75	13124.9
GDP/亿元	962.049	2413.29	5725.43	12958.2	27929.2
总需水量/亿 m³	12.3806	14.6330	18.7551	26.2204	40.7340
总供水量/亿 m³	20.7702	20.8550	23.3761	26.4492	30.8745
缺水程度	−0.4039	−0.2983	−0.1976	−0.0086	0.3193
工业需水量/亿 m³	0.7352	1.7678	4.1832	9.6931	21.9580
生活需水量/亿 m³	1.9669	1.7733	1.9800	2.1962	2.4220
农业需水量/亿 m³	9.4433	10.7295	12.2169	13.9436	15.9539

对比综合型方案与增长型方案，可知两者的工业 GDP 相当，综合型略高于增长型；两者的缺水程度相差较大，2030 年综合型缺水程度值是 0.3193，而增长型是 0.7421。对比结果表明，综合型与增长型都积极促进经济增长，引起水资源匮乏。但是综合型方案注重提倡节约用水，采取措施提高水资源利用率，一方面缓解水资源紧张，另一方面反过来促进经济增长。将综合型方案与节水型方案作比较，发现节水型方案的缺水程度低于综合型，而且节水型方案的工业 GDP 低于综合型，说明经济发展是导致水资源匮乏的重要原因。节水型方案只强调节约用水而忽略经济，在缓解水资源供需矛盾上颇有成效，但对促进经济增长成效颇低。综合型方案注重经济与节水的结合，在经济发展中加强节水，在节水中促进经济发展。在综合型方案下，遵义市经济能够稳定增长，水资源供需也较平衡，水资源承载能力也较高。

3）最优方案确定

（1）结果分析。根据遵义市水资源、社会、经济、环境的现状，本节设计了 5 个水资源承载力模拟方案，通过对仿真结果分析，找出水资源利用最优模型。由表 5-42 的数据可知，5 个方案下工业 GDP、GDP、总需水量、总供水量、缺水程度变化趋势不尽相同。

表 5-42 遵义市水资源承载力模拟主要结果表

方案		工业 GDP/亿元	GDP/亿元	总需水量/亿 m³	总供水量/亿 m³	缺水程度
原始型方案	2015 年	881.474	2397.02	19.5890	21.0085	−0.0756
	2030 年	8831.74	27457.9	46.4373	30.7237	0.5114
增长型方案	2015 年	1040.44	2396.62	19.9715	21.0417	−0.0508
	2030 年	12838.0	27352.4	55.9973	32.1423	0.7421
节水型方案	2015 年	887.708	2413.53	14.3621	20.8091	−0.3098
	2030 年	9004.64	28007.5	33.8491	29.6320	0.1423

续表

方案		工业 GDP/亿元	GDP/亿元	总需水量/亿 m^3	总供水量/亿 m^3	缺水程度
环保型方案	2015 年	881.493	2397.08	19.5891	21.0320	−0.0686
	2030 年	8833.06	27462.1	46.4411	30.8975	0.5030
综合型方案	2015 年	1048.48	2413.29	14.6330	20.8550	−0.2983
	2030 年	13124.9	27929.2	40.734	30.8745	0.3193

到 2030 年增长型方案的供需水差额最大约有 23.8 亿 m^3，缺水程度 0.7421，而节水型方案的缺水程度最小仅有 0.1423。由此说明工业生产是造成遵义市水资源缺乏的重要原因，且采取节水措施是提高水资源承载能力的重要方法之一。节水型方案及环保型方案在一定程度上减轻了水资源紧缺负担，但也限制了经济发展速度，2030 年增长型方案中工业 GDP 有 12838.0 亿元，而环保型方案中却只有 8833.06 亿元。这说明节水型和环保型方案只强调节约用水、治理污水而忽略经济增长。环保型方案从污水治理、污水回用、污水减排等方面入手，比较发现环保型方案的缺水情况比节水型严重，2030 年环保型缺水程度值是节水型的 4 倍左右。由此说明污水治理是节约用水的一部分，还需从其他方面入手如降低用水定额等才能更有效节约大量水资源。综合型方案注重提倡节约用水，一方面能缓解水资源紧张，另一方面反过来也会促进经济增长。2030 年综合型方案中工业 GDP 有 13124.9 亿元，比增长型 12838.0 亿元略高，而缺水程度有 0.3193，比增长型 0.7421 低。由此证实，在综合型方案下，遵义市不仅经济能够稳定增长，而且水资源供需也较平衡，水资源承载能力也较高。

上述各种方案中，GDP 的变化情况是在 2005 年基数上进行预测的，实际上后来经历 2008 年的金融危机，2015 年以来的新常态经济下行压力大，特别受 2020 年新冠肺炎疫情以及复杂的国际形势影响，GDP 实际增速低于预测增速。

(2)最优模型确定。遵义市水资源承载力系统动力学模型的目的之一是寻找水资源利用最优模型。评价分析各个方案的模拟结果，找出最适合遵义市的模型。5 个方案模拟预测结果大不相同，特别是经济生产总值、总供需水量。

在原始型方案中，经济有一定程度增长，2005～2030 年，工业 GDP 翻了近 25 倍。随着经济发展，总需水量不断变大，总供水量也不断增大，但总供水量增长幅度不及需水量，供需水差额逐渐拉大。2015 年之前总供水量大于总需水量，两者差额较小；2015 年后总供水量小于总需水量，两者差额逐渐加大，甚至到 2030 年缺水程度有 0.5114。在此方案下，遵义市水资源供需不平衡，水资源承载力较低。

在增长型方案中，单纯追求经济增长，使得 2005～2030 年间工业生产总值和总需水量变化较大，工业 GDP 翻了近 10 倍。工业发展导致对水资源的需求增多，2030 年遵义市供需水差额量约有 23.8 亿 m^3，缺水程度达 0.7421。2030 年增长型的工业 GDP 是原始型方案中的 1.45 倍，且供需水差额是原始型中的 1. 5 倍。说明此方案下经济快速增长，加剧水资源紧缺，但在一定程度上也反过来限制经济。

在节水型方案中，采取节水措施，提高水资源利用率，因此，2005～2030 年遵义市水资源承载力状况良好。在此方案下，总供水量与总需水量都有所增大，在 2025 年前水资源总需求量始终小于总供给量，而在 2025～2030 年，水资源需求大于供给且两者差额较小，2030 年缺水程度仅有 0.1423。可知节约用水是缓解水资源匮乏，提高水资源承载能力的有效办法。

在环保型方案中，以治污方法为主，降低生活工业废水排放系数，提高污水处理回用率，并取得一定成效。2005～2030 年间污水处理回用量逐渐增加，不断补给水资源供给，但到 2030 年缺水程度却有 0.5030。说明治污是缓解水资源紧张的方法之一，想要更大程度地提高水资源承载力还需采取其他措施。

在综合型方案中，2005～2030 年遵义工业 GDP 变化较大，2030 年有 13124.9 亿元，其变化趋势基本与增长型中一致。此方案结合增长型、节水型、环保型方案，既保证了经济稳定增长，又解决了水资源匮乏问题。在此方案下，2005～2030 年总需水量增加多，特别是工业需水量增加最大，到 2030 年工业需水量几乎占总需水量的一半以上。2025 年前总供水量大于总需水量，之后则相反，但两者差额仍较小，缺水程度较低，2030 年缺水程度仅有 0.3193。

通过分析比较，想要提高遵义市水资源承载力，需在节水、治污、调整经济结构、保护水环境等方面投入更大的力度。综合型方案既不限制经济发展，又可合理开发利用水资源，因此为最优方案。虽然在节水型方案下水资源供需差额最小，缺水程度最低，但经济发展速度缓慢，工业 GDP 和 GDP 与原始型相当。而在综合型方案下水资源供需差额较小，缺水程度较低，经济持续稳定发展，甚至工业 GDP 和 GDP 比增长型略高。因此，最终选择综合型方案为最优模型。

5.3.8 城市水生态足迹评价——以贵阳市为例

1. 历年水量、水质生态足迹

依据水生态足迹计算公式，得到贵阳市 2002～2014 年水量(工业、农业、生活)和水质(COD、氨氮)生态足迹的变化特征，如图 5-42 所示。

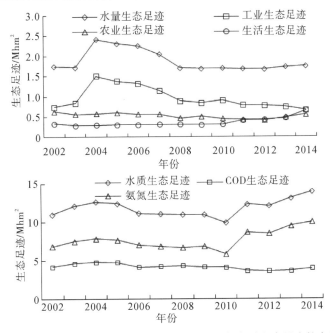

图 5-42 2002～2014 年贵阳市水量生态足迹与水质生态足迹的变化

从图 5-42 可以看出，贵阳市水量生态足迹整体上呈先升后降再缓慢上升的趋势，历年波动的阶段性特征明显，波动范围在 1.699～2.410Mhm²，特别是 2003～2008 年，水量生态足迹先大幅上升后逐渐下降，变化幅度达 0.711Mhm²，2009～2014 年则缓慢上升，升幅仅有 0.059Mhm²。从历年工业、农业和生活用水量的生态足迹来看，自 2008 年以来，工业生态足迹呈缓慢下降趋势，从 0.889Mhm² 降至 2014 年的 0.674Mhm²，但其比重最大，成为影响水量生态足迹的变化趋势的重要部分。随着耕地面积的萎缩，农业用水效率的提升，使农业生态足迹整体呈下降趋势，同时，在人口激增（年均增长率达 2.5%）、城市化水平不断加快的背景下，城乡居民用水总量增加，也导致生活生态足迹不断提升，其显著增加段集中在 2009～2014 年，增幅达 0.35Mhm²，年平均增长率为 17.51%。

研究选取主要水体污染物指标 COD 和氨氮作为水质生态足迹核算账户。根据图 5-42 可以发现，2002～2014 年贵阳市水质生态足迹呈波段式缓慢上升趋势，其中 2002～2004 年呈持续上升趋势，增幅为 1.59Mhm²；2005～2010 年则持续下降，降幅为 2.69Mhm²；2010～2014 年则快速上升，升幅为 4.19Mhm²，年均增长率达 9.28%；其主要原因为 2002～2004 年工业产值不断上升，氨氮排放量也持续增加，2005～2010 年氨氮排放量持续下降，而 2011～2014 年在贵州省“工业强省”战略的推动下，氨氮排放量却强烈反弹，其变化趋势与水质生态足迹一致，因此，水质生态足迹波动特征主要由氨氮生态足迹的变化量决定。而 COD 生态足迹则呈相对平稳，变化幅度不明显，其值由 2002 年的 4.19Mhm² 下降至 2014 年的 3.94Mhm²，年均下降幅度为 0.25Mhm²。

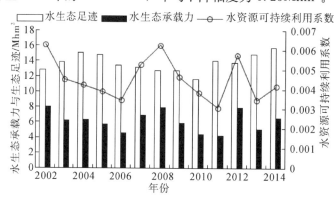

图 5-43　2002～2014 年贵阳市水资源可持续利用指数的变化

2. 历年水生态承载力

从图 5-43 可以看出，水生态承载力与水资源可持续利用系数有较强的相关性，且呈波动式发展，其波动范围介于 4.315～8.038Mhm²。除 2011～2014 年水生态承载力交替升降，2002～2006 年、2008～2011 年水生态承载力持续下降，相反，2006～2008 年则呈上升态势。主要原因为贵阳市丰水年、枯水年的交替转换，水资源总量波动变化大，其波动幅度达 32.983 亿 m³。其中，2006 年的旱灾以及 2010 年前后的西南大旱时期降水量减少是水生态承载力明显下降的关键因素。

3. 历年水资源可持续利用指数变化

从图 5-43 可以发现，水生态足迹呈波动变化的特征，且升降幅度较大，其波动范围为 11.650～15.738Mhm²，而水生态承载力亦变幅明显，其变化幅度达 3.722Mhm²，由于水生态足迹与水生态承载力的波动式变化，导致水资源可持续利用指数的变化特征明显，且水资源可持续利用指数主要由值较小的水生态承载力决定。另外，贵阳市 2002～2014 年水资源可持续利用指数皆小于 1.0，其变化范围介于 0.300～0.615，表明贵阳市水资源利用系统常年处于超负荷状态，在超量的水生态足迹影响下，水生态系统将趋于恶化，水资源可持续利用面临较大压力。

4. 水生态足迹时间序列分析与预测

水生态足迹与水生态承载力的影响因素较多，核算账户少，且年度数据量有限，故采用相关性分析法，确定以降水量、产水模数、大中型水库蓄水量、出入境水量差、耗水量、GDP、工业比重、有效灌溉面积、人口等 9 项指标作为网络输入，以水资源可持续利用系数、水量生态足迹、水质生态足迹等 3 项指标为网络输出，以 2002～2013 年的 12 组数据为训练样本，2014 年的数据为外推测试样本的基于交叉验证训练的 GRNN 预测模型，并循环找出最优平滑因子(SPREADE)，以求达到最小预测误差。

如表 5-43 所示，利用交叉检验可以找出不同平滑因子下的 GRNN 与 BP 模型预测误差，发现 2 种模型的预测均方差都有随着平滑因子增大而增大的趋势，同时，在同一平滑因子条件下，GRNN 模型相比于 BP 模型具有整体预测误差小，变化特征平稳的特点，故选取 GRNN 模型来进行生态足迹预测。例如，平滑因子为 0.01 时(以 2013 年为例) GRNN 模型预测的水生态足迹相对误差比 BP 模型大 0.03，但其对水资源承载力、水资源可持续利用系数的预测误差比 BP 模型分别小 0.01 和 0.279，且 GRNN 模型的平均误差为 0.042，而 BP 模型则达 0.135。上述证明，利用 GRNN 模型预测贵阳市 2015～2019 年的水生态足迹、水生态承载力和水资源可持续利用系数可获得更好的预测精度。

表 5-43　不同平滑因子下的 GRNN 与 BP 预测模型的 MSE 特征

平滑因子	GRNN			BP		
	水生态足迹 /hm²	水生态承载力 /hm²	可持续利用系数	水生态足迹 /hm²	水生态承载力 /hm²	可持续利用系数
0.010	386280	496962	0.001	340701	555132	0.094
0.125	540221	806997	0.037	545010	420267	0.085
0.250	852321	806997	0.037	1907341	449227	0.041
0.375	852321	806996	0.037	663816	1162182	0.175
0.500	852322	806973	0.037	527092	1759386	0.063
0.625	877975	447981	0.010	1582258	1390745	0.109
0.750	918782	576554	0.008	2448649	201977	0.065
0.875	1339985	395753	0.064	2189382	3307204	0.060
1.000	1384944	246663	0.055	215713	1262464	0.155
1.125	1298248	255471	0.053	2138238	129922	0.100
1.250	905212	262772	0.065	532749	1225074	0.013
1.375	1251115	403509	0.056	2533764	1655377	0.244
1.410	2138238	299210	0.100	911209	1052406	0.213
1.500	1196839	341335	0.068	209859	135570	0.087

根据 GRNN 预测模型的循环优化原理，采用逐年预测的原则，选取相近平滑因子，对贵阳市 2015～2019 年水生态足迹、生态承载力和可持续利用系数进行预测(表 5-44)。从预测结果来看，贵阳市 2015～2019 年水生态足迹呈波动下降趋势，年均水生态足迹年均降幅为 77392.31hm²，主要因为人口增长，城市生活污水排放量不断提升，水质氨氮生态足迹上升可能性较大。水生态承载力维持在相对稳定的水平，其总变化幅度不超过 96490 hm²。贵阳市水资源产量因子相对均衡，但易于开发的地表、地下水源有限，其水资源总量受降水年际变化影响显著，使水生态足迹与生态承载力的缺口呈波动式增大，且年均缺口值达 63076 hm²，年均增速为 1.05%，这也导致水资源可持续利用系数呈逐渐下降趋势，按此趋势，贵阳市未来 4 年内水资源可持续利用仍面临较大压力。

表 5-44　基于 GRNN 模型的贵阳市 2015～2019 年水生态足迹预测

年份	平滑因子	水生态足迹/hm²	水生态承载力/hm²	水资源利用系数
2015	0.940	14806980	5802170	0.403
2016	0.560	15044959	5712277	0.373
2017	0.570	14925970	5757224	0.388
2018	0.730	14985464	5734750	0.380
2019	0.710	14420018	5603488	0.347

5. 水生态足迹驱动因子分析

为了能够更好地揭示贵阳市水资源生态足迹的驱动因子，通过横向对比具有相似人口、经济、气候背景的非喀斯特地区成都市水生态足迹，分析出贵阳市水生态足迹的喀斯特性特征和驱动因子，故从以下几个方面分析喀斯特地区城市水生态足迹与生态承载力的特殊性。

1)喀斯特地质地貌特征

贵阳市地处于云贵高原东部的喀斯特盆地地区，区内地形起伏大，地貌复杂多样，含有多发育喀斯特丘陵、洼地和槽谷等地貌。以 2013 年贵阳与成都用水结构比较为例，贵阳工业用水量占总用水量比例达 43.21%，而成都工业用水占比仅为 21.47%，其因为喀斯特山区地表起伏大，交通不便，不具备规模化工业生产条件，单位面积工业产值低，导致工业水生态足迹占比大。贵阳农业集中产区位于在花溪区、修文县、开阳县、清镇市等工业相对落后，水土资源丰腴的洼地地区，其农业用水量占比为 28.20%，比成都市农业用水占比低 26.68%，其因为耕地多零碎分布于峰丛、峰林洼地和槽谷地区，面积占比小，灌溉水保障能力差，灌溉水量低，贵阳灌溉水量仅 3060m³/hm²，而成都灌溉水量高达 8325m³/hm²，超出贵阳灌溉水量的 1.59 倍。居民生活用水量占比为 18.68%，其中城镇居民用水量为 15.2%，农村居民用水量占比仅达 3.48%。贵阳生活供水优先保障，故人均年生活用水量为 62.08m²，较成都略高 0.97m²，相差不大，故随着城市人口的增加，生活用水生态足迹也逐渐上升。

2)喀斯特水文特征

贵阳市气候温和，雨量充沛，多年平均降水量达 1174mm，降水多集中在 5～10 月，属亚热带季风湿润气候区，但由于喀斯特地貌的断层和裂隙发育，地裂塌陷及落水洞分布广泛，导致地表产水能力弱、径流系数低。以 2012 年为例，贵阳和成都年降水分别为 1149.5mm、1106.5mm，二者降雨补给量相当，其年平均产水模数分别为62500m³/km²、

656174m³/km²，年径流系数分别为 0.55、0.61，可以发现，贵阳降水量虽大于成都，但成都的产水模数和径流系数都大于贵阳，贵阳地表可利用水资源相对有限，同时，贵阳库、塘、堰、渠等水利工程密度低，蓄水能力差，使贵阳人均水资源量低，限制贵阳市大规模工业用水生态足迹的增长。另外，在地表与地下喀斯特地貌作用下，地表水与地下水水力联系紧密，形成地表与地下水联动污染，降低水资源的纳污能力，降低贵阳市水资源可持续利用系数。

3）城市化人口与经济活动

在人口和工业的集聚效益影响下，人口城市化过程使贵阳市城市生活水生态足迹剧增，城镇居民生活用水由 2002 年的 1.45 亿 m³ 上升至 2014 年的 1.86 亿 m³，年均增长 0.031 亿 m³；城市化过程中，在工业用水量增加的同时，工业污染物（COD 等）排放量却逐渐减少，另外，农业用水量则由地表散碎的农田灌溉系统和降水季节性特征决定的，受丰枯水年份的影响大。因此，决定贵阳市水生态足迹波动变化的主要人为驱动因子是人口增长和工业发展。

5.3.9 基于多目标隶属度函数标准化的水资源安全评价方法——以贵州省为例*

1. 贵州省水资源安全评价指标

（1）指标体系构建。遵循系统性与层次性、科学性与代表性、动态性与静态性、针对性与可行性等相结合的原则，并参考国内以及喀斯特地区水资源安全相关文献，在重点考虑人类对水资源利用的能动作用和适应性、地质地貌对水资源本底（赋存）状况的影响以及水资源对人类生活、生产、生态需求保障程度的基础上，根据"人—地—水"概念模型内涵，从水资源本底条件、人类活动强度、地质地貌特征 3 个方面，其中水资源本底条件选择降水量、地下水比重、径流系数、河网密度、人均水资源量 5 个指标，人类活动强度选择地表水开采率、地下水开采率、人口密度、万元工业产值用水量、万元农业产值用水量、人均生活用水量、单位面积生态用水量、单位水体 COD 负荷、单位水体 NH_3-N 负荷 9 个指标，地质地貌特征选择地表平均坡度、地表起伏度指数（面积比）、喀斯特面积比重、平均海拔、植被覆盖率、耕地面积比重、建设用地面积比重 7 个指标，总共选取了 21 个指标构建贵州省的水资源安全评价指标体系（表 5-45）。根据指标属性分为负向性指标和正向性指标，并分别进行赋权评价。

表 5-45 水资源安全评价指标体系

目标层	准则层	指标层	指标影响
水资源安全	水资源本底条件	降水量/mm	正向
		地下水比重/%	负向
		径流系数	正向
		河网密度/(km/km²)	正向
		人均水资源量/(人/m³)	正向

* 本节内容引用自：

郑群威，2019. 基于"人—地—水"视角的贵州省水资源安全的时空演变及综合评价. 重庆：重庆师范大学.

目标层	准则层	指标层	指标影响
水资源安全	人类活动强度	地表水开采率/%	负向
		地下水开采率/%	负向
		人口密度/(人/km²)	负向
		万元工业产值用水量/m³	负向
		万元农业产值用水量/m³	负向
		人均生活用水量/(m³/人)	负向
		单位面积生态用水量/(m³/km²)	正向
		单位水体COD负荷/(mg/L)	负向
		单位水体NH$_3$-N负荷/(mg/L)	负向
	地质地貌特征	地表平均坡度	负向
		地表起伏度指数(面积比)	负向
		喀斯特面积比重/%	负向
		平均海拔	负向
		植被覆盖率/%	正向
		耕地面积比重/%	负向
		建设用地面积比重/%	负向

(2)指标等级确定。为使评价结果在时间和空间尺度上均具有可比性以及现实指导意义,参考国内外水资源安全的相关文献,结合有关水资源安全指标临界值以及国内外政府颁布的相关标准和规划目标,同时根据样本数据分布特征及经验值,将指标划分为:安全、较安全、临界安全、不安全、极不安全5个等级,并确定各指标对应等级的阈值。以降水量(正向指标)和地下水比重(负向指标)为例,降水量在0~823mm为极不安全类型,823~987mm为不安全类型,987~1097mm为临界安全类型,1097~1206mm为较安全类型,1206~1371mm为安全类型,若大于1371亦属于安全类型;地下水比重在0~10%为安全类型,10%~20%为较安全类型,20%~30%为临界安全类型,30%~40%为不安全类型,40%~50%为极不安全类型,若大于50%亦属于极不安全类型(表5-46)。另外,单位水体COD负荷和NH$_3$-N负荷依据我国《地表水环境质量标准》(GB3838—2002)划分;地表平均坡度和海拔依据《贵州省地理国情普查公报》中相关分类标准确定;地表起伏度指数参考团队主持的《地表起伏度对贵州公共财政支出的影响分析》项目中贵州省与全国其他省市及省内各市州平均地表起伏度及其差异确定;单位面积生态环境用水量、喀斯特面积比重、耕地面积比重、建设用地面积比重根据专家意见和样本数据分布特点划分,其余指标参考上述相关文献确定。

表5-46 贵州省水资源安全指标分级标准及阈值

具体指标	安全类型				
	极不安全	不安全	临界安全	较安全	安全
水资源安全综合指数	[0, 0.2)	[0.2, 0.4)	[0.4, 0.6)	[0.6, 0.8)	[0.8, 1)
水资源本底条件	[0, 0.2)	[0.2, 0.4)	[0.4, 0.6)	[0.6, 0.8)	[0.8, 1)
人类活动强度	[0, 0.2)	[0.2, 0.4)	[0.4, 0.6)	[0.6, 0.8)	[0.8, 1)

具体指标	安全类型				
	极不安全	不安全	临界安全	较安全	安全
地质地貌特征	[0, 0.2)	[0.2, 0.4)	[0.4, 0.6)	[0.6, 0.8)	[0.8, 1)
降水量	[0, 823)	[823, 987)	[987, 1097)	[1097, 1206)	[1206, 1371)
地下水比重	[50, 40)	[40, 30)	[30, 20)	[20, 10)	[10, 0)
径流系数	[0, 0.2)	[0.2, 0.4)	[0.4, 0.6)	[0.6, 0.8)	[0.8, 1)
河网密度	[0, 0.2)	[0.2, 0.3)	[0.3, 0.4)	[0.4, 0.5)	[0.5, 0.6)
人均水资源量	[0, 1000)	[1000, 1700)	[1700, 2200)	[2200, 2700)	[2700, 3400)
地表水开采率	[50, 40)	[40, 30)	[30, 20)	[20, 10)	[10, 0)
地下水开采率	[50, 40)	[40, 30)	[30, 20)	[20, 10)	[10, 0)
人口密度	[500, 400)	[400, 300)	[300, 200)	[200, 100)	[100, 0)
万元工业产值用水量	[1000, 500)	[500, 200)	[200, 100)	[100, 50)	[50, 0)
万元农业产值用水量	[10000, 5000)	[5000, 2000)	[2000, 1000)	[1000, 500)	[500, 0)
人均生活用水量	[100, 80)	[80, 60)	[60, 40)	[40, 20)	[20, 0)
单位面积生态用水量	[0, 100)	[100, 200)	[200, 500)	[500, 1000)	[1000, 2000)
单位水体 COD 负荷	[40, 30)	[30, 20)	[20, 15)	[15, 10)	[10, 0)
单位水体 NH_3-N 负荷	[2, 1.5)	[1.5, 1)	[1, 0.5)	[0.5, 0.15)	[0.15, 0)
地表平均坡度	[50, 35)	[35, 25)	[25, 15)	[15, 5)	[5, 0)
地表起伏度指数	[1.5, 1.4)	[1.4, 1.3)	[1.3, 1.2)	[1.2, 1.1)	[1.1, 1)
喀斯特面积比重	[100, 80)	[80, 60)	[60, 40)	[40, 20)	[20, 0)
平均海拔	[3000, 2000)	[2000, 1500)	[1500, 1000)	[1000, 500)	[500, 0)
植被覆盖率	[0, 30)	[30, 50)	[50, 70)	[70, 90)	[90, 100)
耕地面积比重	[50, 40)	[40, 30)	[30, 20)	[20, 10)	[10, 0)
建设用地面积比重	[1, 0.8)	[0.8, 0.6)	[0.6, 0.4)	[0.4, 0.2)	[0.2, 0)

注：表中各个等级划分标准基于原始值，未标准化。

　　(3)指标赋权。在计算出各个指标熵权法权重和层次分析法权重后，根据综合权重的计算方法(式 5-71)，确定贵州省及其下辖地级市(州)各指标的综合权重(表 5-47)，将综合权重作为进一步计算水资源安全综合指数的前提。

表 5-47　各市州各指标综合权重

	贵州省	贵阳市	遵义市	安顺市	毕节市	铜仁市	黔西南州	黔东南州	黔南州	六盘水市
降水量	0.048	0.052	0.056	0.054	0.049	0.053	0.051	0.048	0.063	0.049
地下水比重	0.055	0.066	0.062	0.064	0.064	0.050	0.062	0.058	0.059	0.064
径流系数	0.066	0.062	0.059	0.064	0.069	0.054	0.071	0.070	0.053	0.058
河网密度	0.073	0.072	0.073	0.072	0.072	0.073	0.072	0.072	0.072	0.072
人均水资源量	0.043	0.043	0.042	0.047	0.044	0.041	0.040	0.044	0.053	0.048
地表水开采率	0.039	0.044	0.042	0.045	0.049	0.036	0.042	0.038	0.046	0.046

续表

	贵州省	贵阳市	遵义市	安顺市	毕节市	铜仁市	黔西南州	黔东南州	黔南州	六盘水市
地下水开采率	0.058	0.061	0.050	0.051	0.057	0.065	0.058	0.057	0.049	0.053
人口密度	0.044	0.043	0.049	0.051	0.046	0.050	0.048	0.049	0.053	0.043
万元工业产值用水量	0.054	0.055	0.051	0.054	0.052	0.050	0.053	0.060	0.048	0.057
万元农业产值用水量	0.026	0.028	0.026	0.029	0.027	0.025	0.025	0.026	0.026	0.028
人均生活用水量	0.042	0.041	0.039	0.037	0.044	0.048	0.042	0.042	0.050	0.052
单位面积生态用水量	0.019	0.019	0.018	0.017	0.020	0.017	0.023	0.019	0.017	0.015
单位水体 COD 负荷	0.038	0.025	0.041	0.032	0.030	0.039	0.029	0.033	0.024	0.035
单位水体 NH_3-N 负荷	0.045	0.043	0.042	0.038	0.033	0.047	0.036	0.036	0.040	0.034
地表平均坡度	0.046	0.045	0.046	0.045	0.045	0.046	0.045	0.045	0.045	0.045
地表起伏度指数	0.056	0.055	0.056	0.055	0.055	0.056	0.056	0.056	0.056	0.055
喀斯特面积比重	0.065	0.064	0.065	0.064	0.064	0.065	0.064	0.064	0.064	0.064
平均海拔	0.040	0.039	0.040	0.039	0.039	0.040	0.039	0.039	0.039	0.039
植被覆盖率	0.061	0.060	0.061	0.060	0.060	0.061	0.060	0.060	0.060	0.060
耕地面积比重	0.051	0.051	0.051	0.051	0.050	0.052	0.051	0.051	0.051	0.051
建设用地面积比重	0.032	0.032	0.032	0.032	0.032	0.033	0.032	0.032	0.032	0.032

2. 贵州省水资源安全时序特征

（1）水资源安全综合指数。由图 5-44 可知，贵州省水资源安全综合指数从 2001 年的 0.63 波动上升至 0.67，除 2011 年为 0.59 处于临界安全状态外，始终介于 0.6～0.8，总体上属于较安全状态。其中，地质地貌特征基本处于不变状态，水资源本底条件则受自然条件影响，其指数最小值为 0.48，最大值为 0.73，起伏波动较大，人类活动强度受社会经济行为影响，其指数由 2001 年的 0.66 上升至 2015 年的 0.76，处于较安全状态，并逐步向安全状态发展。具体来看，虽然水资源本底条件起伏不定，但受人类活动强度逐步改善的影响，导致水资源安全综合指数整体上略有升高。

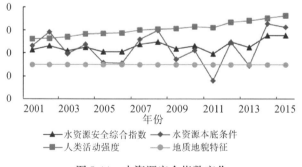

图 5-44　水资源安全指数变化

（2）水资源本底条件指数。由图 5-45 可知，贵州省 2001～2015 年水资源本底条件指数均在 0.4～0.8，总体上处于临界安全和较安全状态，且历年变化趋势平缓，另外，因西南大旱的影响，2010 前后达到水资源本底条件最低值。从水资源本底条件所包含的各项指标的变化情况来看，降水量标准化值变化范围在 0.19～0.88，起伏波动巨大，但多

数年份在 0.6~0.8，属于较安全类型；地下水比重标准化值仅少数年份略高于 0.6，其余
年份均在 0.5~0.6，多属于临界安全类型；径流系数标准化值变化范围不大，均在 0.4~
0.6，属于临界安全类型；河网密度标准化值为 0.73，属于较安全类型；人均水资源量标
准化值的变化趋势与降水量较相似，且多数年份高于 0.6，处于较安全状态之上。具体来
看，水资源本底条件主要受降水量变化影响，其标准化值起伏波动略大。

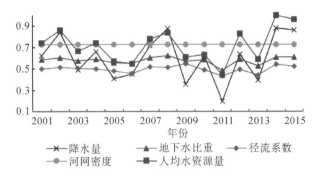

图 5-45　水资源本底条件各指标变化情况

　　(3)人类活动强度指数。由图 5-44 和图 5-46 可知，受人类对水资源安全意识增强和
社会经济行为改善的影响，人类活动强度指数由 2001 年的 0.66 上升至 2015 年的 0.76，
属于较安全类型，且整体上处于上升状态。从人类活动强度指数包含的各指标的变化情
况来看，地表水开采率标准化值均在 0.6 以上，均处于较安全类别以上，且多数年份高于
0.8，属于安全类型；地下水开采率和单位水体 COD 负荷标准化值均在 0.8~1，属于安
全类型；人口密度标准化值在 0.55~0.65，且总体上略有升高，处于临界安全和较安全
状态；万元工业产值用水量和万元农业产值用水量标准化值上升最为明显，分别从 2001
年的 0.22、0.48 上升至 2015 年的 0.77、0.87，逐渐由原先的不安全、临界安全向较安
全、安全级别转化；人均生活用水量标准化值因居民生活质量提高，用水量增加，由
2001 年之前的较安全状态下降为临界安全状态；单位面积生态用水量从 2001 年的 0.41
波动上升至 2015 年的 0.54，属于临界安全类型；单位水体 NH_3-N 负荷标准化值虽均在
0.6 之上，但受污染物排放影响呈下降趋势。具体来看，受万元工业产值用水量和万元农
业产值用水量逐年降低的主要影响，从而使人类活动强度标准化值呈逐年上升趋势。

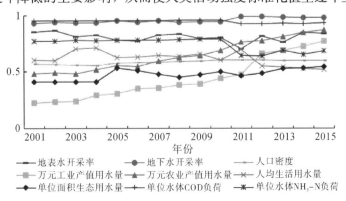

图 5-46　人类活动强度各指标变化情况

（4）地质地貌特征指数。由表 5-46 可知，贵州省的地质地貌特征指数为 0.55，处于临界安全状态，且基本处于稳定状态。从其所包含的各项指标来看，地表平均坡度标准化值为 0.54，处于临界安全状态；地表起伏度指数标准化值为 0.44，亦属于临界安全类型；喀斯特面积比重标准化值为 0.38，处于不安全状态；平均海拔标准化值为 0.56，为临界安全类型；植被覆盖率受生态环境保护意识的提高以及贵州省实行的退耕还林还草等措施的影响，其标准化值为 0.75，属于较安全类型；耕地面积比重标准化值为 0.56，处于临界安全状态；建设用地面积比重标准化值为 0.67，属于较安全类型。具体来看，贵州省由于其喀斯特面积比重较大、地表起伏度指数较高等的影响，其地质地貌特征属于临界安全类型。

3. 贵州省水资源安全空间特征

（1）水资源安全综合指数。2001～2015 年贵州省各市州的水资源安全综合指数均在 0.4～0.8，均处于临界安全状态和较安全状态。从其空间分布特征来看，由西北向东南逐渐趋好。从 2001～2015 年各市州水资源安全综合指数的多年平均值来看，贵阳市、安顺市、毕节市、六盘水市在 0.4～0.6，为临界安全类型，遵义市、铜仁市、黔西南州、黔东南州、黔南州、六盘水市在 0.6～0.8，为较安全类型。从各市州 2001～2015 年水资源安全综合指数的时间变化来看，铜仁市上升最为明显，从 2001 年的 0.57 上升至 2015 年的 0.68，从临界安全状态转变为较安全状态；其次为贵阳市，由 2001 年的 0.49 上升至 2015 年的 0.57，但依然处于临界安全状态，仍有较大提升空间；遵义市、安顺市、黔西南州、黔东南州、黔南州的水资源安全指数也有不同程度的提高，虽然提升幅度不如铜仁市和贵阳市大，但到 2015 年，这几个均达到了较安全级别，其中尤以黔东南州的水资源安全综合指数最高，为 0.74；毕节市的水资源安全综合指数变化幅度较小，仅从 2001 年的 0.55 提升至 2015 年的 0.59，仍然处于临界安全状态，且贵阳市、毕节市是直到 2015 年依然处于临界安全状态的城市，其水资源安全状况急需改善；六盘水市水资源安全综合指数的变化最小，2001 年为 0.59，到 2015 年为 0.61，中间年份虽略有波动，但变化不大，基本处于稳定不变状态。

（2）水资源本底条件指数。2001～2015 年贵州省各市州水资源本底条件指数多在 0.4～0.8，属于临界安全类型和较安全类型，少数市州在某些年份出现不安全类别，亦有个别市州在某些年份达到安全类别。从其空间分布特征来看，贵州省水资源本底条件从西北向东南趋好。从 2001～2015 年各市州水资源本底条件指数的平均值来看，贵阳市、遵义市、安顺市、毕节市、六盘水市在 0.4～0.6，为临界安全类型，其中毕节市平均值最低，为 0.46，降水量少且地下水比重高，形成的径流系数低，受这几个因素的主要影响，导致毕节市的水资源本底条件指数最低。铜仁市、黔西南州、黔东南州、黔南州均在 0.6～0.8，为较安全类型，其中黔东南州平均值最高，为 0.74，河网密度大，径流系数高，人均水资源量多，其水资源本底条件最好。从各市州 2001～2015 年水资源本底条件指数的变化情况来看，黔南州的变化幅度最大，其最大值和最小值相差 0.36，且从其总体演变趋势来看，2001 年其水资源本底条件指数为 0.61，2015 年为 0.76，中间虽仍有较大起伏，但整体上逐渐向安全状态靠拢。安顺市和黔东南州的水资源本底条件指数在 2001 年分别为 0.61、0.72，2015 年分别达到 0.71、0.81，均有不同程度的提高，而且黔东南州受其河网密度大、径流系数高等因素的影响，其水资源本底条件指数在 2015 年达到安全级别，也是贵州省 9 个市州中唯一达到安全级别的市州。贵阳市也有小幅度的提升，但也仅从 2001 年的 0.5 提升到 2015 年的 0.55，而且其水资源本底条件指数仅高于毕节市，劣于其他市州，各年间均处于临界安全状态。遵义市、毕节市、铜仁市、黔西南州 2001 年的水资源本底条件指数分别为 0.56、0.52、0.66、0.73，到 2015 年分别为 0.56、0.51、0.67、0.73，变化甚小，虽略有起伏，但并无明显演变趋势。六盘水市的水资源本底条件指数出现小幅度的下降，从 2001 年的 0.65 下降至 2015 年的 0.58。大多数市州的水资源本底条件指数均在 2011 年达到最低值，主要是因为 2011 年西南地区出现大旱，导致贵州省当年降水量极少，人均水资源量、径流系数等均达到历史最低。

　　(3)人类活动强度指数。2001~2015 年贵州省各市州人类活动强度指数均在 0.4~0.8，均属于临界安全类型和较安全类型。从其空间分布特征来看，临界安全类型主要集中在贵阳市、铜仁市、黔西南州，其余市州多属于较安全类型。从 2001~2015 年各市州人类活动强度指数的多年平均值来看，仅贵阳市的多年平均值在 0.4~0.6，为临界安全类型，贵阳市多年平均值为 0.57，人口密度大，人均生活用水量多，地表和地下水开采率高，且水体受污染严重；其余各市州均在 0.6~0.8，为较安全类型。从各市州 2001~2015 年人类活动强度指数的变化情况来看，铜仁市受万元工业产值用水量、万元农业产值用水量的显著下降以及单位面积生态环境用水量逐渐提高的影响，其人类活动强度指数从 2001 年的 0.51 上升至 2015 年的 0.74，提升幅度最为巨大，从临界安全状态转变为较安全状态；其次，贵阳市受地下水开采率、万元工业产值用水量、万元农业产值用水量显著下降的影响，其人类活动强度指数从 2001 年的 0.49 提高至 2015 年的 0.66，提升幅度较为明显，且整体呈明显上升趋势；遵义市、安顺市、毕节市、黔东南州、黔南州的人类活动强度指数受万元工业、农业产值用水量的下降影响，也有小幅度的增加，均增加了 0.1 左右，且到 2015 年均处于较安全状态；黔西南州、六盘水市的变化不甚明显。

　　(4)地质地貌特征指数。贵州省各市州地质地貌特征指数均在 0.4~0.8，均属于较安全和临界安全类型，从其空间分布特征来看，由西向东逐渐趋好。铜仁市、黔东南州地质地貌特征指数最高，分别为 0.61、0.69，属于较安全类型，其中，黔东南州植被覆盖率高，耕地面积比重小，且喀斯特地区面积比重少。贵阳市、遵义市、安顺市、毕节市、黔西南州、黔东南州、六盘水市地质地貌特征指数均在 0.4~0.6，属于临界安全类型，其中尤以毕节市地质地貌特征指数最小，为 0.47，其境内喀斯特面积比重大，平均海拔高，植被覆盖率低。

4. 贵州省水资源安全影响因素分析

　　利用 SPSS 软件进行皮尔逊相关性分析，对贵州省及其各市州水资源安全综合指数与指标层中各变化指标数据、贵州省各市州水资源安全综合指数平均值与各固定指标进行相关性分析，即可得到贵州省及各市州水资源安全状况与各指标的典型相关结果（表 5-48，表 5-49）。由表 5-48 可知，贵州省及各市州水资源安全综合指数大多数与降水量、径流系数、人均水资源量在 0.01 和 0.05 显著性水平上表现出不同程度的正相关，与地下水比重、地表水开采率、地下水开采率、万元工业产值用水量、万元农业产值用水量在 0.01 和 0.05 显著性水平上表现出不同程度的负相关，与人口密度、单位面积生态环境用水量、单位水体 COD 负荷、单位水体 NH_3-N 负荷亦显示不同程度的正相关或负相关，但并不显著。对于某些特异值，如单位水体 COD 负荷为负向指标，但各市州与其相关系数多数为正值，呈正相关，这是由于综合指数受各指标综合影响，其余指标对综合指数的影响在一定程度上抵消甚至超过了单位水体 COD 负荷对综合指数的影响，使得该结果出现矛盾现象。

从贵州省整体来看，其水资源安全状况主要与降水量、人均水资源量呈显著正相关，与地下水比重、地表水开采率、人均生活用水量、万元工业、农业产值用水量呈显著负相关。这表明贵州省喀斯特地貌发育显著，地表储水、蓄水能力低，降水多由地表渗入地下，人均生活用水量随着居民生活质量的提高亦逐渐增加，需进一步加强居民节水意识，而万元工业、农业产值用水量的减少则促进了贵州省水资源安全，但仍需促进科学技术的进步，进一步提高工业、农业用水效率。

从贵州省各市州来看，贵阳市主要与降水量呈正相关，与地表、地下水开采率、地下水比重、人口密度、万元工业、农业产值用水量等呈负相关。这表明贵阳市社会经济发达，万元工业、农业用水量显著下降，但同时人口聚集，人口密度较大，需水量较大，亦导致其区域内地表、地下水过度开采，用水量大导致其污水排放量也增加，其水质污染亦较为严重。毕节市主要与降水量、径流系数、人均水资源量呈正相关，与地下水比重、地表、地下水开采率、人口密度、万元工业、农业产值用水量呈负相关；毕节市是贵州省石漠化主要发生区，水土流失严重，其地下水比重大，人口密度较大，地表地下水开采率高，万元工农业产值用水量多，应加强其生态环境治理，建立相应的水利工程设施，提高其水资源利用效率。遵义市、安顺市、黔南州、六盘水市主要与降水量、径流系数、人均水资源量呈正相关，与地下水比重、地表水开采率呈负相关；铜仁市、黔西南州、黔东南州主要与降水量、人均水资源量呈正相关，与地下水开采率、万元工农业产值用水量呈负相关。

表 5-48　各市州综合指数与各变化指标之间的相关系数

	贵州省	贵阳市	遵义市	安顺市	毕节市	铜仁市	黔西南州	黔东南州	黔南州	六盘水市
	Pearson 相关性	Pearson 相关性	Pearson 相关性	Pearson 相关性	Pearson 相关性	Pearson 相关性	Pearson 相关性	Pearson 相关性	Pearson 相关性	Pearson 相关性
降水量	0.825**	0.799**	0.670**	0.827**	0.690**	0.532*	0.557*	0.672**	0.840**	0.677**
地下水比重	−0.709**	−0.515*	−0.571*	−0.844**	−0.718**	−0.016	−0.160	−0.151	−0.693**	−0.912**
径流系数	0.614*	0.332	0.758**	0.706**	0.549*	0.139	−0.018	0.269	0.783**	0.716**
人均水资源量人	0.917**	0.265	0.919**	0.928**	0.887**	0.708**	0.425	0.774**	0.835**	0.504
地表水开采率	−0.619*	−0.546*	−0.754**	−0.681**	−0.554*	−0.183	−0.402	−0.267	−0.839**	−0.273
地下水开采率	−0.360	−0.629*	−0.314	−0.412	−0.065	0.706**	0.738**	−0.614*	−0.241	0.390
人口密度	−0.367	−0.664**	−0.098	−0.425	−0.636*	−0.345	0.096	−0.611*	−0.360	−0.160
万元工业产值用水量	−0.554*	−0.709**	−0.290	−0.264	−0.615*	−0.604*	0.051	−0.741**	−0.522*	−0.549*
万元农业产值用水量	−0.567*	−0.615*	−0.451	−0.582*	−0.785**	−0.371	−0.090	−0.811**	−0.542*	−0.384

续表

	贵州省 Pearson 相关性	贵阳市 Pearson 相关性	遵义市 Pearson 相关性	安顺市 Pearson 相关性	毕节市 Pearson 相关性	铜仁市 Pearson 相关性	黔西南州 Pearson 相关性	黔东南州 Pearson 相关性	黔南州 Pearson 相关性	六盘水市 Pearson 相关性
人均生活用水量	-0.698^{**}	-0.464	-0.147	-0.400	-0.737^{**}	-0.358	-0.066	-0.524^{*}	-0.490	-0.242
单位面积生态用水量	0.365	0.232	0.510	0.265	0.474	-0.011	0.103	0.120	0.264	0.082
单位水体 COD 负荷	0.363	0.332	0.356	0.151	-0.027	0.586^{*}	0.506	0.590^{*}	-0.397	-0.140
单位水体 NH_3-N 负荷	0.380	0.688^{**}	0.186	0.167	-0.029	0.640^{*}	-0.101	0.624^{*}	0.221	0.023

＊＊在 0.01 水平（双侧）上显著相关。 ＊在 0.05 水平（双侧）上显著相关。

由表 5-49 可知，水资源安全综合指数与平均坡度、喀斯特面积比重、平均海拔、耕地面积比重在 0.01 和 0.05 显著性水平上呈不同程度的负相关，与河网密度、起伏度指数在 0.05 显著性水平上呈正相关，与建设用地面积比重呈负相关，但并不显著，其主要原因在于不同市州之间，地质地貌特征差异显著，并受地质地貌影响，河网密度、耕地面积比重亦有较大不同。从各市州的地质地貌特征来看，由于贵州省整体上属于高原山地地貌，各市州的地表起伏度指数均较高，同时全省大部分区域喀斯特地貌发育广泛（黔东南州除外），导致水资源安全状况与坡度、海拔和喀斯特面积比重显著相关；在各市州中，毕节市的地质地貌状况最差，喀斯特面积比重大，地表起伏度指数高，平均海拔高，植被覆盖率低，耕地面积比重大，同时加上人类对当地资源的过度开发利用，其水土亦大面积流失，急需对其进行生态环境治理，并布局合理的水利工程设施以保障当地居民的用水安全。

表 5-49　各市州综合指数平均值与各固定值指标之间的相关系数

		河网密度	平均坡度	起伏度指数	喀斯特面积比重	平均海拔	植被覆盖率	耕地面积比重	建设用地面积比重
综合指数平均值	Pearson 相关性	0.760^{*}	-0.808^{**}	0.668^{*}	-0.770^{**}	-0.713^{*}	0.832^{**}	-0.764^{*}	-0.592

＊＊在 0.01 水平（双侧）上显著相关。 ＊在 0.05 水平（双侧）上显著相关。

参 考 文 献

鲍超，邹建军，2018. 基于人水关系的京津冀城市群水资源安全格局评价. 生态学报，38(12)：4180-4190.

蔡林，2008. 系统动力学在可持续发展中的应用. 北京：中国环境科学出版社.

曹生奎，曹广超，陈克龙，等，2013. 青海湖湖泊水生态系统服务功能的使用价值评估. 生态经济(9)：163-167.

畅明琦，刘俊萍，黄强，2008. 水资源安全 Vague 集多目标评价及预警. 水力发电学报，27(3)：81-87.

陈华伟，黄继文，张欣，等，2013. 基于 DPSIR 概念框架的水生态安全动态评价. 人民黄河，35(9)：34-39.

陈绍金，施国庆，顾琦仪，2005. 水安全系统的理论框架. 水资源保护，21(3)：9-11.

陈雪，刘光有. 系统动力学在阿什河流域水污染控制规划中的应用. 环境科学与管理，35(5)：73-76.

仇保兴，2014. 我国城市水安全现状与对策. 水工业市场(1)：76-79.

楚文海，高乃云，鄢贵权，等，2008. 西南岩溶山区水资源可持续利用评价指标选取及权重确定. 水土保持通报，

28(1)：59-64.

崔保山，杨志峰，2003. 湿地生态系统健康的时空尺度特征. 应用生态学报(1)：121-125.

崔东文，2012. RBF 与 GRNN 神经网络模型在河流健康评价中的应用：以文山州区域中小河流健康评价为例. 中国农村水利水电(3)：56-62.

代稳，王金凤，秦趣，等，2014. 六盘水市水资源安全系统动力学模拟研究. 湖北农业科学，53(15)：3692-3697.

董朝阳，伍磊，童亿勤，2007. 生态足迹视角下的宁波市水资源可持续利用评价. 农业现代化研究，35(3)：349-361.

方红远，2007. 区域水资源安全概念浅析. 人民长江，38(6)：29-32.

封志明，刘登伟，2006. 京津冀地区水资源供需平衡及其水资源承载力. 自然资源学报，21(5)：689-699.

葛学谦，吴娟，唐德善，等，2008. 黑河流域水资源安全指数探讨. 人民长江，39(5)：27-28.

宫少燕，管华，陈沛云，2005. 河南省水资源安全度的初步分析. 河南大学学报：自然科学版，35(1)：46-51.

龚家国，唐克旺，王浩，2015. 中国水危机分区与应对策略. 资源科学，37(7)：1314-1321.

光耀华，2001. 广西岩溶地区水资源可持续开发利用研究. 工程地质学报，9(4)：418-423.

郭晓娜，苏维词，杨振华，等，2017. 城乡统筹背景下重庆市水生态足迹分析及预测. 灌溉排水学报，36(2)：69-75.

郭秀云，2004. 灰色关联法在区域竞争力评价中的应用. 决策参考，5(11)：54-59.

贺向辉，梁虹，戴洪刚，等，2007. 喀斯特地区枯水资源时空演变的探讨——以贵阳地区为例. 贵州师范大学学报：自然科学版，25(3)：29-34.

黄林楠，张伟新，姜翠玲，等，2008. 水资源生态足迹计算方法. 生态学报，28(3)：1279-1286.

黄蕊，刘俊民，李磷楷，2012. 基于系统动力学的咸阳市水资源承载力. 排灌机械工程学报(1)：57-63.

黄润，王升堂，倪建华，等，2014. 皖西大别山五大水库生态系统服务功能价值评估. 地理科学，34(10)：1270-1274.

黄少燕，2006. 重要水源地水质问题及保护对策研究. 亚热带水土保持，18(4)：65-67.

金菊良，吴开亚，魏一鸣，2008. 基于联系数的流域水安全评价模型. 水力学报，39(4)：401-410.

亢永，2013. 城市燃气埋地管道系统风险研究. 沈阳：东北大学.

刘邦贵，刘永强，王浩，等，2014. 基于物元分析法的区域水资源安全评价. 南水北调与水利科技，12(5)：100-104.

刘星，2014. 湖南省重点岩溶流域岩溶水开发利用区划及方案研究. 北京：中国地质大学(北京).

卢耀如，张凤娥，刘长礼，等，2006. 中国典型地区岩溶水资源及其生态水文特性. 地球学报，27(5)：393-402.

毛飞剑，何义亮，徐智敏，等，2014. 基于单因子水质标识指数法的东江河源段水质评价. 安全与环境学报(5)：327-331.

闵庆文，焦雯珺，成升魁，2011. 污染足迹：一种基于生态系统服务的生态足迹. 资源科学，33(2)：195-200.

聂相田，1999. 水资源管理系统模糊与随机分析方法及应用研究. 大连：大连理工大学.

欧阳志云，赵同谦，王效科，等，2004. 水生态服务功能分析及其间接价值评价. 生态学报，24(10)：2091-2099

潘真真，苏维词，王建伟，等，2017. 基于生态系统供给及净化服务的贵州省生态占用研究. 环境科学学报，37(7)：2786-2796.

史德明，1999. 长江流域水土流失与洪涝灾害关系剖析. 土壤侵蚀与水土保持学报，5(1)：1-7.

史运良，王腊春，朱文孝，等，2005. 西南喀斯特山区水资源开发利用模式. 科技导报，23(2)：52-55.

宋培争，汪嘉杨，刘伟，等，2016. 基于 PSO 优化逻辑斯蒂曲线的水资源安全评价模型. 自然资源学报，31(5)：886-813.

宋旭光，2003. 生态占用测度问题研究. 统计研究(2)：44-47

苏维词，朱文孝，2000. 贵州喀斯特山区生态环境脆弱性分析. 山地学报，18(5)：429-434.

苏印，官冬杰，苏维词，2015. 基于 SPA 的喀斯特地区水安全评价——以贵州省为例. 中国岩溶，34(6)：560-569.

孙才志，迟克续，2008. 大连市水资源安全评价模型的构建及其应用. 安全与环境学报，8(1)：115-118.

孙芳玲，2011. 山东省水资源生态足迹研究. 济南：山东师范大学.

孙晓蓉，邵超峰，2010. 基于 DPSIR 模型的天津滨海新区环境风险变化趋势分析. 环境科学研究，23(1)：68-74.

覃小群，蒋忠诚，李庆松，等，2007. 广西岩溶区地下河分布特征与开发利用. 水文地质工程地质，34(6)：10-13.

谭秀娟，郑钦玉，2009. 我国水资源生态足迹分析与预测. 生态学报，29(7)：3559-3568.

王浩，陈敏建，唐克旺，2004. 水生态环境价值和保护对策. 北京：北京交通大学出版社.

王红旗，侯泽青，秦成，2012. 基于突变理论的泉州市水资源安全预警. 南水北调与水利科技，10(5)：1-6.

王欢，韩霜，邓红兵，等，2006. 香溪河河流生态系统服务功能评价. 生态学报，26(9)：2971-2978.

王俭，张朝星，于英谭，等，2012. 城市水资源生态足迹核算模型及应用：以沈阳市为例. 应用生态学报，23(8)：2257-2262.

王明章，2005. 贵州省地质调查院. 贵州岩溶石山生态地质环境研究. 北京：地质出版社.

王伟，2007. 基于层次分析法的表层带岩溶水资源评价方法探讨——以大小井流域为列. 贵州地质，24(1)：17-21，26.

王文圣，李跃清，金菊良，等，2010. 水文水资源集对分析. 北京：科学出版社.

王在高，梁虹，2001. 岩溶地区水资源承载力指标体系及其理论模型初探. 中国岩溶，20(2)：144-148.

韦杰，贺秀斌，汪涌，等，2007. 基于 DPSIR 概念框架的区域水土保持效益评价新思路. 中国水土保持科学，5(4)：66-69.

吴开亚，金菊良，2011. 基于变权重和信息熵的区域水资源安全投影寻踪评价模型. 长江流域资源与环境，20(9)：1085-1090.

吴开亚，金菊良，周玉良，等，2008. 流域水资源安全评价的集对分析与可变模糊集耦合模型. 四川大学学报(工程科学版)(3)：6-12.

吴士章，朱文孝，苏维词，等，2005. 贵州水资源状况及节水灌溉措施. 贵州师范大学学报(自然科学版)，23(3)：24-28.

夏军，刘春蓁，任国玉，2011. 气候变化对我国水资源影响研究面临的机遇与挑战. 地球科学进展，26(1)：1-12.

夏军，石卫，2016. 变化环境下中国水安全问题研究与展望. 水利学报，47(3)：292-301.

夏军，张永勇，王中根，等，2006. 城市化地区水资源承载力研究. 水利学报，37(12)：1482-1488.

夏军，朱一中，2002. 水资源安全的度量：水资源承载力的研究与挑战. 自然资源学报，17(3)：5-7.

谢高地，甄霖，鲁春霞，等，2008. 生态系统服务的供给、消费和价值化. 资源科学，30(1)：93-99.

徐婷，徐跃，江波，等，2015. 贵州草海湿地生态系统服务价值评估. 生态学报，35(13)：4295-4303.

徐毅，孙才志，2008. 基于系统动力学模型的大连市水资源承载力研究. 安全与环境学报，8(6)：71-74.

徐中民，程国栋，张志强，2001. 生态足迹方法：可持续性定量研究的新方法：以张掖地区 1995 年生态足迹计算为例. 生态学报，21(9)：1484-1493.

许智慧，2013. 马尔科夫状态转移概率矩阵的求解方法研究. 东北农业大学.

闫人华，高俊峰，黄琪，等，2015. 太湖流域圩区水生态系统服务功能价值. 生态学报，35(15)：5197-5206.

杨光照，2008. 岩溶山区高位地下河成库条件研究. 贵阳：贵州大学.

杨俊，李雪铭，李永化，等，2012. 基于 DPSIRM 模型的社区人居环境安全空间分异——以大连市为例. 地理研究，31(1)：135-1144.

杨美玲，马鹏燕，2011. 银川市水生态系统服务功能价值评价. 中国农学通报，27(26)：239-244.

杨秋林，2009. 水资源承载力动态变化分析. 安全与环境学报(6)：88-90.

杨小辉，鹿冲，王继辉，2003. 贵州喀斯特地区水资源主要特征初步分析. 贵州水力发电，17(4)：10-15.

杨振华，苏维词，李威，2016. 基于 PESBR 模型的岩溶地区城市水资源安全评价——以贵阳市为例. 贵州师范大学学报(自然版)，34(5)：1-9.

杨振华，苏维词，周秋文，2016. 基于模糊集理论的岩溶地区水资源安全评价. 绿色科技(16)：1-6.

杨振华，周秋文，郭跃，等，2017. 基于 SPA-MC 模型的岩溶地区水资源安全动态评价——以贵阳市为例. 中国环境科学，37(4)：1589-1600.

杨正贻，1987. 山西郭庄泉流量的多亚动态分析. 中国岩溶(1)：3-19.

叶守泽，夏军，2002. 水文科学研究的世纪回眸与展望. 水科学进展，13(1)：93-104.

叶延琼，章家恩，陈丽丽，等，2013. 广州市水生态系统服务价值. 生态学杂志，32(5)：1303-1310.

于冰，徐琳瑜，2014. 城市水生态系统可持续发展评价：以大连市为例. 资源科学，36(12)：2578-2583.

于伯华，吕昌河，2004. 基于 DPSIR 概念模型的农业可持续发展宏观分析. 中国人口•资源与环境，14(5)：68-73.

俞锦标，杨立铮，章海生，等，1990. 中国喀斯特发育规律典型研究——贵州普定南部地区喀斯特水资源评价及其开发利用. 北京：科学出版社.

曾畅云，李贵宝，傅桦，2004. 水环境安全的研究进展. 水利发展研究，4(4)：20-22.

曾浩，张中旺，孙小舟，等，2013. 湖北汉江流域水资源承载力研究. 南水北调与水利科技(4)：20-25.

张峰，杨俊，席建超，等，2014. 基于 DPSIRM 健康距离法的南四湖湖泊生态系统健康评价. 资源科学，36(4)：0831-0839.

张凤太，苏维词，2016. 基于均方差－TOPSIS 模型的贵州水生态安全评价研究. 灌溉排水学报，35(9)：88-92.

张凤太，苏维词，周继霞，2008. 基于熵权灰色关联分析的城市生态安全评价. 生态学杂志，27(7)：1249-1254.

张凤太，王腊春，苏维词，2015. 基于 DPSIRM 概念框架模型的岩溶区水资源安全评价. 中国环境科学，35(11)：3511-3520.

张凤太，王腊春，苏维词，等，2012. 基于熵权集对耦合模型的表层岩溶带"二元"水资源安全评价. 水力发电学报，31(6)：70-76.

张继权，伊坤朋，H iroshi Tani，等. 2011. 基于 DPSIR 的吉林省白山市生态安全评价. 应用生态学报，22(1)：189-195.

张军以，王腊春，苏维词，等，2014. 岩溶地区人类活动的水文效应研究现状及展望. 地理科学进展，33(8)：1125-1135.

张一瑶，吴诗辉，刘晓东，等，2016. 基于集对分析和马尔科夫链的航空维修安全动态评估. 中国安全科学学报，26(1)：122-128.

张义，张合平，2013. 基于生态服务的广西水生态足迹分析. 生态学报，33(13)：4111-4124.

张义，张合平，李丰生，等，2013. 基于改进模型的广西水资源生态足迹动态分析. 资源科学，35(8)：1601-1610.

张翼然，周德民，刘苗. 2015. 中国内陆湿地生态系统服务价值评估——以 71 个湿地案例点为数据源. 生态学报，35(13)：4279-4286.

赵丹，刘东，武秋晨，2014. 基于 DPSIR-TOPSIS 模型的区域农业水资源系统恢复力评价. 中国农村水利水电(7)：52-57.

赵克勤，1994. 基于集对分析的方案评价决策矩阵与应用. 系统工程，12(4)：67-72.

赵同谦，欧阳志云，王效科，等，2003. 中国陆地地表水生态系统服务功能及其生态经济价值评价. 自然资源学报，18(4)：443-452.

郑长统，梁虹，舒栋才，等，2011. 基于 GIS 和 RS 的喀斯特流域 SCS 产流模型应用. 地理研究，30(1)：185-194.

郑群威，苏维词，杨振华，等，2019. 乌江流域水环境质量评价及污染源解析. 水土保持研究(3)：204-212.

周传艳，陈讯，刘晓玲，等，2011. 基于土地利用的喀斯特地区生态系统服务功能价值评估——以贵州省为例. 应用与环境生物学报，17(2)：174-179.

邹胜章，朱明秋，唐建生，等，2006. 西南岩溶区水资源安全与对策. 地质学报，80(10)：1637-1642.

Beck M B，Walker R V，2013. On water security, sustainability, and the water-food-energy-climate nexus. Frontiers of Environmental Science & Engineering，7(5)：626-639.

Chen J F，Lu X，Wang H M，et al.，2012. Research on urban water security early-warning based on support vector machines. Advances in Information Sciences and Service Sciences (AISS)，4：191-199.

Costanza R，Darge R，Groot R D，et al.，1999. The value of the world's ecosystem services and natural capital. Nature，387(1)：3-15.

Daily G C，1997. Nature's services：Societal dependence on natural ecosystems . Pacific Conservation Biology，6(2)：220-221.

Dimkić D，Dimkić M，Soro A，et al.，2017. Overexploitation of karst spring as a measure against water scarcity. Environmental Science and Pollution Research，24(25)：20149-20159.

Foley J A，Asner G P，Costa M H，et al.，2007. Amazonia revealed：forest degradation and loss of ecosystem goods and services in the Amazon Basin. Frontiers in Ecology & the Environment，5(1)：25-32.

Hartmann A，Goldscheider N，Wagener T，et al.，2014. Karst water resources in a changing world: review of hydrological modeling approaches. Reviews of Geophysics，52(3)：218-242.

Hoekstra A Y，Hung P Q，2002. Virtual water trade . Value of water research report series(11)：239-304.

Jansson ÅÅ，Folke C，Rockström J，et al.，1999. Linking freshwater flows and ecosystem services appropriated by people: the case of the Baltic Sea Drainage Basin. Ecosystems，2(4)：351-366.

Liu Z，2012. Systematic analysis of rural safe drinking water based on PSR model in China. Journal of Convergence Information Technology，7(15)：169-175.

Martin J B，Kurz M J，Khadka M B，2016. Climate control of decadal-scale increases in apparent ages of eogenetic karst spring water. Journal of Hydrology，540：988-1001.

Ping Z，Liang H，Xin F，et al.，2015. Ecosystem service value assessment and contribution factor analysis of land use change in Miyun County，China. Sustainability，7(6)：7333-7356.

Plagnes V，Bakalowicz M，2001. The protection of karst water resources: the example of the Larzac karst plateau (south of France) . Environmental Geology，40(3)：349-358.

Rees W E，1992. Ecological footprints and appropriated carrying capacity: what urban economics leaves out. Environment and Urbanization，4(2)：121-130.

Rijsberman M A，Van De Ven F H M，2000. Different approaches to assessment of design and management of sustainable urban water systems. Environmental Impact Assessment Review，20(3)：333-345.

Roberts R，Mitchell N，Douglas J，2006. Water and Australia's future economic growth. Economic Round-Up，(Summer 2006)：53.

Shao D，Yang F，Xiao C，et al.，2012. Evaluation of water security: an integrated approach applied in Wuhan urban agglomeration，China. Water Science & Technology，66(1)：79-87.

Stoeglehner G，Edwards P，Daniels P，et al.，2011. The water supply footprint(WSF): a strategic planning tool for sustainable regional and local water supplies. Journal of Cleaner Production，19(15)：1677-1686.

Wilson M A，Carpenter S R，1999. Economic valuation of freshwater ecosystem services in the united states: 1971-1997. Ecological Applications，9(3)：772-783.

Xiao X，He B，Ni J，et al.，2013. Safety assessment of water resources in Chongqing section of the three gorges reservoir area based on DPSIR model from the perspective of agricultural non-point pollution source. Acta Scientiae Circumstantiae，33(8)：2324-2331.

Zander K K，Straton A，2010. An economic assessment of the value of tropical river ecosystem services: heterogeneous preferences among aboriginal and non-aboriginal Australians . Ecological Economics，69(12)：2417-2426.

Zhang B，Li W，Xie G，et al.，2010. Water conservation of forest ecosystem in Beijing and its value. Ecological Economics，69(7)：1416-1426.

Zhang，J，Xu，et al.，2006. Water resources utilization and eco-environmental safety in Northwest China. Journal of Geographical Sciences，16(3)：277-285.

Željko Dadić，Ujević M，Vitale K，2010. Integral management of water resources in croatia: step towards water security and safety for all，129-138.

第6章　喀斯特地区水资源安全开发利用技术与模式

西南喀斯特地区的缺水问题由来已久，既有特殊的地质地貌的原因，也有过去水利建设布局不合理，资金投入不足，设施不完善的工程性原因，还有水资源开发利用实用技术及模式的研发、引进吸收、应用推广使用等问题的影响。同时，喀斯特地区工程性缺水问题，引发了一系列生态环境问题，并严重制约了该地区农村乃至小城镇地区社会经济的可持续发展，因为地表常年干旱缺水，喀斯特地区百姓只能种植经济价值低的粮食作物，且经常遭遇旱涝尤其是干旱灾害，作物产量很低，稳定性差，百姓增收困难，2000年前后，部分农村地区连温饱问题都难以解决；此外，喀斯特地区岩溶水矿化度和总硬度较高，水中部分矿物元素含量较高，且人畜饮水容易受农药、重金属等外源有机物和无机物污染严重影响，导致人畜饮水得不到有效处理。过去偏远地区和分散居住的居民长期无法获取纯净、卫生的稳定水源，也限制了部分需水产业的发展，甚至在一些地区出现"一方水土养不活一方人"的现象。在缺水因素的影响下，以黔桂滇喀斯特地区为代表的西南喀斯特片区，成为中国农村贫困面最广、贫困人口最多、贫困程度最深的集中连片深度贫困区，也是国家"十三五"期间扶贫攻坚的重点地区。因此，如何根据喀斯特地区的地质地貌条件、水资源赋存特点及生活、生态、生产需水要求，研发、使用适宜的水资源开发利用的技术方案，因地制宜充分利用大气水、地表径流、表层岩溶带水资源，稳定地解决喀斯特地区工程性缺水问题，是一项亟待解决的科学技术问题，也是民生问题。从目前解决方案的大致情况来看，对于大中小城市、集镇、规模较大的村落和连片耕地，主要通过修建大中型骨干水源工程，实行集中供水解决。经过多年尤其是十二五以来这些年的努力，这一措施取得明显成效；但由于喀斯特缺水山区地表崎岖破碎，不少山区的耕地、居民点较分散，地质结构复杂、地下水埋藏深且分布不均，水资源开发利用困难；以大中型水源工程为主的集中式供水模式对于解决分散居民生活及生产用水问题而言，成本很高或难以企及，而通过就近表层带水资源开发及小微型水利工程的完善和优化配置建设，进行分散供水则是解决该地区工程性缺水的有效手段。通过相关实用技术的研究与集成示范，可望大幅缓解或解决喀斯特地区分散村落的生活、生态、生产用水困难。本章主要针对喀斯特地区分散供水的技术及模式进行一些探讨。

6.1　喀斯特地区"三水"开发利用技术

喀斯特地区"三水"指的是雨水、地表水、浅层地下水(孔隙水、裂隙水、管道溶洞水)。"三水"开发利用技术包括雨水的集雨集流技术、地表水(坡面水、沟谷水)拦截蓄引技术、管道溶洞水的拦蓄提引等技术，它是大中型集中式水资源开发利用技术体系(水利系统为主)的重要补充。

6.1.1　喀斯特地区集水(集雨、集流)技术

高效集雨集流侧重喀斯特地区小城镇、村寨的雨水资源、自然或人工坡面沟谷水资源和地表小河道水资源的开发利用，主要涉及屋面集雨技术、坡面沟谷水集蓄净化一体化技术、新型材料集雨技术等，主要适用于地表水资源渗漏严重，但大气降水丰富的喀

斯特高原峡谷、斜坡地带及峰丛洼地等。

1. 屋面集雨技术

　　目前，已有屋面蓄水池缺乏水质、水量维护措施，输水、净水设施不完善或缺失，屋面蓄水后滞留屋顶，导致屋面水蒸发量大，水质易恶化。建立合理的输水管网系统，将分散的屋面集雨统一、及时存储在水窖内，采用过滤新材料和新工艺，解决传统屋面集雨的雨水储存与净化问题，从而实现屋面集雨的综合高效利用。

　　屋面集雨有两种类型。第一种是混凝土平顶硬化屋面集雨[图 6-1(a)]，如关岭县板贵乡、贞丰县查尔岩村、普定县坪上乡哪叭岩村、城关镇陈家寨移民新村等，这种平顶屋面不仅可以直接作为雨水的集雨场、蓄水池来集蓄雨水，还可在夏天降低屋内温度，但缺点是蒸发快，水质容易受到污染；因此，平顶屋面集雨通常与小水池、水窖建设配套，通过塑料管把屋顶集雨输送到水池或水窖里(水管的入口处设置过滤器)储存起来。平顶屋面集雨的关键就是屋顶和水池或水窖的防渗处理，故在屋顶涂抹防水耐晒抑菌聚丙烯环氧树脂，能有效预防平顶屋面表面裂缝、预防墙体渗漏，长期防止屋顶霉菌等微生物滋生。另外，为了防止雨水蒸发，可将集雨面上安装漏斗型钢棚，即设置成四周高、中间低的漏斗型构成封闭式集蓄水池。其关键技术在于高效收集雨水、减少蒸发。

　　第二种方法就是"人"字形屋面集雨[图 6-1(b)]，这种集雨主要是在倾斜瓦面的屋檐悬吊或架设 PP 或 PVC 管材做成的集雨槽，再通过集雨槽将收集的雨水导入蓄水池或水窖，最后引入家用式水质净化装置进行水质处理后使用。其技术关键在于水质净化处理，一般在墙壁上或适宜位置安装水质净化装置，装置内滤料依次为大孔隙砂石层、PP 棉、活性炭和反渗透膜(RO)，净化后达到饮用水水质卫生标准。为清洁屋面及管道设施，提高屋面集雨的水质，一般把每年屋面收集的第一场雨水弃掉。

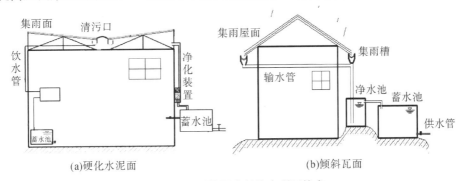

(a)硬化水泥面　　　　　　　　　　　　　　(b)倾斜瓦面

图 6-1　屋面集雨高效综合利用技术

2. 坡面沟谷水集蓄利用技术

1)坡面集雨集流技术

　　集流技术是利用自然和人工营造集流面把降雨、地表径流收集到特定场所。集流系统由集流面、截流沟和汇流沟组成。自然集流场在野外以坡度为 5°～10° 的荒山荒坡为宜，截流沟(拦山沟)通常布置于坡面上部，拦截降雨径流后引入汇流沟，然后进入沉沙池沉淀过滤。截流沟断面为梯形断面，可不衬砌，但开挖面应夯实，并种植草皮恢复。断面规模根据集雨集流面大小和当地的降水情况而定。集流面积可按下式计算：

$$S = 1000 \times W / Pp \times Ep \tag{6-1}$$

式中，S 为集流场面积(m^2)；W 为年蓄水量(m^3)；Ep 为用水保证率等于 P 的集流效率；Pp 为保证率等于 P 的年降水量(mm)；对雨水集蓄 P 一般取 50％(平水年)和 75％(中等干旱年)。

　　喀斯特地区冲沟作为重要的汇流场所，其季节性雨水资源的开发利用潜力巨大，所集蓄的坡面水资源将成为重要储备灌溉水源。根据冲沟地形特点与物质组成，在冲沟入口断面采取坡面硬化固化措施，保证冲沟稳定性，同时控制溯源侵蚀，实现充分、合理地利用冲沟汇流条件进行汇流蓄水，对于比降大、沟长的冲沟，结合中国科学院贵阳地球化学研究所等研究成果，采用梯级拦水坝拦蓄冲沟径流(图 6-2)。利用管网、渠系、水池导蓄冲沟拦蓄径流进入相应的蓄水池或水塘，实现冲沟断面汇流的高效利用。

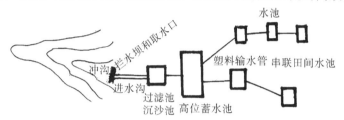

图 6-2　冲沟坡面沟谷水资源开发利用技术

2)人工坡面的雨水集蓄技术

　　目前采用村庄、广场、道路边沟、庭院、荒坡等场所，进行村庄庭院集雨、硬化路面集雨、荒坡集水面集雨、塑料大棚面集雨等不同形式集雨(其中利用现在的水泥、沥青道路路面集雨，简便易行、效率高)，把降雨径流收集到特定场所(图 6-3)。人工集雨集流场的设计选择应坚持高效廉价为原则，就地取材，进行集雨集流场建设，集水面材料可考虑用塑料棚膜、混凝土、混合土夯实、素土夯实、砖瓦面、喷沥青夯实地面等不同方法处理集雨集流面。

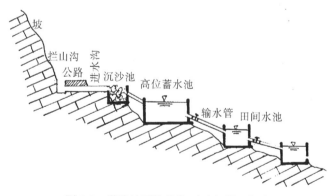

图 6-3　道路坡面沟谷集雨开发利用方式

3)新型材料集雨技术

　　开发成本低、集流效率高的新型集雨材料，如以往研制出的土壤固化剂、面喷涂型有机硅、地衣生物等三种新型集雨材料，确定材料的技术性能参数，进行田间应用试验，并提出相应的技术操作规程。以普定县后寨河陈旗小流域的洼地坡面水集蓄技术为例，在喀斯特地区坡地或石漠化地区，寻找植被覆盖少，土层浅薄的石质或土石质小洼地，清理出碎石，在石窝或石槽内(图 6-4)涂抹水泥砂浆，用特制聚乙烯膜覆盖洼地内部，并在小洼地外缘对聚乙烯薄膜进行固定，使之不影响坡面径流的流入，并增加输配水管道网络，可供枯水季节的灌溉用水，充分利用丰富的坡面水资源。

4) 生物集雨材料及植物营养调理剂集水技术

　　生物集雨材料对水质没有污染，不但可以提高自然坡面集流效率，同时具有保持水土和改善缺水区生态环境的功能，实现了生物、自然与环境和谐的集蓄雨水新理念。其关键技术在于利用生物体表面蓄水或生物体新陈代谢过程蓄水，从而达到提升生物蓄水能力的作用，如地衣生物固化地表集水技术等，但在喀斯特地区，如何选择适合本地水热气候条件、土壤理化性质的生物材料等是一个需要进一步研究的问题。

图 6-4　聚乙烯防渗材料集蓄水利用技术(据贵州大学、中国科学院地球化学研究所资料)

6.1.2　喀斯特地区表层裂隙水开发利用技术

　　喀斯特地区表层带喀斯特水分布广泛，其岩石裂隙空间是裂隙水储存和运动的主要场所。裂隙的类型、性质和发育程度等直接影响裂隙水的埋藏、分布与运移规律，利用表层喀斯特泉定向引水技术(蓄—引—截—提)，综合利用多次累积产流，可在一定程度上有效解决或缓解喀斯特地区的工程性缺水问题。开发利用喀斯特裂隙水必须因地制宜、因需制宜进行，根据贵州省喀斯特地下水(大泉、地下河、表层带地下水)开发利用条件将贵州省喀斯特地下水划分为：黔西北高原喀斯特溶洞水区、黔北与黔东北隔槽式溶孔溶隙水区、黔中溶隙溶孔水区、黔西南溶隙溶洞水区、黔南溶洞管道水区。对不同区域的裂隙水可采用不同的分散式集水收集模式，主要使用引、蓄、提、井等不同的组合方式高效地收集裂隙水，然后进行配置利用(表 6-1)。

表 6-1　贵州省喀斯特裂隙水分区及利用模式

裂隙水分区	区域地貌单元	区域构造单元	泉点出露特征	开发方式
黔西北高原喀斯特溶洞水区	高原台地及断陷盆地	北西向构造及黔西山字形构造	高原台地面及盆地边缘，分布较零星，流量小	引、提
黔北、黔东北隔槽式溶孔溶隙水区	高原斜坡、垄岗谷地及溶丘洼地	北东向、北北东向及南北向构造带紧密褶皱带	谷地、洼地及河谷斜坡台地边缘，分布零星，泉点多，流量小	蓄、引、提、井
黔中溶隙溶孔水区	溶丘坡地、峰林盆地、谷地	南北向、东西向构造带	谷地、盆地边缘，分布零星，流量小	蓄、引、提、井
黔西南溶隙溶洞水区	斜坡台地、峰丛谷地	北东向、南北向构造带及北西向构造带	洼地边缘及河谷斜坡或台地布，出露相对集中，流量大	蓄、引、提
黔南溶洞管道水区	斜坡谷地、峰丛洼地、槽谷	南北向及北北东向构造带	洼地边缘及斜坡坡面，出露相对集中，流量较大	蓄、提、引

1. 引泉入池（水窖）收集裂隙水

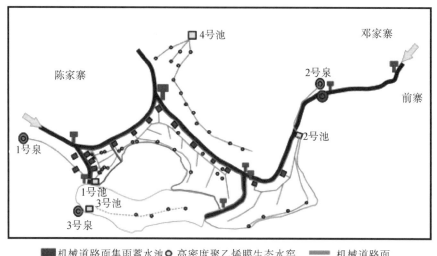

图 6-5　引泉入池（水窖）集蓄裂隙泉（据中国科学院地球化学研究所资料）

　　通过"引水管（渠）→水池（水窖）"收集裂隙水。水池（水窖）大小可根据裂隙水源点的出水量和需供水量的大小而定，水池（水窖）位置一般要低于泉水点位置。根据《贵州省农村及乡镇供水管理办法》（1991）中的规定以及裂隙水资源特征和喀斯特区社会经济现状，调节水池以小于 200m³ 最为适宜，而微型集水池（水窖、水柜）大小以 20~60m³ 为宜，以蓄满一池满足 1 户或 2 户村民 3 个月人畜生活用水为宜，为保证水池内水质质量，要求水池加盖埋藏，水池墙身多采用 M7.5 砂浆砌块石、M10 砂浆抹内面防渗、C15 砼底板、C20 钢筋砼水池盖板。因喀斯特裂隙水水质较好，出露广泛，大多数裂隙水（泉水）符合国家饮用水水质标准，无需经任何化学或生物处理，只需加热即可直接饮用的特点，通过引水管道（塑料软管或钢管）直接将裂隙水引至村民家中水池（水窖）或引裂隙水至村集中村寨内调节水池，然后统一通过调节水池供给村民水池或水窖。例如，在普定县哪叭岩村地区和陈家寨村，即通过将裂隙水直接引入村民家中水池和村后山坡上修建的调节水池收集喀斯特裂隙水(图 6-5)。

2. 围泉建池(水窖)集蓄技术

在部分裂隙泉或季节性裂隙泉附近，修建蓄水池(水窖)就地收集裂隙水资源(为防止围泉蓄水，强化水的溶蚀作用而导致泉水出口路径改道，蓄水位一般应在低于泉水出口)。水池规模应根据泉水量和实际需求量而定，以解决水池附近村民的人畜饮水为主要目的。例如，贵州花江马刨井泉，在泉口位置下方不远处兴建水池收集裂隙泉水。部分裂隙泉水出露在村民的房前屋后，位置与房屋位置有一定的高差，裂隙水在重力作用下由高至低自由流动，只需要投资引水管道等简单的设施就可以将裂隙泉水直接引入农户家中(图 6-6)，利用方便，投资少，技术简单易推广。

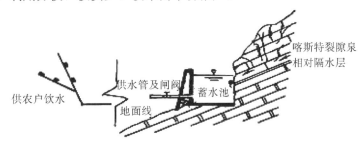

图 6-6　围泉修建水蓄水池(水窖)集蓄裂隙泉

3. 人工开挖或浅井蓄、提水

在贵州东北部，主要出露碳酸盐岩为白云岩，裂隙分布均匀，表层带内含水分布也较均匀，地下水埋藏浅，通过人工开挖蓄水或浅机井提水，投资成本低，成井率高，操作简便，风险小，且水量稳定。通过浅机井的形式提取表层带裂隙水，然后通过引水渠(管)的方式分散利用地下水，效果好，投入低。例如，在贵州遵义县、桐梓县喀斯特槽谷地区通过浅机井蓄、提表层带水，井深一般小于 10m，出水率高，一口机井可解决 20~30 人的生活用水，效益显著。

4. 洞穴滴水集蓄利用技术

洞穴滴水一般是降雨通过洞顶到地表厚度岩层、植被、土壤入渗形成的，其水流量受地表降雨影响大，雨季滴水量大，枯期非常小，极其不稳定。洞穴滴水经岩土层过滤、水质良好，可以作为饮用水资源利用，具有重要科研价值和实用价值。但是洞穴滴水水量较小，而位置往往不集中，会同时有多个位置滴水，难以在洞底形成径流，因此，结合滴水位置建设利用人工集蓄水池(图 6-7)，将蓄水池水面作为集水面，可实现水资源的高效开发，为水资源的综合利用和开发开辟新的途径。

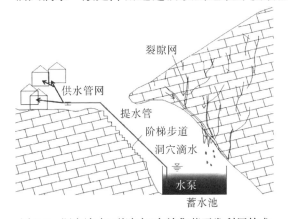

图 6-7　洞穴滴水(裂隙水)高效集蓄开发利用技术

6.1.3 中深层管道水(地下河)提引开发利用技术

1. 浅层地下水及地下河找水技术

浅层地下水及地下河找水技术主要针对喀斯特以石灰岩分布为主的喀斯特峰丛洼地浅层地下水的勘查找水。大比例尺水文地质调查以及洞穴探测是基础,结合部分物探技术,组合地貌类型、微地貌发育特点及其与断裂的匹配关系;利用洞穴探测(图 6-8)以及结合多种物探方法的组合,综合判译,提高对碳酸盐岩岩体内充填黏土与赋存喀斯特水电性指标的识别能力,提高成井率。目前已在平塘、普定、贞丰、遵义等区域成功开展相关工作。

图 6-8 遵义绥阳双河洞洞穴水资源勘测

从便于开发利用的角度认为,浅层喀斯特水是指一般埋藏深度不超过 50m 的表层带喀斯特水和浅层地下河(喀斯特管道水)。喀斯特浅层地下水就地开发利用方便,工程造价低,是解决喀斯特地区工程性缺水的便捷路径,并已经过实践取得了较好的成效。主要开发思路是:根据喀斯特地区独特的地质、地貌、水文条件以及耕地和人居分布等特点,改变以集中式供水的传统模式,因地制宜、因水制宜地开展适合喀斯特地区自然和社会经济特点的分散型及多样性开发模式。

2. 低位地下河开发技术

贵州喀斯特地区目前已发现的地下河中浅层地下河大约占一半以上,开发潜力巨大。浅层地下河开发利用方式主要为蓄(堵)、提和引 3 种技术。

1)地下河建坝蓄水(堵洞成库——地下河水库)技术

在具有较大洞穴空间(蓄水空间)的地下河中筑坝拦堵修建地下水库。例如,贵州普定母猪洞地下水库、落水岩地下水库、马官地下水库、安顺龙宫地下水库,以及湘西洛塔大瓜洞地下水库和马蛇洞地下水库等。对于洞道空间小或全充水洞及水力坡度大、出口位于洼地边缘地带的地下河,可利用洼地修建地表地下联合水库。例如,普定阿宝塘地下河和高羊地下河出口水库,这类水库必须高度重视水库渗漏问题,因为地下河出口往往受构造控制,多处于断层带上,工程地质条件复杂,易发生渗漏。同时,还要考虑建库后,水位升高对出水口产生回压倒灌问题。例如,普定阿宝塘地下河水库,阿宝塘水库处于构造洼地中,地下河水以上升泉形式排出。20 世纪 80 年代在洼地出口处筑坝建库,但由于洼地裂隙发育岩石破碎,导致渗漏,长期以来,蓄水量不足 1 万 m^3,仅为原设计量的 18%。2003 年在国家西部开发重大项目的资助下,摸清了地下河补给、经流及排泄等水文地质条件,查明了渗漏原因,经过防渗和大坝加高处理形成了一座蓄水量达 9 万多 m^3 的以洼地蓄水为主的地表地下联合水库。通过对地下水的调蓄,有效地解决了 200 余 hm^2 耕地灌溉用水,以及 2000 多人和 1200 头大牲畜的饮水困难问题,地下水库还成为讲义村发展乡村旅游的主要景点,原来坝下旱地以玉米种植为主的传统农业变为以精细蔬菜种植为主的现代农业,村容村貌及产业结构发生了显著改变,发挥了其多功能作用,取得了良好的经济效益和社会效益(图 6-9)。

图 6-9 普定县母猪洞地下水库坝体(修建后)及其蓄水空间(修建前)

2)地下河天窗提水技术

在浅层地下河天窗、漏斗等处安装水泵提取地下河水,其提水方式主要有虹吸式自流提水和机电泵站提水。例如,普定后寨地下河流域,该流域面积为 $81km^2$,分布有母猪洞、陈祺堡和长冲 3 条地下河,地下河枯季总流量为 459L/s,地下河埋深一段在 1～10m 不等,最大埋深不足 30m。区内有地下河天窗、漏斗及喀斯特潭 30 余处,其中 20 余处建了提水站,年提水量达 20×10^5 万 m^3,加之母猪洞和马官地下水库及下游青山水库(洼地蓄水)的蓄引,解决或改善了流域内外 1500 多 hm^2 农田灌溉用水、6 万多人和 3 万多头大牲畜饮水困难。流域成了普定县主要产粮区,是浅层地下河开发利用的典范。

根据不同岩层、岩组、构造、地下水富集程度、埋深和用水要求,在分散供水的条件下,后寨河流域机电提水有以下几种形式。

流动式提水:适用于地下水埋深浅、储水量小、零星分布的地区,采用汽油泵和潜水泵流动提水,如马官镇的部分农户就采用这种方式。

轨道式提水:在地下河洪枯水位变化大的地区适用,水涨泵高,保障水泵和机电的安全,如白岩镇的薛加坝提水泵站,可灌溉稻田 1500 亩,解决了该村的温饱问题。

梯级式提水:在地下水量比较稳定、扬程比较大的地区,可采用梯级式提水,如普定仙人洞地下河上游,建立三级提水,扬程为 187m,灌溉稻田 400 亩,并解决了播改村的人畜用水。

封闭式提水：在地下河变幅极大、洪水季节洪峰暴涨的地下河天窗，为保障机房的安全，常采用封闭式提水，如一棵树龙潭提水站，现灌田 500 多亩，洪枯水位相差 48m，洪峰季节，封闭提水泵站不受水淹，保障了泵站的正常运行。

深井泵站提水：对于有泥沙淤积的地下河或有淤积物下降的天窗或在落水洞内提水，地下河水埋深大、洞口小的地区一般采用该种方法。例如，2005 年刚刚建成磨雄两级提水泵站（图 6-10），提水泵站安排在距离路面地表下约 70m 深的地下深水潭，为防治抽水泵被泥沙淤埋，置于地下深水潭的抽水泵用水泥围成封闭的水池，进水口有盖板，该抽水泵站为二级提水，扬程高达 100 余米，每两天提水一次，每一次抽水三个小时，解决了磨雄全村 1200 多人、500 多头大牲畜和一个年产 5 万吨级的私营煤矿的生活生产用水。

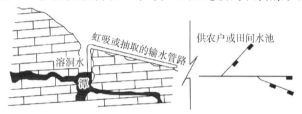

图 6-10　虹吸提取洞水开发利用技术

3）地下河出口引水技术

对于那些流量大，长年比较稳定、出口位于洼地边缘或谷岸坡上的高位地下河，可利用地下河出口与农田或村庄所在处高差，通过安装管道或修建引水渠引水入户、灌溉和发电。例如，贵州省独山县鱼寨地下河引水工程、安顺市龙宫、平塘县大小井流域及大方县九洞天地下河引水发电或灌溉等。

6.1.4　含水层水资源机井钻探开发利用技术（潜水层、承压水层）

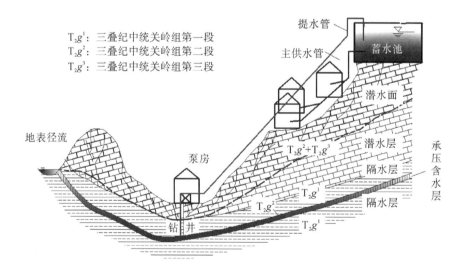

图 6-11　普定县城关镇石头堡村承压水开发利用

喀斯特地区喀斯特裂隙发育，喀斯特含水层多以潜水层和承压水层为主，含水层富水程度受地质构造控制，且埋藏深，必须利用机井钻探取水的方式进行开发，如机井或人工井，主要适用于白云岩山间喀斯特盆地中。在一些干旱缺水、人畜饮水困难的地区，常采用浅机井或人工开挖浅井的方式寻找表层带喀斯特水水源(图 6-11)，这一方式简便易行，在贵州黔北、黔东北、黔中、黔南及黔西南地区普遍使用。该类地带白云岩岩石强风化带中赋存一定量的地下水，选择适当位置采用浅井或人工开挖浅井取水，多获得成功。例如，遵义县、绥阳县、道真县、湄潭县、普定县、安龙县及兴义市等白云岩喀斯特盆地，分布较多的浅机井及人工井，机井深一般小于 10m，井径为 70mm，采用手压泵提水，人工井则深度更小，一口井可以解决 5～6 户人的生活饮用水，成本较低，效果较佳。但纯石灰岩发育区深层含水层的潜水、承压水、埋藏深(≥150m)，水量稳定，可实现小规模集中供水。例如，普定县石头堡村承压水资源开发利用技术的运用，使得地下承压水层水资源得到利用，村寨饮用水资源保障能力得到有效提升。

6.1.5　喀斯特地区雨水、地表水与地下水联合开发技术

1. 溶洼水库

喀斯特地区峰丛洼地众多，大部分洼地为封闭性较好的溶蚀洼地，洼地底部下伏有规模不一的地下河，洼地四周山坡的雨水、坡面径流和裂隙水经与地下河相通的漏斗或由落水洞注入地下河。通过地下河下游地段封堵地下河水，使得地下河水积蓄于洼地中，形成地表洼地库容与地下(地下河)库容联合蓄水的溶洼水库，较之单纯的地表水库的库容更大、蓄水保水效益更好，且可有效避免耕地占用等问题，极大节省建造成本，如普定县马官镇的马官水库，就是一个地表-地下联合水库(图 6-12)。

图 6-12　普定县马官地下水库建设技术示意图与实景图片

2. 地表、地下河汇流区低坝蓄水工程

图 6-13　普定高羊地下河出口浅水坝

在喀斯特地区，不同岩性(透水性)、不同地貌类型区(如峰丛洼地、峰丛谷地或盆

地、溶蚀丘陵等)、地表水与地下水的表现形式常常不一样,如在河流上游喀斯特峰丛洼地,多出现地下河;在河流中下游的喀斯特峰丛谷地或盆地,因岩性和用水量的差异,河流或明(地表河)或暗(伏流),交替明显;在喀斯特溶蚀丘陵多以地表河为主;在复杂地形汇流区,则可能出现地表河与地下河汇聚,如位于普定县高羊村附近的高羊地下河,除有平水期流量大的地下河,还有两条大沟在地下河出口附近汇流,在距离地下河出口约 700m 远的高羊河修筑了低坝——高羊试验坝(图 6-13),拦蓄地表、地下水,汛期地表水流占优势、非汛期以地下水为主。

6.2　喀斯特地区蓄水、保水技术体系

6.2.1　就地拦蓄入渗技术

利用水的重力效应和土壤的水库效应,根据土壤的可渗透性以及雨水或坡面径流通过下渗被土壤接纳后的可贮性,采用营造田间微集水面和改进耕作措施等水保耕作技术,使降雨及地面径流就地拦蓄入渗,减少雨水径流流失,提高土壤的贮水量,延长土壤水分的有效供应时间,进而提高植物对雨水径流的利用效率。就地拦蓄入渗利用技术包括水保工程技术和水保耕作技术。

1. 水保工程技术。

(1)修建梯田。修建梯田包括水平梯田和隔坡梯田,改变坡面地形增加降水拦蓄量。

(2)修建鱼鳞坑。坑与坑多成品字形,可起到很好的蓄水保土作用。

(3)挖竹节壕。竹节壕是顺等高线挖长壕沟,该法适宜于在喀斯特贫瘠的山丘区造林或栽植果树、有利于雨水资源的集蓄利用,促进植被生长。

(4)开环山截水沟。主要用于拦截坡面径流,控制水土流失,保护坡下的农田和设施。近几年,有的地方在截水沟中栽植树木,使环山截水沟的经济效益有所提高。

(5)修竹节梯田。在坡地上修筑竹节状、各自独立的水平田块。特点是小平大不平,保证水土不下山,非常适用于种植经济作物和栽培果树;由于田面窄、田坎低,适用于土层较薄、汇流面积小、形不成较大径流、地形多变的坡地。

(6)挖燕尾式聚流坑、等高聚流沟、漏斗式聚流坑等。通过改变微地形,一方面可拦截坡上部分散的坡面径流,另一方面主要通过拦蓄本身所承接的降雨,增加土壤水分和下渗量。

通过这些水保工程措施,对地面进行较大的工程处理,以改变原有的地形特征,使降雨就地集中拦蓄入渗。

2. 水保耕作技术

水保耕作技术主要包括:带状间作技术、粮草等高带状轮作技术、等高耕作技术、水平沟耕作技术、入渗坑渗水孔耕作技术、蓄水聚肥耕作技术等,这些技术的应用在不同程度上起到拦蓄径流、减少土壤冲刷、优化种植结构及提高粮食产量的作用。

6.2.2　人造储水层储水技术

利用封闭性较好的自然洼地或相对隔水层,通过加入孔隙度较大的孔隙填料(如在原土石层或堆积物中渗进活性炭、无毒的矿杂等),形成人造储水层(孔隙蓄水池),对收集

到的雨水、坡面径流起到一种储藏、过滤、净化的作用。目前，这种储水技术成本较高，尚在试验研究中。

6.2.3　水利工程储水技术

通过修建小水库(池)、山塘、水窖等工程设施，把雨水、地表径流、地下径流拦蓄储存起来，以备利用。其中，小水库、塘坝的储水效率受下渗和蒸发影响，储水效率相对较低，而水窖是一种相对较好的储水设施。

6.2.4　覆盖抑制蒸发技术

雨水径流被土壤接纳成为土壤水分后，受光、热和风力作用具有可蒸发性。在喀斯特地区，无效蒸发十分剧烈。研究资料表明：雨水中 70%～80% 以蒸发形式和地表径流顺坡流失或下渗进入地下水系损失掉，仅有 20%～30% 被作物利用。特别是一年中大部分时间处于裸露和半裸露状态的土地，由于忽略了减少地面蒸发，造成水资源的蒸发损失。因此，利用覆盖抑制蒸发，延长水在土壤水库中的集蓄时间，是提高雨水及地表径流利用率的有效途径之一。目前，覆盖技术主要有以下 6 类。

(1)白色覆盖技术。白色覆盖技术即塑料薄膜覆盖技术，以工业生产的塑料薄膜覆盖地面，利用其透光性好、导热性差和不透气等特性，改善土壤生态环境，提高水分利用率。据测试喀斯特地区的春麦地，采用塑料薄膜覆盖可减少土壤蒸发 30.8mm，提高表土(0～20cm)水分 10～12mm。该项技术主要在大田反季蔬菜生产上示范推广。该技术除具有保持土壤水分的功能，还能提高土壤温度。因此，主要应用在早熟蔬菜和冬季蔬菜生产上，具有提早上市等作用。地膜覆盖技术的应用必须在土壤水分充足时盖膜，其只有防止土壤水分蒸发损失的功能，在久旱不雨时仍需灌溉补水，可结合管道滴灌、引灌实施，效果更显著。

(2)黑色覆盖技术。利用秸秆、干草、枯草等植物残余或各种物质燃烧后的灰分或畜禽粪便沤制的厩肥直接覆盖于土壤表面，除具有缓冲土壤温度剧烈变化和保持土壤水分的作用，还可随时接纳降水，贮存于半封闭系统中。减少地面径流，增大土壤系统的水分蓄持容量。此外，利用作物秸秆覆盖，实施秸秆还田，还是增加土壤系统有机物质、改善土壤结构、提高地力的有效途径。

秸秆表土覆盖具有与地膜覆盖相同的节水原理、相似的节水功能和效果，同时，达到秸秆还田、培肥土壤的目的和有利于降雨补充土壤水分、成本较低、取材容易的优点，但提高土壤温度的效果不如地膜覆盖明显。秸秆表土覆盖因厚度较厚，适用于育苗移栽播种后、土壤水分充足时覆盖秸秆。秸秆覆盖材料可因地制宜选用玉米秆、砂仁叶、苕藤、稻草等。

(3)绿色覆盖技术。绿色覆盖又称生物覆盖，利用植物种植在地面，发挥其根系、叶的固定和遮盖作用，以减少径流和抑制蒸发。其中，减少径流主要表现在截留降雨和增加入渗两个方面，一般可以减少土面蒸发量。

(4)砾石覆盖技术。就地取材，利用卵石、砾石、粗砂和细砂的混合体特别是喀斯特地的片状石块覆盖在土壤上，滞缓坡面径流、改变水分入渗方向，抑制蒸发，保持土壤水分，通常是把砾石覆盖在植物根系的周围。根据对花江喀斯特峡谷石漠化地区的观测化验,有砾石覆盖和没有任何覆盖的土壤相比,其土壤水分含量要多 10% 左右,这种方法成本低、又不影响土壤的透气性、简单易行。

(5)土壤覆盖技术。土壤覆盖技术是在农田土壤表层,人为地创造一层松紧适度的土壤覆盖层,以起到减少蒸发、保蓄水分的作用。它投资少、见效快、易操作,在喀斯特地区土层相对较厚的旱坡耕地上可以采用,如普定青山水库上游周边地区的缓坡地。

(6)化学覆盖技术。化学覆盖是利用化学方法或化学材料,施用在土面后,形成一种连续性薄膜,切断土壤毛细管,阻止土壤水分通过,抑制水分蒸发,提高水分利用率。国外曾使用胶乳、石蜡、沥青、石油等喷洒在地面上,防止土壤水分蒸发,还有一些地方采用在水面上覆脂族醇等液态化学制剂,也有采用轻质水泥、聚苯乙烯、橡胶和塑料等制成板来抑制蒸发,但这些方法成本较高,目前,许多国家正着手研究一些廉价、绝热且浅色的反射材料,以便能在水库等水面上覆盖抑制蒸发。我国亦在一些地区试验应用喷散化学物质覆盖,虽效果较佳,但成本太高,目前还不宜大面积推广。

6.2.5　防渗技术

通过各种渠道蓄水后,除了防止蒸发,还需要防工程裂隙渗漏,喀斯特地区目前主要的防渗技术有以下几种。

(1)生土夯实防渗技术。普定白岩镇讲义村阿宝塘水库是利用一个喀斯特上升泉筑坝而成,由于喀斯特地下裂隙、管道极为发育,水库蓄水后,渗漏十分严重(约占上升泉年平均流量的 30%)。通过调研发现,该水库除坝基本身有渗漏,因水库蓄水导致溶蚀作用加剧,水库的库底渗漏和库岸的侧渗也相当严重。在水库的补漏防渗处理上,根据喀斯特裂隙发育的规律,在裂隙、溶隙可能出现的库底、库岸,先清挖淤泥,清除岩石风化层,再用生黄土回填夯实,喀斯特裂隙集中的库底重点部位用混凝土帷幕处理。

(2)混凝土灌浆帷幕处理技术。在讲义村阿宝塘水库坝基部位,就采用了这种混凝土灌浆与帷幕处理相结合的方式进行,经过对库底、库岸的生土夯实处理和坝基的混凝土帷幕灌浆处理后,阿宝塘水库的渗漏量减少了 80% 以上。经过对坝体加高和防渗处理后,水库的蓄水量由 3 万 m^3 增加到 10 万 m^3,阿官塘水生态环境大为改观,成为一个乡村旅游点,成效显著。

(3)高分子材料防渗技术。在贵州贞丰与关岭县的水池水窖的防渗处理过程中,采用"堵漏王"、F209 或 GST 高分子复合弹性防渗材料进行防渗,防渗率高达 80% 以上。

6.3　喀斯特地区水质保护与改善技术*

水质保护与改善主要是针对人畜用水而言,喀斯特地区除雨水外,无论是浅层地下水还是坡面水,均属 HCO_3-Ca 型或 $HCO_3-Ca \cdot Mg$ 型水,水质略微偏碱,大部分地区 pH 一般在 7~8;采(煤)矿区的裂隙水若受采矿废水的侵入,则可能显酸性。在广大喀斯特地区特别是农村地区,因工业欠发达,化学污染轻微,水质的化学指标以及毒理学指

＊本节内容引用自:

朱生亮,张建利,吴克华,等,2013. 岩溶工程性缺水区农村饮用储存水净化方法. 长江科学院院报(11):20-23 +27.

标大多符合饮用水要求,但细菌指标常常超标,尤其是屋面集雨收集的雨水的细菌超标严重。其次是西南喀斯特地区(如贵州等地)降水主要集中在每年的 5～9 月,9～10 月上旬是喀斯特山区水池、水窖等小微型蓄水工程集中蓄水的季节,10 月以后开始进入枯水季节,其中 12 月至次年的 3 月这段时间(春节前后)是喀斯特山区一年当中最干旱的枯水季节,尤其是 3 月份,降水少但气温、地温上升快,空气明显比较干燥,而每年 3 月至 4 月中旬,正是大季作物的育苗季节,用水量很大,但雨季尚未来临,喀斯特山区分散居住村户的生活用水、生产用水及生态用水快速增长的需求叠加,是一年当中最缺水的季节。水窖、水池等小微型工程的蓄水可解燃眉之急,但水窖、水池、山塘所蓄之水大多为上年 8 月、9 月所蓄积,蓄水时间长达半年以上,水体颜色和水质已发生变异(发黄变色、变浑、变味)甚至恶化,因此,蓄水池中供人畜饮用的水需要采取适当的水质保护与改善技术。目前,喀斯特地区水质保护与改善技术当中比较普遍的是覆盖保护、物理处理、化学处理、生物处理等几类。

1. 覆盖保护

覆盖保护核心主要是通过修筑水池、水窖的盖板,以阻止空气尘埃、杂质进入,防止或减少有机污染进入水池水窖,并减少蒸发。覆盖保护分两种,一种是水池水窖修建在地表,通过修筑盖板进行保护,如普定坪上乡哪叭岩村的调节水池,调节水池的盖板预留检验、检修孔;另外一种是水池水窖半埋或全埋入地下(目的在于降低水温,减缓水池水窖中细菌或微生物的繁殖速率),再修筑盖板,盖板上再覆盖土层,土层上甚至可以种庄稼,如普定坪上乡哪叭岩村部分村民的小水窖属于半埋入式盖板覆盖处理,少部分村民的小水窖属于全埋入盖板土层覆盖处理;另外,课题试验区贞丰北盘江镇顶坛片区查耳岩村(花江喀斯特峡谷)部分村民家的水窖盖板还种上了蔬菜或者花草。

2. 物理处理

目前,以除去水中杂质和部分微生物为主要目的的膜分离技术因无需化学添加剂、热量输入及可再生、重复使用等优点,在改善水质方面得到广泛应用,但渗透性与选择性难平衡、膜易污染等问题限制了膜分离技术在水处理领域的应用,使用纳米材料改性的膜相比传统膜在通量、选择性、抗污染性、机械强度等方面均有显著提高。但在喀斯特山区分散农村地区,这种技术难以普及,对于经济相对贫困的喀斯特山区住户而言,一些简单实用的技术可能更容易被接受。

具体而言,在喀斯特山区无论是雨水、还是坡面水或裂隙水,在流入或接入水池、水窖之前,一般应修建沉砂池,经过沉砂池后再进行过滤,通过过滤除出悬浮的泥沙、树叶等杂质,过滤设施除不锈钢质的滤网,还可以有石块、鹅卵石、砂等,有条件的住户还可使用活性炭等进一步过滤,过滤不仅直接除去部分杂质,还可以减少微生物的营养源——有机质,有利于抑制微生物繁育,以保证进入水池水窖的水质纯净。同时,可结合一些常用净水剂使用,如明矾等,利用明矾内的铝离子水解后生成氢氧化铝胶体,吸附水中的杂质形成沉淀而使水澄清。

此外,通过采用微滤(MF)、纳滤(NF)、超滤(UF)、反渗透(RO 膜)技术的净水设备以及红外杀毒设备也可对饮用水进行净化处理。

3. 化学处理

饮用水源水需要杀灭的生物包括:细菌、细菌孢子、病毒、原生动物、原生动物的孢囊、幼虫等，如果只用物理方法往往难以杀灭，需要采用一些化学方法进行处理，较常使用的是用消毒剂（二氧化氯等）或灭菌化合物（氯化钙等）对水质进行净化、灭菌、消毒处理，如在水中加入适量的消毒剂，可以起到净化消毒和去除部分微生物等作用；利用生物的相克作用原理，投放某些对人体无害的微生物抵制水体中细菌的繁殖等。

4. 生物处理

生物处理适合于小聚落的居民点。研究表明：引起饮用水微生物污染的主要原因是饮用水中存在有机营养物质。在净化过程中，可以通过过滤、吸附等方法减少水中的有机物质，消减水中微生物的生存空间，并截留部分水中微生物，接着进行杀毒，消灭水中病原菌等有害微生物。蓄水净化处理流程：预存→过滤→吸附→消毒→存储，如图 6-14 所示。蓄水分别通过物理过滤、截留和分子吸附及消毒等处理装置，利用地势产生的重力作用通过各装置间的导水管，进行分步净化处理，且该项组合技术在喀斯特峰丛洼地小规模聚落（10 余户村民）得到推广。

1）处理装置的结构

为了便于填料的冲洗、更换，净化装置设计为分离式的，装置间有导管相连。实验装置的填料如下：过滤池下层为河砂，装填厚度为 20cm，上层为珍珠岩（也可采用石英砂、毛石料），装填厚度为 20cm；截留池为陶瓷环，装填厚度为 40cm；吸附池为活性炭，装填厚度为 40cm，上述各实验装置内径为 25cm。蓄水净化速率受各净化装置过水速率限制，可以通过预存水池调节水阀控制净化水流速度，为获得较好的净水效果，需要慢速净化，较低的水力负荷有助于水中杂质的附着去除。通过实验测定本装置净化处理储蓄水采用的最大滤速为 $15.36m^3/(m^2 \cdot d)$。

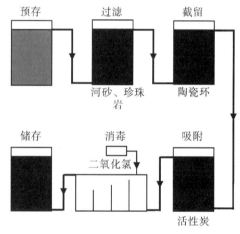

图 6-14　净水工艺流程图

过滤池采用珍珠岩和河砂阻隔、吸附水中悬浮物质，包含有机质和微生物，消减出水杂质。经过试验并参照相关净化水质过滤研究，发现净化效果受滤料粒径、厚度等影响较大。粒径决定填料的孔隙度，影响过水速率，并同填料厚度共同影响水流滞留时间。在一定的范围内采用更小粒径的滤料，短期内可以提高净化效果，但粒径过小，不仅降低了净化速率，而且限制滤料的截污能力。同样填料厚度也不宜过高，为降低成本，定期进行淘洗、更新就可以获得较好的净化效果。过滤池填料：河砂、珍珠岩，粒径确定为 0.5～5mm。

截留池利用粒径 10mm 的陶瓷环中空粗糙的表面截留藻类等微生物。在水质净化过滤中滤料表面的粗糙度作用很大，滤料的表面越粗糙，滤层的截污能力也越大，过滤效率越高。利用陶瓷环就是使水中的杂质在陶瓷环表层不断地被截留，并在表面逐渐形成一层附着层，该层不仅截留消减水中悬浮物、胶体杂质，还可以附着水中藻类、细菌等微生物，去除有机物质。

吸附池运用活性炭的多孔性，具有高度发达的孔隙构造，吸附一些可溶性的胶体和大分子有机物。

2)消毒剂的选择与使用

净化试验结果表明：通过净水装置过滤、吸附之后，水体中的菌落等微生物的数量有大幅度的减少，但不能满足生活饮用水卫生安全标准的要求。而且净化处理后饮水的继续储存还要求对水中的微生物进行处理。参考对比现行饮用水杀毒工艺，认为处理喀斯特小微型工程蓄水二氧化氯是性价比合适的消毒剂，显示出除臭与脱色能力、低浓度下高效杀菌和杀病毒能力，净化饮用水比较理想。

配置浓度为 4750~5000mg/L 的二氧化氯溶液，经过稀释，按与待净化水流量形成一定的比例，通过装置匀速滴加在消毒池混合，混合水中消毒液含量为 0.4mg/L。消毒池设计为槽型沟，通过水流在此可以自然搅拌，充分混合。

3)净化费用与效果

经过反复试验检验，经核算最终确定的实验装置(含填料)的费用在 500 元以下，设计使用三年。水质净化装置淘洗频率确定为 2 月一次，活性炭更新频率为 6 月一次(单次更新费用为 120 元左右)。水质净化实验装置日处理量为 1.5t，年处理量为 545t(除每次更新用时 8h)，经折算储存饮用水处理费用为每吨约 1.5 元。检验过滤效果对比如表 6-2 所示。

表 6-2　净水过滤微生物检测表

	蓝藻	绿藻	硅藻	甲藻	裸藻
过滤前/(cell/L)	6993	28969	13986	2997	1998
过滤后/(cell/L)	0	295	225	10	0

注：水样化验由贵州师范大学分析测试中心中心完成。

实验使用 0.4mg/L 二氧化氯对微生物指标超标的蓄存水水样进行消毒，大肠杆菌全部被杀灭，菌落总数小于 4 CFU/mL，净化处理后蓄水经 7 天后再次监测，未发现微生物指标超出饮用水卫生安全标准。

6.4　喀斯特地区节水灌溉技术

对于喀斯特地区而言，水资源消耗的主要部门是农业灌溉用水，其用水量占总用水量的 70% 以上，因此，节水灌溉是喀斯特地区水资源合理利用的重要环节，从节水灌溉的条件类别来看，可分为工程节水、农艺与生物节水、化学节水和管理节水等几大类。

6.4.1　工程节水技术

工程性节水是指利用工程技术、设备进行合理、优化、高效用水的节水灌溉技术措施。节水灌溉有管道引水管灌(浇灌)、管道引水滴灌、水袋滴灌、抗旱点浇、喷灌、微喷灌、渗灌及无动力水泵等形式，各种形式特点如下。

(1)管道引水管灌。在贮水池地势较高、耕地位置较低的区域，利用位置差形成的水压，利用管道将贮水池的水引到农田，直接浇灌(如花椒育苗)或人工运输定穴浇灌(如反季蔬菜、果苗等)，在贮水池地势较低时亦可借助无动力水泵。例如，贵州省山地资源研究所牵头的《喀斯特区水资源开发利用与节水农业关键技术研究及示范》在花江喀斯特示范区两年共推广管道引水灌溉面积 40.6 亩。该项技术成本较低、节省劳力，应用较广，但节水效果不如管道引水滴灌。

(2)管道引水滴灌。滴灌是通过安装在毛管上的滴管、孔口和滴头等灌水器，将水滴逐滴均匀缓慢地滴入作物根区附近土壤的灌水技术。有固定式和移动式两种。灌溉系统采用管道输水，输水损失很少，可有效地控制水量，水资源利用率高，用水量仅为大田灌溉用水量的 1/6～1/8，比喷灌省水 1/2 以上。另外，由于滴灌实现自动化管理，不需要开沟等，可溶性肥料随水施到作物根区，水流滴入土壤后，靠毛细管力作用漫润土壤，不破坏土壤结构，有省肥、省工和水资源利用率高等优点。但存在滴头容易堵塞，限制根系发展，特别是喀斯特地区地形比较破碎，耕地集中程度低，滴水管道需要较多，故一次性成本投入相对较高，主要适用于需水量较大、对水分需求较敏感和产品附加值较高、集约化程度较高的果园、经济林、反季蔬菜等的种植，如在《喀斯特高原生态脆弱区综合治理技术与示范》专题一的花江试验区两年共推广示范管道灌溉节水技术 7.1 亩，供生产西红柿、花椒育苗等用。

(3)水袋滴灌技术。喀斯特地区地形破碎，经果园因树的密度较稀、地势起伏大等特点，利用管道滴灌、引灌较困难，且成本较高。引进美国 IDE 技术，开发出具有喀斯特地区特色的低成本的水袋滴灌技术。基本原理是将具有一定容量的廉价容器如水袋，装满水挂在树上，利用可控开关，在干旱季节、树体需水量大的时期灌溉供水，滴灌供水直接深入到土壤 5cm 以下，避免土壤表土水分蒸发，节水效益高。偏旱年份在花江石漠化综合治理示范区，共推广示范水袋滴灌 3050 个，灌溉花椒和其他果树共 3050 株。

(4)抗旱点浇技术。在西南喀斯特部分地区，一般年份降雨基本可以满足作物生长对水分的需要。但在春季播种期常遇干旱出苗率低而减产或者伏旱季节新栽种的苗木容易枯死。为解决播种期或伏旱季节土壤墒情不足的问题，群众在实践中创造了抗旱点浇(俗称"坐水种")的方法，即在土穴内浇少量水、下种、覆土，将开沟、注水、播种、施肥、覆土等多道工序一次完成，大大提高了效率。

(5)喷灌。喷灌是利用加压设备或利用高处水源的自然水头，将水流通过管道，经过喷头喷射到空中并散成水滴来进行灌溉的。喷灌分为固定式、半固定式和移动式。喷灌有灌水均匀(均匀度达 0.8～0.9)、自动化程度高、可以控制灌水量、不易产生深层渗漏和地面径流、不破坏土壤结构、可调节田间小气候等优点，具有明显的增产效果。据测定，喷灌水资源利用系数可达 0.72～0.93，比坡面灌溉(漫灌)省水 30%～50%。但喷灌一次性投资高，受风和空气温度影响很大，对水质要求高。因此，适宜于水资源短缺、经济条件较好的地区推广应用。

(6)微喷灌。微喷灌是在滴灌的基础上逐步形成的一种技术，是一种现代化、精细高效的节水灌溉技术，具有省水、节能、适应性强等特点，是通过低压管道系统，以小的流量将水喷洒到土壤表面进行灌溉的方法。微喷灌通过管网系统直接将水输送到根部土壤表面，水分利用率高。实践证明，微喷灌系统一般比喷灌系统省水 20%～30%，比地面喷灌省水 50% 左右。微喷灌管理方便，节省劳力，耗能少，能防止土壤冲刷和板结，容易控制杂草生长，是一种较先进的灌溉技术。但仍有受风影响降低灌水均匀度、限制根系发展、易于堵塞、投资较大、水质要求高的缺点，因此，只能根据实际情况来发展微喷灌。

(7)渗灌。渗灌是利用修筑在地下的专门设施将灌溉水引入田间耕作层，借助毛管作用自上而下浸润作物根系附近土壤的技术。渗灌可分为无压渗灌和有压渗灌两种，渗灌除能使土壤湿润均匀、湿度适宜和保持土壤结构良好，还具有减少地面蒸发、节约用水、提高灌溉效率、便于从事其他田间作业等优点。

(8)无动力水泵的应用。无动力水泵即是用人力代替用电、燃料等为动力的抽水泵。在贮水池地势较低、耕地位置较高或贮水池位置较低时，结合管道引水灌溉、滴灌和临时贮水袋(1m² 左右)使用。无动力水泵成本低廉，每台只需 300 元，却可省力省时，值得推广。

6.4.2　农艺(耕种)节水技术

农艺节水主要指通过农艺措施的实施达到节水目的的节水技术与措施，主要包括覆盖保墒节水、耕作保墒技术、推广耐旱作物品种节水、种植季节合理调配节水及节水种植制度节水等。

(1)覆盖保墒节水或地膜表土覆盖节水。覆盖因其能防止土壤水分蒸发损失而达到节水的目的。前已叙述，此处略。

(2)耐旱作物品种筛选与推广。耐旱作物品种的推广，主要利用其耐旱性强，在相同面积、相同降水量条件下，比其他品种获得较高产量，而达到节水的目的。

(3)合理调配种植季节。按照降水季节变化和土壤水分周期变化动态规律，确定土地耕种的最佳时间，减少土壤毛管水损失。在春季空气湿度小，风速较大，地面蒸发与作物蒸腾相对强烈，土壤水分处于强烈上升蒸发期，大部分地区恰值油菜、小麦、蚕豆、豌豆等作物的抽穗、开花、结实阶段，需水量较大。而这个阶段的土壤有效水稳定分布在 20cm 深度以下，因此，在耕作管理上选择秋季、冬季加强施肥与耕作，以保证植株生长旺盛、根系发达，在春季才能吸收深层水分；同时，春季避免翻耕，减少土壤毛管水蒸发损失。夏秋季是秋播作物旺盛生长发育并收获与冬收作物的播种季节，也是全年降水最多的季节。耕作层土壤湿度通常处于易效水和重力水阶段，土壤水分处于恢复补充期，宜加强中耕除草管理，秋收后及时耕翻整地，减少土壤的毛管水蒸发损耗；冬季是全年耕作层土壤湿度最低的时期，土壤水分处于缓慢蒸发与下渗期。因此，在秋播时应精细整地、平整土面、保墒防旱，以后则避免耕翻整地。

(4)节水种植制度。由贵州省山地资源研究所承担的另一个课题"喀斯特水资源开发与节水农业关键技术研究及示范"的调查研究和试验研究证明，花江项目区玉米生产采用套作、间作等种植制度，由于土表有套作或间作的作物覆盖，防止了土壤水分蒸发，从而达到节水的目的。玉米套种红苕是项目区传统的一项种植制度，在相同面积、相同降水量的自然条件下，玉米较其他品种增产 20～60kg/亩，而额外增加红苕产量 300～400kg/亩、红苕藤(优质青饲料)1000kg/亩以上。结合项目区农民的种植习惯，课题组在 40 亩土地的节水农业示范中，重点推广示范了"玉米-红苕"套作的节水种植制度，效果良好。

6.4.3　生物节水技术

只有提高作物自身的水分利用效率，才有可能取得节水上的新突破。通过调动生物体的生理潜力以增加农业产出的生物性节水是相对于以减少无效耗水的工程性节水而言的，两者相辅相成，不可替代。分子生物学和生物技术的兴起和发展正在揭开这个崭新而诱人的领域，生物性节水的蹊径正在开拓中。抗旱性分子育种与新品种培育，作物生理过程和根-土、微生态系统的调控，提高作物水分利用效率的施肥技术、抗旱性制剂的研制和施用等将逐渐形成生物性节水的技术体系。

6.4.4　化学抗旱节水技术

通过化学材料集水、保水、抗旱，从而达到相应减少灌溉水量的目的。

土壤保水剂研制与施用。土壤保水剂是利用高分子的无污染化合物施放入土壤中，遇水后在土壤中形成"海绵状"胶体而达到防止土壤水分流失、蒸发损失的节水目的。我国研制的保水剂有 SA-3 保水剂、CB-10 保水剂、KH841、IABC、兰州晶体、PAMN 等。据两年的试验研究，土壤保水剂具有较明显的保水效果，如贵州大学钱晓刚等花江课题组报道，使用 PAMN 材料，可使玉米整个生育期的灌水量减少 15.7%～42.8%。但不如地表覆盖方法保水、节水效果好。

土壤抗旱剂研制与施用。主要有黄腐酸(FA)抗旱剂，它依靠强大的吸水能力，为作物聚集水分，一般可使作物增产 8%～15%。

植物抗蒸腾剂研制与施用。植物抗蒸腾剂的使用是利用植物生长调节剂调节植株叶片气孔开闭；减少水分蒸腾损失而达到节水的目的。两年来，两次试验研究了植物抗蒸腾剂——旱地龙的节水效果，但其节水效果不明显，节水效果不如地表覆盖(地膜、秸秆)、保水剂施用方法。

6.4.5　管理节水技术

一般认为灌溉节水潜力的 50% 在管理方面，只有科学的管理才能使其他节水措施得以顺利实施。

(1)改进和完善节水灌溉制度，用节水型的灌溉制度指导灌水。节水灌溉制度是田间灌水的工作制度，它是指在一定的气候、土壤和农业技术措施等条件下，为获得农作物的高产、稳产所规定的一系列田间灌水制度，包括灌溉定额、灌水定额、灌水次数和灌水时间。根据各地情况，按照作物需水规律，应用水对作物生产力影响的研究成果，确定每种作物最佳灌溉时期、灌溉定额等，制定科学合理的节水灌溉制度，使有限的雨水资源用于作物生长最关键时期，达到对雨水及径流资源的最有效利用。据广西、江苏等地推广的水稻"浅、湿、薄、晒"灌水技术为水稻生长创造良好的水、肥、气、热环境，既节水又促进增产，比常规灌溉省水 10%～20%，节水 1500m³/hm² 以上，增产 5%～10%。

(2)制定适合不同地区自然和社会经济条件的农业节水技术政策，使干部和广大群众都明确在一定条件下应当优先采用哪些技术。

(3)制定和完善有利于节水的政策、法规。例如确定合理水价，促使人们珍惜水、节约用水、制定鼓励和奖励政策，使为节水付出的代价得到合理补偿，奖励对节水做出贡献的单位和个人。

(4)建立健全节水管理组织和节水技术推广服务体系，完善节水管理规章制度，把节水管理责任落实到每项工程、每个干部职工、每个农民。总结交流推广先进经验，举办不同层次的节水技术培训班，普及节水科技知识，加强节水宣传，使节水观念深入人心，成为人们的共识和自觉行动。特别要重视对农民的培训教育，农民是直接用水者，应通过各种形式让农民参与灌溉用水管理，使其在节水灌溉工作中发挥更大的作用。

6.5 水资源优化调配与循环利用技术

主要包括地表水与地下水联合调度技术、灌溉回归水利用技术、多水源("三水")综合利用技术、雨洪利用技术等。

6.5.1 地表水与地下水联合调度技术

通常根据具体区域或流域的水资源特点和存在的问题、各水库的储水特点和弃水规律，结合当地社会经济发展和生态建设的需求，确定目标函数和各个主要约束条件，采用响应矩阵法或多目标线性规划，建立地表、地下水库联合优化调度管理模型。根据王腊春等教授以往研究发现，采用地表地下水库联合优调度管理模型调度，理论上，可在后寨河示范区增加保灌面积 179.2hm²，减少弃水 $129 \times 10^4 m^3$。

6.5.2 灌溉回归水利用技术

灌溉回归水是指灌溉农业土壤深层渗滤水、农田尾水、灌区渠系和田间产生的渗漏水、退水、跑水及少量的工业废水和城镇生活污水。这些可收集起来作为下游地区的灌溉水源，但在使用回归水之前，要化验确认其水质是否符合灌溉水质标准。一般情况下，因回归水中含较高的盐量，灌后明显降低土壤渗透率，田不易干，干后易板结。另外，回归水中含有一定量的生化耗氧量(BOD₅)和化学耗氧量(COD)，易堵塞土壤孔隙，并与植物争夺氧气，因此，灌后应勤耕松土，增强土壤透气性。其次，应增施过磷酸钙肥料，增施磷肥不仅要补充磷营养，调节耕层 pH，而且要补充钙，平衡土壤中钙镁比值，防止土壤镁碱化。

6.5.3 多水源("三水")综合利用技术

多水源综合利用技术指的是利用系统工程理论和模糊数学方法，建立多水源综合利用(包括地面水、地下水、降水、土壤水综合利用；废污水回收处理利用等)优化调度模型，采用计算机管理，提高水资源的利用率，充分发挥水资源的效益，实现节水增产并保持流域或区域水资源的良性平衡。

6.5.4 雨洪利用技术

雨洪利用是解决喀斯特地区缺水和防洪问题的一项重要措施。雨洪利用就是把从自然或人工集雨面流出的雨水进行收集、集中和储存，是从水文循环中获取水资源的一种途径。雨洪资源利用现有方法有两个，一是利用自然或人工集雨集流场收集雨水用于人畜饮用和农业生产(前已叙述，此处略)；另一种就是进行城市中的雨洪集蓄利用或建设海绵城市等。

城镇建筑工程的雨洪收集和利用有三种方式，如果建筑物屋顶硬化，雨洪应该集中引入绿地、透水路面或引入储水设施蓄存；如果是地面硬化的庭院、广场、人行道等，应该首先选用透水材料铺装，或建设汇流设施将雨洪引入透水区域或储水设施；如果地面是城市主干道等基础设施，应该结合沿线绿化灌溉建设雨洪利用设施。此外，居民小区也将安装简单的雨洪收集和利用设施，雨洪通过这些设施收集到一起，经过简单的过滤处理，就可以用来建设观赏水景、浇灌小区内绿地、冲刷路面或供小区居民洗车和冲马桶，这样不但节约了大量自来水，还可以为居民节省大量水费。

在喀斯特城镇地区实现雨洪资源利用产业化的关键技术是研制和推广雨洪利用系列设备，主要包括透水地面砖、环保型雨水口和填充式蓄水池等。目前，北京市水利科学研究所依托中德合作"北京城区雨洪控制与利用"项目，已经研制开发了透水型地面砖、环保型雨水口、填料式蓄水池、屋顶雨水过滤器等雨洪利用设备。

喀斯特城镇地区透水地面砖的渗透系数要求能达到 0.5mm/s，大于目前喀斯特地区所有降雨的强度，即使使用一段时间后有些堵塞，也能使渗透系数保持在 0.1mm/s，能够渗透 50 年一遇的最大降雨。该砖的抗压强度在 35MPa 以上，能够承受常见各种车辆的荷载。采用透水性的垫层所铺装的透水地面砖能尽可能地使雨水渗入地下或收集利用。

环保型雨水口能够拦截道路上的初期径流，其中的过滤斗能够有效拦截道路上的各种较大颗粒污染物，渗透装置具有拦截和吸附油污的功能，能够大大减少经雨水管道排入城市河道的污染物，显著改善城市水环境。

孔隙蓄水池填料是一种高强度的孔隙填料，有效孔隙率在 95% 以上，比传统的钢筋砼蓄水池的有效蓄水空间率大 20% 左右，同时，能够最大限度地利用开挖空间，具有占地少、造价低的优点，代表了地下蓄水构筑物新的发展趋势。

海绵城市建设：利用地表洼地等各种条件适度推进喀斯特地区海绵城市建设。通过海绵城市建设最大限度地利用雨洪资源。

6.5.5 生活、生产与生态用水的合理配置技术体系

1. 优先解决人畜生活用水

以人为本，优先解决人畜饮水。在喀斯特工程性缺水区针对分散村户及耕地可考虑通过分散型的小微型蓄水(水池、水窖、山塘等)、引水工程等措施解决人畜的生活用水，其中居民生活用水以浅层地下水、河道径流、湖泊(含水库)水的开发为主，雨水、坡面径流的收集主要供畜饮或生产之用，若供人饮用，则应采取相应的防菌、杀菌、去杂等理化处理措施。在喀斯特局部资源型缺水区(如干热河谷等)，则要因地制宜开发"三水"(雨水、坡面径流、地下水)资源，蓄"丰"补"枯"，实现时空上的合理调配。

2. 合理安排生产用水

小微型蓄水工程只能解决部分育苗、移栽等关键时段的生产用水，因此，要较好地解决喀斯特地区的生产用水，除了继续多渠道增大投入加强农田水利建设、推广节水农业技术，就是调整产业结构，研制、筛选和推广抗旱品种、土壤保水剂、土壤保墒剂，开发推广生产(采矿、洗矿)与生活废水、污水的再生利用技术与措施。

3. 兼顾重点区域的生态用水配置

我国喀斯特工程性缺水区以往只注重生产用水和生活用水的问题，改革开放后，尤其是进入 21 世纪后，随着人们生活水平和生态环保意识的提高，生态用水问题被提上了议事日程，但解决生态用水问题也只局限于华北和西北等地区，如国家花巨资几次从博

斯腾湖调水入塔里木河，缓解河道生态需水、拯救胡杨林等措施，而西南喀斯特地区因为年均降水量多，生态用水问题往往被忽视。但事实上西南喀斯特地区虽然气候湿润，降水充沛，但在局部地区(如陡坡地、采矿采空区、出现伏流的干河谷以及干旱季节江河湖库、湿地等生态系统为维持其河流生物多样性、泥沙的冲淤平衡、水盐平衡、水体自净等)仍存在生态需水问题，其原因既有自然方面的、也有人文方面的。从自然方面看，对于陡坡山地而言，主要原因是喀斯特地区地形破碎、山多坡陡、河谷深切，加上喀斯特溶裂、漏斗发育，导致地表坡面径流一方面快速沿坡流入深切河谷或使地表径流快速进入地下水系，而难以被地表植被利用；另一方面碳酸盐岩抗风化能力强，喀斯特地区地表土层瘠薄，导致坡面蓄水保水能力弱，"十天不下雨即干旱"，反映了喀斯特地区坡地水分亏缺的客观存在。对于喀斯特河道而言，因喀斯特溶裂、漏斗、伏流、地下水系发育，地表经常出现干谷河床，使河谷区域也出现生态需水问题。从人文方面看，社会经济发展尤其是城镇化的快速发展导致部分地区过度开发地下水资源、排放污水，以及采矿采空等引起的地下水位下降、水质降低等，也需要增加生态需水的供应量，来确保生态系统的健康和环境质量的改善。

(1)制度(机制)配置。以非科学技术手段对用水进行行政或市场配置，国际上通常采用以行政管理手段进行水资源配置、以水市场运行机制进行流域生态与生活、生产用水配置，也采用生态经济学方法，对水资源分配和冲突问题提出政策性考虑，希望通过政治途径如通过谈判分析来获取水资源的合理分配和生态系统的保护，保证生态配水。例如，喀斯特地貌发育的珠江流域在 2006 年春因遇枯水季节，导致河口潮水(咸水)倒灌，水盐平衡受到严重威胁，只有依靠行政手段，增大其上游天星桥水库的下泄量，以确保河口段的生态需水。

(2)内因性配置。根据生态系统自身的角度来确定其所需要配置的水质和水量，这里最重要的就是科学确定不同生物种群的生态用水定额以及流域(区域)生态需水量测算在空间尺度上的转换；而生态用水定额的确定主要通过建立观测站点测定。观测站点需要研究观测的主要内容包括：生态系统结构及林相变化与水分供给的关系，不同类型区生态环境需水的形成过程、机理，不同生态系统类型区水分循环过程及植被适宜性实验模拟，典型类型区最小生态需水量研究、优势植物种群的生态需水定额、生态供水的效益测定及调控等。

(3)优化协调配置(外因性配置)。通过对流域或区域生态-经济社会-水资源复合系统间各要素的分析或人口—土地—粮食—能量与水资源系统的耦合协调分析，以复合系统的协调发展为目标，以水资源总量、生态需水、社会经济发展需水为约束条件，通过对协调发展进行定量描述和度量，解决生态、生活、生产用水的比例问题。

上述三种配置方案各有优缺点，第一种便于统筹或协调解决跨不同行政单元的流域生态用水及其补偿问题；第二种方案充分考虑了生态系统自身的需水问题，但在缺水区，受水资源总量的约束，会与流域(区域)社会经济发展用水相冲突；第三种方案从生态用水系统与社会经济用水系统的关系确定生态配水，属于外因性配置，受强烈追求经济效益的利益驱动，对生态系统自身需水考虑不够充分。因此，在考虑生态配水时综合考虑三种方案，同时出台相应的法律法规，以保证生态配水的科学实现。

6.6　喀斯特地区水资源安全开发利用模式

6.6.1　按供水方式划分

依据供水方式的差异，喀斯特工程性缺水区水资源开发利用模式可分为两类：一是以大中型水利工程建设为主的集中式水资源开发利用模式；二是以小微型水窖、水池、塘坝等为主的分散拦蓄、分散供水的水资源开发利用模式。

1. 集中式水资源开发利用模式

集中式水资源开发利用模式一般要求以大中型水库至少是小（一）型以上规模水库（＞100 万 m^3）为供水源地，主要是解决喀斯特地区城市或乡村集镇的生活用水或具有省级意义的商品粮基地的生产用水；而对于喀斯特地区，由于村民居住地和耕地分布零星分散，采用"集中式"供水方法，所需铺设输水管道线路长、投入大，供水调度及输水设施管理、收费管理难度大，因此，除村寨及大坝子，这种水资源开发利用模式不适合在喀斯特地区尤其是深山区、石山区的偏远农村推广实施。

2. 分散拦蓄式水资源开发利用模式

在喀斯特地区尤其是面积广大的喀斯特峰丛山区，地形崎岖破碎，耕地和居民点极为分散，采用以大中型工程为主的"集中式"的水资源开发利用模式可操作性差、成本高；应坚持因地（形）制宜、因土（地）制宜、因水（量）制宜及因需制宜原则，采用以小微型水窖、水池、塘坝（小于 10 万 m^3）等为主的分散拦蓄、分散供水的水资源开发利用模式，通过化整为零方式解决喀斯特地区整体性的干旱缺水。

贵州省大面积碳酸盐岩分布、复杂的地质构造、地形地貌以及强烈的水动力条件，致使此类区域山高坡陡，石漠化严重，地表持水和调控能力低，降水落入地面后，很快会沿地表发育的溶隙、落水洞、漏斗和缺土缺林的坡面注入地下或深切河谷，可有效利用的水资源少，因此，缺水就成了该区域经济发展的瓶颈。利用合适的开发方式，合理利用喀斯特地下水资源，可有效解决喀斯特地区严重缺水状况、饮水安全问题。在充分分析贵州省喀斯特地区不同类型水文地质背景和开发利用条件的基础上，选取典型喀斯特流域进行地下水开发利用组合模式和利用技术的研究，建设地下水开发利用示范性工程，并根据喀斯特地区小城镇或村落的供水特点建立水资源优化配置模型；最后总结出适合于贵州省喀斯特地区地下水开发利用的组合模式、低碳低成本的开发利用技术以及水资源优化配置方案，以达到解决贵州省喀斯特地区小城镇或村落饮水安全问题。

6.6.2　按地貌类型划分

1. 喀斯特高原斜坡地下水资源开发利用模式

喀斯特高原内有明暗交替的河流、漏斗、盲谷、溶蚀洼地、喀斯特盆地等发育，地下水往往从高原边缘的陡崖下流出，其流域特征：喀斯特高原斜坡峰丛洼地型流域的突出特征是地形条件为"山地"和"斜坡"，地势起伏较大，地貌以密集的喀斯特峰丛和喀斯特洼地、槽状谷地为主。贵州省喀斯特地区高原斜坡峰丛洼地型包含黔西和黔南两个喀斯特流域，主要分布在黔南州、毕节市、六盘水市以及黔西南州的西部一带。此类喀斯特流域地表多发育洼地、落水洞、漏斗、地下河天窗等，地下则形成大规模的溶蚀裂隙、溶洞和管道，多发育单支状地下河。大气降水通过地表落水洞、喀斯特漏斗等补给地下水，地下水多赋存于喀斯特管道中。受深切河谷、沟谷的控制，该区域地下水资源开发利用方式以机井开发、地下河开发为主。例如，大方县马场镇罗多河地下河开发模式和威宁县迤那镇合心村机井开发模式等。

1) 单一地下河开发模式——大方县马场镇罗多河

经过水质水量调查后，结合当地饮水安全需求，选择大方县马场乡罗多河地下河作为地下河开发利用模式示范点。

水文地质条件：罗多河地下河系统处于罗多河深切河谷区，地下水埋藏深度大，周边村寨缺水严重。罗多河地下河系统发育于近东西向区域性马场断裂的北盘，发育地层为三叠系下统永宁镇组第二段至第四段（T_1yn^{2-4}），岩性主要为灰岩、泥质灰岩，含水介质为裂隙-溶洞水（图 6-15）。受马场断裂影响，地下河沿近东西向构造线发育，地下水径流方向为由西向东，发育长度约为 6km，流域面积约为 32km²，枯季流量约为 50L/s。在地下河中段及近地下河出口处分别有小规模的支流管道汇入。大气降水和地表水通过地表落水洞及溶蚀裂隙等补给地下河，并自西向东流至罗多河处，最终受地下河北侧的断裂错段、三叠系中统关岭组碳酸盐岩夹碎屑岩阻隔而出露。

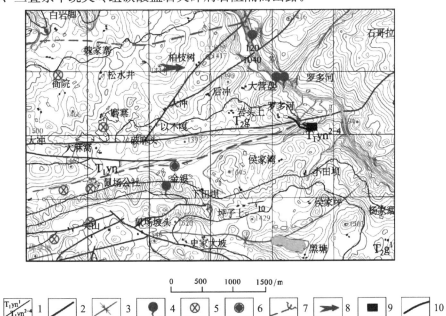

图 6-15　罗多河地下河出口水轮泵提水示范工程平面图（据贵州地质工程勘察设计院提供）

1. 地层代号及地层界线；2. 断裂；3. 向斜；4. 下降泉；5. 落水洞；6. 竖井；7. 地下河及出口；
8. 地下水流向；9. 高位蓄水池；10. 供水管网

设计及实施：由于罗多河地下河出口标高低于附近村寨约 50m，因此，在充分考虑当地百姓经济承受能力和地下河的水文地质特点后，确定利用水轮泵将地下水的势能转化为动能，再由动能转化为势能将地下水提升至高位水池，以解决周边村寨的饮水问题。

工程效益：罗多河地下河开发示范工程建成后，解决了当地近 1000 人的农村饮水问题，在节约供水劳动力成本的同时，为当地调整产业结构和发展多种经营带来效益。

2)机井提水开发利用模式——威宁县迤那镇合心村

水文地质条件：示范工程区域上位于扬子准地台黔北台隆威宁北东向构造变形区，东侧发育北西向断裂。示范点勘查钻孔揭露地层为石炭系下统摆佐组之灰色、深灰色薄至中厚层灰岩，夹灰黑色泥晶灰岩。示范工程处地貌上属溶蚀低中山缓丘谷地，据统计2015年，迤那镇合心村缺水人口达5000人、牲畜3000头。以前该地区主要利用泉水集中供水来解决饮水问题，用水极不方便。近年来，由于连续干旱，导致缺水人口增多，泉水水量偏少，天然的泉水已不能解决当地农户的生产、生活用水。

示范点区内地下水以大气降水补给为主，汇水面积约为3.0km²，大气降水降落到地面后通过岩层中的节理裂隙、溶洞等补给地下水，地下水总体由北东向南西面径流。地下水类型为裂隙-溶洞水。

设计及实施：贵州省地矿局111地质大队（贵州地质工程勘察设计研究院）在查清示范区内水文地质条件、完成机井设计的基础上，实施了合心村地下水机井，当地水利部门投入相应的资金完成了与机井配套的高位水池、地面输水管线和供电工程。

工程效益：合心村机井示范工程的建成，为合心村、镇政府、迤那小学等提供了安全、可靠的地下水水源，日供水量约为300m³，解决了当地2500余人的供水问题。

2. 喀斯特峡谷坡面水-裂隙水资源联合开发利用模式

喀斯特峡谷地区碳酸盐岩分布广泛、地质构造复杂、节理裂隙发育，具有喀斯特裂隙水赋存的良好物质基础和储水空间，广泛出露中、上三叠系地层，其中包括以碎屑岩为主的赖石科组（T_3ls）和瓦窑组（T_3wy）；属于碳酸盐岩夹碎屑岩的竹杆坡组（T_2zg）；其余为以灰岩、白云岩、白云质灰岩、灰质白云岩为主的垄头组（T_2lt）及其相变杨柳组（T_2yl）。在碳酸盐岩（垄头组及其相变杨柳组）和碳酸盐岩夹碎屑岩（竹杆坡组）出露的地区，广泛分布着喀斯特裂隙水含水层，地下水类型主要分为碳酸盐岩裂隙溶洞水、碳酸盐岩夹碎屑岩孔隙裂隙水和碎屑岩裂隙水。其次，峡谷区石漠化、水土流失严重，坡面水资源丰富的情况也仅存在于降水期间，而裂隙水分布和聚集受构造及裂隙的控制，裂隙水多属雨源型地下水，主要由降雨补给，另外泉水、坡面水等在一定的条件下也可成为裂隙水补给源。

花江示范区喀斯特垂直方向的裂隙、节理、溶蚀管道十分发育，地表降雨极容易沿垂向的裂隙、节理、溶蚀管道快速进入地下深处；另一方面示范区所在的花江段河谷深切，切深一般都在200m以上，最大切割深度达370m，低位提水、引水难度大，水资源分布与社会经济强度不匹配。花江河谷与示范区人口、耕地分布比较集中的地区如查耳岩、银洞湾、三家寨、坝山等地的相对高差一般为350～700m，与峡谷谷肩（牛场）的高差可达800m以上，山高坡陡，相对高差很大；而进入地下深处的水体，其存储、迁移、溶蚀及地下水系汇流管道的发育又主要受深切的花江河谷基准面的控制，由于受这两方面因素的影响，示范区喀斯特地下水资源的埋深较大，浅层地下水的埋深一般在50～100m，深的达100m以上，而不受北盘江水面控制的深部潜水（地下水水平流动带）的埋深可达300m以上。裂隙水出露点多，已查明的出水点有41个（含连通点），泉水量季节变化明显，其中，每年11月底至12月底枯季泉水总出水量达7.2L/s，折合日出水量共622m³（表6-2）。这部分水源是示范区最具有开发价值的水资源。针对花江示范区（岩溶峡谷区内）坡面水-裂隙水的时空特征，在未完成集中供水前，可采用坡面水-裂隙水联合开发利用的模式，保障区域生活用水的需求。

表 6-2　花江示范区表层裂隙水(泉)出露点特征

编号	名称及位置	经度	纬度	海拔/m	枯季流量/(L/s)	水源点简单描述
1	任家寨 1 号点	105°39′39.88″	25°40′11.46″	628.5	0.01	常年性层间水出水点，出水点为小股水流源头
2	任家寨后半山腰出水点	105°39′43.75″	25°40′53.35″	663.1	0.09	常年性层间水出水点，出水点前形成小水塘
3	任家寨后山腰公路边(烂田湾)	105°39′43.16″	25°40′56.42″	691.4	0.03	出水点为围泉建池的蓄水池
4	黄家寨出水点	105°39′28.60″	25°41′1.41″	676.3	0.05	常年性水源点，为当地学校及 7 户村民的取水点
5	韩家寨水源点	105°39′24.47″	25°41′6.74″	722.5	0.03	常年性水源点，可供 200 人/畜使用
6	杨柳树村出水点	105°39′46.79″	25°40′54.82″	706.5	0.16	常年性水源点，是墨湾水池的引水点
7	坝上村坝上民组出水点	105°40′27.5″	25°40′44.55″	706.5	0.003	常年性水井水源点，可供坝上村 70 户村民取水
8	坝上村上出水点	105°40′27.5″	25°40′44.55″	713	0.05	位于 7 号出水点后山头
9	猫猫沟上水池上部与公路交汇处串珠状出水点	105°40′3.16″	25°40′48.73″	683.2	0.07	3 个出水点均位于灰岩与砂页岩层间，沿沟谷呈串珠状分布
10	杨柳树村山腰处出水点(左)	105°40′6.72″	25°40′52.99″	736.2	0.02	常年性水源点，已修建蓄水池，可供 30 户村民使用
11	杨柳树村山腰处出水点(右)	105°40′6.72″	25°40′52.99″	736.2	0.02	常年性水源点，可供约 10 户村民使用
12	上寨公路左出水点	105°37′49″	25°41′37″	863	0.03	常年性水源点
13	韩家寨与杨柳井间水源点	105°39′46″	25°40′56″	719	0.47	位于韩家寨与杨柳井间公路边
14	羊角井山后水源点	105°40′49″	25°40′38″	708	0.24	多个常年性水源点，水源点建有 23m×100m×3m 蓄水池，可供 70 户 300 多人饮用
15	羊角井学校后水点	105°40′50″	25°40′35″	704	0.07	常年性水源点
16	新寨水点	105°40′50″	25°40′35″	695	0.56	位于新寨村内，常年性水源点
17	瓦房公路边(下)水点				0.56	位于瓦房公路边
18	堡上村公路出水点(1)	105°41′40″	25°40′06″	747	0.58	位于堡上村公路边，常年性水源点
19	堡上村出水点(2)	105°41′40″	25°40′06″	738	0.46	
20	堡上村出水点(3)	105°41′40″	25°40′06″	726	0.05	位于堡上村内，为 3 处长年性水源点
21	冗号小山塘处	底部：105°37′54″; 坝上：105°37′53″	底部：25°38′21″; 坝上：25°38′22″	底部：1050; 坝上：1055		小山塘 12 月已干涸

续表

编号	名称及位置	经度	纬度	海拔/m	枯季流量/(L/s)	水源点简单描述
22	冗号村左侧山脚水源点	105°37′48.1″	25°38′18.66″	1071.2	0.04	位于冗号村前200m处,为一沿破碎带分布的两常年性水源点,流量稳定
23	冗号村前水源点	105°37′47.46″	25°38′15.55″	1081	0.3	位于冗号村前,为一长年性出水点
24	纳堕村水源点	105°38′22.43″	25°38′57.26″	920	0.02	常年性水源点,供水量大
25	纳堕村前山坳水源点	105°38′22.43″	25°38′57.26″	913.6	0.08	为一常年性水源井
26	戈贝后湾山坡出水处	105°38′33.8″	25°39′20.43″	782.4	0.005	为一小水塘,水量较小
27	马刨井				0.1	
28	戈贝水源点	105°38′31.79″	25°39′32.02″	762.35	0.23	为一面积为3m×8m长方形水塘,每天估计可出水20m³
29	石板寨山腰出水点	105°39′34.99″	25°39′38.13″	715.3	0.07	为一季节性水源点,12月流量极小,成一小水塘
30	石板寨大水池处	105°39′35.97″	25°39′33.87″	751.8	0.08	为长年性水源点,水池面积为20m×10m,年内可充足供给石板寨村40户居民生活生产需求
31	大石板村民组水源点	105°39′26.54″	25°40′1.24″	601.9	0.05	出水点处成一直径约为20m蓄水池,为常年性水源点
32	大水井水源点	105°39′14.53″	25°40′0.58″	575.8	0.06	位于马跑井沟谷下游,为一长年性水源点,出水处成梯形水面
33	杨柳树水源点	105°39′14.53″	25°40′0.58″	550.8	0.05	位于大水井水源点沟谷下游约300m处
34	田坝水源点(田湾水池)	105°38′26.81″	25°40′8.94″	707.5	0.15	季节性水源点,成一约700m³水池,平水期可供田坝村40户及湾子70户共110户村民每天约300担需要
35	田坝水源点(庙子大水池)	105°38′23.44″	25°40′5.62″	742.3	0.005	为常年性水源点的水井

3. 峰丛谷地(盆地)地下水资源开发利用模式

喀斯特地区地表-地下水流沿可溶性岩层断裂带或构造带溶蚀发育而成的峰丛间夹谷地,即峰丛谷地,在水力溶蚀作用下形成的峰丛、谷地或串珠状洼地相间的岩溶地貌组合。有些谷地中有季节性或常年性地表水流,成为较大的暗河的泄水通道。谷地中伴有喀斯特地下水涌出,有的甚至可以汇集成较大的地表河流过境流出,故其地下水资源开发利用模式以地下河水开发和承压水开发为主,本书课题组在惠水县三都镇小龙村小龙洞地下河出口采用跨区域调水的方式,实现地下水资源的利用;在普定县城关镇石头堡村开展承压水水资源探采取水模式,解决村寨生活用水集中供水问题。

1)地下河出口跨区域调水模式——惠水县小龙洞地下河

惠水县三都镇、好花红镇、和平镇及鸭绒乡地处喀斯特发育地区，是惠水县涟江河与坝王河的分水岭，区内农村主要饮用表层喀斯特水河雨水，通过雨水集蓄在水池内或每年的丰水期用塑料管将水引接到水池内后进行饮用。近年来，降雨时空分布很不均匀，修建水池基本蓄不满水，到了枯水期干枯严重无水时，就人挑马驮或骑摩托车取水，路远坡陡，当地年轻人外出打工多，农户家中常常只有小孩和年迈的老人，"十二五"计划前这些村寨饮水相当困难。且饮用水的水质水量也得不到保证，以上自然寨存在供水不正常，水量不足和水质都不能达到饮水安全要求。

水文地质条件：示范工程位于黔中台地中南部，地势北高、南低，碳酸岩广泛分布，平均海拔为1100～1300m，相对高差为100～300m。区内以溶蚀地貌及峰丛深洼喀斯特地貌为主。示范工程的小龙洞地下河出露于二叠系中统栖霞组地层中，岩性为深灰色灰岩，岩层倾角为270°～285°、岩层倾角为12°～30°。地质构造上位于平井背斜西翼近轴部，平井背斜呈北北东向展布，发育地层为石炭系及二叠系地层。小龙洞地下河的北东区域为该点的补给区，区内出露地层主要为石炭系、二叠系碳酸盐岩地层。据区域水文地质资料，小龙洞地下河由北北东和北东向两条地下河组成，流域面积约为120km²。

设计及实施：本示范工程主要由惠水县水利局建设，贵州地质工程勘察设计研究院和贵州省山地资源研究所设计并参与部分建设(图6-16)。

图 6-16　惠水县小龙洞地下河出口跨区域调水模式

工程效益：小龙洞地下河示范工程建成后，可解决工程周边6个村5717人饮水困难问题，成效显著。

2)承压水探采取水模式——普定县城关镇石头堡村

据调查，在2012年前，石头堡村缺水人数达1000余人，在未实施本示范工程前，该村饮用水主要取自村旁流经的小河，该河发源于火石坡水库，流经管大、滥坝、种家寨、立家寨、石头堡村等村寨，由于上游村寨生活垃圾和污水任意堆、排放，致使该河受到严重污染，水质已无法保证，直接危害村民的健康。

水文地质条件：石头堡示范工程位于北北东向普定向斜南东翼近核部区域，普定向斜为一宽缓的对称褶皱，两翼地层倾角为 $6°\sim20°$，向斜核部出露三叠系中统关岭组第三段(T_2g^3)地层，岩性为中厚层白云岩夹白云质灰岩，翼部为三叠系永宁镇组(T_1yn)、大冶组(T_1d)地层。大区域上，受地质构造的影响，区内地下水流向总体由南西向北东径流。受地形地貌的控制，示范工程所处的局部区域地下水为由南东向北西径流，区内含水层为三叠系中统关岭组(T_2g)白云岩地层，含水介质为白云岩溶孔、溶隙，含溶孔-裂隙水，含水层富水性相对均匀，成井条件较好。

设计及实施：贵州省煤田地质局水源队实施了该地下水机井选点，贵州省地矿局111地质大队和贵州省山地资源研究所共同投入相应的资金完成了与机井配套的高位水池、地面输水管线、供电工程及水质处理设施的设计与施工(图6-17)。

图6-17 普定县城关镇石头堡村承压水探采取水模式

　　工程效益：该示范工程总投入约 76 万元，解决了当地 608 户 1300 余人的饮水安全问题。

4. 峰丛洼地多样化水资源开发利用模式

　　碳酸盐岩层经强烈的垂直溶蚀作用后，形成基座高低不一的溶蚀山峰，聚集成簇，溶峰多为锥状或塔状，即峰丛间形成面积比较大的圆形或椭圆形封闭洼地。这样的峰丛与洼地的地貌组合便构成了喀斯特峰丛洼地景观，通常洼地底部也有落水洞或竖井发育，多广泛分布于贵州南部的黔南州、黔西南州以及安顺地区。在黔南、黔西南地区隔槽式褶皱峰丛洼地地区，石炭系及二叠系、三叠系纯碳酸盐岩地层广布，地下河流域分布范围大且多呈树枝状发育，地下水埋藏深度大，表层喀斯特带发育厚度往往较大，一般为 5～25m。表层带裂隙水以流量较大的季节性喀斯特泉形式出露地表，分布于洼地、谷地及河谷岸坡地带，分布密度较大，表层带喀斯特裂隙泉流量可达 0.05～2.5L/s，动态变化较大。从综合利用水资源，挖掘水资源开发利用潜力目的出发，在平塘县大窝凼周边建设峰丛洼地坡面水-裂隙水(含层间水)-洞穴滴水多样化配置示范工程(图 6-18)，该工程将洞穴滴水进行集蓄利用，满足洼地区生活用水需求，同时，对雨季坡面水、沟谷水、路面集雨进行集蓄利用，缓解石漠化地区旱季灌溉缺水问题。

图 6-18　峰丛洼地坡面水-裂隙水(含层间水)-洞穴滴水多样化配置模式

　　通过整合坡面蓄水-沉砂技术及裂隙水、层间水集中配置技术、洞穴滴水集蓄利用技术，于 2014～2015 年在平塘县克度镇刘家湾居民点建设坡面水-裂隙水(含层间水)-洞穴滴水多样化水资源配置利用示范工程及该模式的运用,该项水资源开发利用示范工程对应不同的需水对象,满足洼地中部和底部的灌溉、生活用水需求,提升了水资源的开发利用潜力和利用效率。其中,裂隙水(含层间水)-洞穴滴水工程解决了刘家湾区域 150 人左右的饮水困难问题,坡面蓄水工程解决了 60 余亩农田、经果林灌溉用水问题。

6.7 喀斯特地区水资源利用技术模式体系*

6.7.1 喀斯特地区水资源开发利用技术体系

本书依据喀斯特地表-地下二元三维结构及不同水资源赋存特征与开发利用潜力,围绕水资源分配不均、常规提-引-蓄水成本高、人居分散集中供水难度大以及大中型水库蓄水成本高、效率低下(喀斯特渗漏严重)等"工程性缺水"问题,结合小城镇、村寨等分散供水区的水资源开发利用条件,从雨水资源、表层岩溶带水、地下水资源利用的角度,提出并应用水资源开发利用单项技术 7 项,在此基础上研究和总结提炼出示范效益较显著的 3 套喀斯特地区水资源安全利用技术模式,包括"高效集雨集流开发利用技术模式,低位地下河规模化、低碳、低成本开发利用技术模式,峰丛洼地多样化水资源开发利用技术模式"(图 6-19),形成喀斯特地区水资源安全利用实用技术体系。

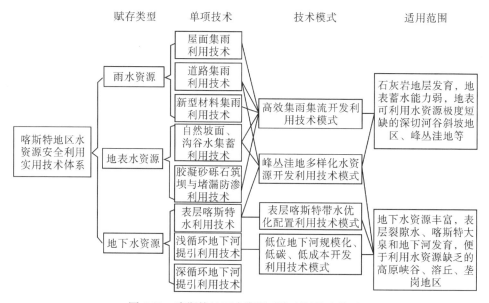

图 6-19 喀斯特地区水资源开发利用技术体系

6.7.2 峰丛洼地多样化水资源开发利用技术模式集成

整合坡面蓄水-沉砂技术,裂隙水、层间水联合配置技术,洞穴滴水集蓄利用技术(图 6-20),于 2014~2015 年在平塘县克度镇刘家湾居民点建设坡面水-裂隙水(含层间水)-洞穴滴水多样化配置利用示范工程及该模式的运用,该项水资源开发利用示范工程对

---

* 本节内容引用自:
杨振华,宋小庆,2019. 西南喀斯特地区坡地产流过程及其利用技术. 地球科学(9):2931-2943.

应不同的需水对象，满足洼地中部和底部的灌溉、生活用水需求，提升了水资源的开发利用潜力和利用效率。其中，裂隙水（含层间水）-洞穴滴水工程解决了刘家湾区域 150 人左右的饮水困难问题，坡面蓄水工程解决了 60 余亩农田、经果林灌溉用水问题。例如，洞穴滴水一般是降雨通过洞顶到地表厚度岩层、植被、土壤入渗形成的，其水流量受地表降雨影响大，雨季滴水量大，枯期非常小，极其不稳定。洞穴滴水经岩土层过滤、水质良好，可以作为饮用水资源利用，具有重要科研价值和实用价值。但是洞穴滴水水量较小，而位置往往不集中，会同时有多个位置滴水，难以在洞底形成径流，因此，结合滴水位置建设及利用人工集蓄水池，可高效实现水资源的科学合理利用，为水资源的综合利用和开发开辟了新的途径。

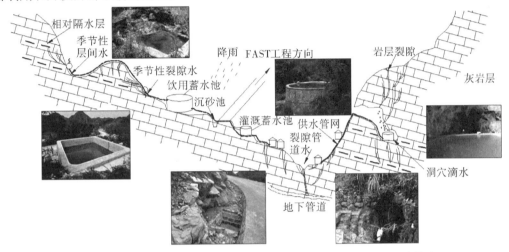

图 6-20　峰丛洼地坡面沟谷水-层间水-裂隙水多样化开发利用技术模式

本模式主要适用于人居分散、地表季节性裂隙泉水、上层滞水出露、地表无稳定水源的封闭峰丛洼地区，该模式主要是从坡面水-裂隙水（含层间水）-洞穴滴水等多样化水资源综合利用的角度，充分集蓄利用大气水、地表水和浅层地下水，具有开发利用成本低，但供水量有限的特点，可有效缓解喀斯特地区峰丛洼地的村寨生活用水和部分耕地灌溉用水的需求。

6.8　典型喀斯特地区水资源开发利用的综合效益评价

6.8.1　喀斯特水资源开发利用效益评价原则及方法

（1）评价原则。根据开发模式效益的内涵要求和喀斯特地区水资源的特点，确定典型喀斯特工程性缺水区水资源开发利用效益评价原则应体现科学性、系统性、地域性及可操作性等四个方面。

科学性原则：在科学基础上，物理意义明确，测定方法标准，计算方法规范，保证评价结果的真实性和客观性。

系统性原则：全面反映水资源开发模式效益的各个方面，符合其目标内涵，但要避免指标之间的重叠性，使评价目标与指标有机联系为一个层次分明的整体。

地域性原则：评价指标应适应地区经济社会发展的特点和水资源情势的特点。喀斯特地区具有独特的喀斯特地貌发育和水文水循环特点，选取的指标要体现喀斯特环境特色。

可操作性原则：评价指标不是越多越好，要保证数据的来源和可靠性。

(2)评价指标。喀斯特水资源开发利用模式综合效益评价指标，一般应包含反映水资源开发模式的生态效益、社会与经济效益及其可推广性等。

生态效益指西南喀斯特地区地处两江上游分水岭地区，生态地位重要，但喀斯特地区生态环境脆弱、水土流失及石漠化防治任务重，属于造林困难地带，每年冬春干旱特别造林当年的伏旱对造林成活率影响很大，因此水资源开发要兼顾生态需水，为水土流失及石漠化防治提供用水保障。相关指标可考虑水土流失率，植被覆盖率、石漠化程度、岩溶灾害发生率、水资源总量、生态环境用水量等。

社会与经济效益指饮水安全是基本民生问题，贵州喀斯特山区水资源开发首先要满足和解决或改善人畜饮水安全问题，社会效益居首；其次要考虑生产用水尤其是育苗阶段的生产用水及特色(高效)经果林的生产用水问题；因此社会经济效益指标可考虑：饮水安全困难度及解决的人口密度、人畜饮水安全的个(头)数、保灌面积比、水田/旱地单产、旱涝灾害频率、人均纯收入、农业总产值占比、人均粮食、单方供水投资、教育普及率等。

可推广性主要考虑模式是否具有较好的成熟性，推广度，是否容易被广大农民接受，是否便于管理等从而判断其是否容易有较好的推广性前景。由于数据获取难度大，该类指标主要在专家咨询的基础上进行主观理论分析得出。主要考虑模式的成熟性、模式的推广度、农民可接受程度、工程管理难易程度、农户文化素质、环保意识、政策法规完善度等。

(3)评价方法：主要有层次分析、多因子赋权评价等。

6.8.2　典型案例区水资源开发利用综合效益评价

以平塘县大窝凼刘家湾峰丛洼地为例，本节分析了水资源开发利用和经果林种植对生态修复、石漠化防治的生态效益，通过生态修复工程，使得示范区植被覆盖率提升至50%以上，有力地体现出水资源开发利用对石漠化治理的作用。另外，通过"基于GWR模型的景观格局与水环境相关性分析"，阐述景观格局变化背景下水资源开发的水环境响应。

峰丛洼地喀斯特垂直方向的裂隙、节理、溶蚀管道十分发育，地表降雨极容易沿垂向的裂隙、节理、溶蚀管道快速进入地下深处，地表水资源匮乏，同时，岩体裸露，石漠化严重，生态环境脆弱。通过坡面水-沟谷水-裂隙水-洞穴水的多样化水资源的开发利用，为不同石漠化等级示范区经果林种植提供必需的水源，促进生态修复效益的提升(图6-21)。

1)轻度石漠化藤本(百香果)＋乔木模式综合效益分析

在试验区内种植西番莲(百香果)10000株，冰脆酥李5000株以及部分旱脆王枣等，已建成227亩示范基地，现已挂果，现在试验区内植被覆盖率达60%以上，水土流失基本得到控制，退化土地得到了一定程度的恢复，土地单位面积产值增加，土壤侵蚀模数减少25%～45%。其中以百香果为代表的"藤冠"模式在贵州已得到较大范围推广，成为扶贫增收的重要途径。

图 6-21　水资源开发利用对石漠化地区生态修复效益对比

2）中度石漠化藤本（金银花）＋灌木模式综合效益分析

　　课题组到山西农大、内蒙古农大考察及引种钙果系列（3 号、4 号、5 号）、内蒙古钙果系列（1 号）、"土人参＋本地金银花"系列，建成试验示范区面积 3 亩（做对比用），目前植被成活率达 80％以上，保存率约为 90％，植被覆盖率为 50％，无明显水土流失现象，现在土壤肥力已得到恢复，欧李适应性较差，"土人参＋金银花"模式较好，已初步显现出经济效益，景观的到良好改善。

3）重度石漠化藤本（葛藤）＋草本模式综合效益分析

　　该模式区域适应性较好，目前植被成活率达 70％以上，保存率约为 80％，植被覆盖率提升 25％，极大改善了当地的小气候，形成了较为稳定的生态经济林生态系统。

参 考 文 献

白晓永，2007. 贵州喀斯特石漠化综合防治理论与优化设计研究. 贵阳：贵州师范大学.

曹建华，蒋忠诚，袁道先，等，2017. 岩溶动力系统与全球变化研究进展. 中国地质，44(5)：874-900.

陈国良，徐学选，1995. 黄土高原地区的雨水利用技术与发展——窑窖节水农业是缺水山区高效农业的出路. 水土保持通报(5)：6-9.

楚文海，2007. 脆弱生态约束下典型喀斯特流域水资源可持续利用评价. 贵阳：贵州大学.

楚文海，鄢贵权，苏维词，等，2008. 贵州典型喀斯特流域水资源可持续利用对策研究. 水利学报，39(6)：753-757.

范荣亮，2007. 喀斯特流域水资源安全评价及调控研究. 贵阳：贵州大学.

高渐飞，苏维词，2015. 喀斯特高原山地地貌区水资源优化利用方式. 节水灌溉(9)：71-76.

高渐飞，苏维词，2015. 喀斯特高原山地地貌区水资源优化利用方式以贵州省七星关区朝营小流域为例. 节水灌溉(9)：74-78.

贵州省农业科学院水资源课题组，2004. 贵州旱坡耕地集雨节灌抗旱农业技术集成. 贵州农业科学(1)：43-45.

贺卫，李坡，朱文孝，2006. 普定哪叭岩地区表层带喀斯特水资源特征及合理开发利用. 贵州科学，24(1)：37-41.

蒋太明，2004. 贵州旱坡耕地集雨节灌抗旱农业技术集成. 贵州农业科学，32(1)：43-45.

居江，2005. 雨洪利用技术在住宅小区中的实践. 住宅产业(1)：20-23.

孔兰，梁虹，贺向辉，等，2008. 喀斯特流域水资源问题及可持续利用对策. 中国农村水利水电(3)：17-19.

李强，段喜明，2007. 黄土高原小流域雨水资源化及其生态环境效应. 山西水土保持科技(1)：1-3.

李友生，2004. 农业水资源可持续利用的经济分析. 南京：南京农业大学.

林涛，周文龙，罗士琴，等，2015. 花江石漠化治理示范区浅层地下水蓄水工程水质研究. 安徽农业科学(12)：262-264.

吕玉香，胡伟，杨琰，2019. 岩溶关键带水循环过程研究进展. 水科学进展，30(1)：123-138.

任杨俊，李建牢，赵俊侠，2000. 国内外雨水资源利用研究综述. 水土保持学报. 2(1)：88-92.

绳莉丽，安秀荣，赵敏涛，2003. 河北省雨水资源开发利用方式与途径的初步探讨. 海河水利(1)：21-23.

苏维词，2007. 贵州花江喀斯特峡石漠化治理示范区水资源赋存特点及开发利用评价. 中国农村水利水电(2)：129-131.

苏维词，2009. 贵州喀斯特山区浅层地下水开发、利用模式//贵州省地理学会、贵州省地理教学研究会. 现代地理科学与贵州社会经济. 贵州省科学技术协会：4.

苏维词，潘真真，郭晓娜，等，2016. 黔南 FAST 周边典型喀斯特峰丛洼地石漠化生态修复模式研究——以平塘县克度镇刘家湾周边为例. 中国岩溶，35(5)：503-512.

王腊春，史运良，2006. 西南喀斯特地区三水转化与水资源过程及合理利用. 地理科学，26(2)：173-178.

王明章，王伟，周忠赋，2005. 峰丛洼地区地下地表联合成库地下水开发模式——贵州普定马官水洞地下河开发利用. 贵州地质，85(4)：279-283.

熊康宁，朱大运，彭韬，等，2016. 喀斯特高原石漠化综合治理生态产业技术与示范研究. 生态学报，36(22)：7109-7113.

杨宁，2013. 我国绿色建筑评价标准中雨洪控制利用的研究. 北京：北京建筑大学.

杨巍，2007. 我国粮食作物技术进步模式的经济学分析. 北京：中国农业科学院.

杨秀忠，张林，2003. 贵州省岩溶地下水合理利用与生态环境改善，中国西南(贵州)喀斯特生态环境治理与可持续发展咨询论文集.

张殿发，欧阳自远，王世杰，2001. 中国西南喀斯特地区人口－资源－环境与可持续发展. 中国人口 资源与环境，11(1)：76-81.

张燕，朱文孝，鄢贵权，2006. 喀斯特地区"三水"转化动态配置初探——以贵州普定后寨河流域为例. 贵州科学，24(1)：20-24.

朱生亮，张建利，吴克华，等，2013. 岩溶工程性缺水区农村饮用储存水净化方法. 长江科学院院报(11)：20-23，27.

朱文孝，李坡，贺卫，等，2006. 贵州喀斯特山区工程性缺水解决的出路与关键科技问题. 贵州科学(1)：1-7.

Zhang J，Bian Z，Dai M，et al，2016. Differences and influencing factors related to underground water carbon uptake by karsts in the Houzhai Basin, southwestern China. Solid Earth，7(4)：1259-1268.

第 7 章　喀斯特地区水资源开发利用与管理对策

7.1　加强水资源安全利用关键技术的研发与示范

7.1.1　加强喀斯特地区水资源形成过程及赋存规律研究

西南湿润喀斯特地区的水资源过程，是喀斯特地区流域降雨过程与喀斯特流域特殊的下垫面综合作用的水文物理过程，不同于相同或类似气候下的非喀斯特流域。喀斯特地区的地质背景和二元水文地貌结构决定了流域下垫面的特殊性，西南喀斯特流域的不同地貌类型区，有着不同的水文作用带，该作用带起过滤器的作用，控制着不同的三水转化形式和水资源补给方式，加之地表、地下河系展布格局，最终决定了水资源形成过程。因此，需要完善喀斯特不同地质地貌类型区径流观测站点建设，开展地表地下径流与气候(降水、气温等)、下垫面条件(土地利用、地表覆盖、地表起伏等)、岩性等因素的相关性研究；结合水文地质调查等方法，开展地貌、地质构造与地下水赋存条件、赋存规律的相关性研究，查清喀斯特地区水资源的时空分布特点、赋存类型和开发利用潜力、评估开发利用的经济技术条件及效益，通过明确变化环境背景下喀斯特地区"三水"循环规律、动态过程、容量及开发利用条件，提出喀斯特地区"三水"开发的适宜条件、规模、开发利用方向及其保护措施(朱文孝　等，2006)。根据区域水土资源分布状况及喀斯特地貌类型的一致性和开发利用方式的近似性，考虑水资源具体特点，结合行政分区及供需水条件，科学划分适当水环境功能区，为确定喀斯特地区地下水资源开发利用的优先顺序、开发利用与保护的最优方案、模式和途径提供依据。

7.1.2　加强喀斯特地区水资源安全开发利用的关键共性技术研究

在摸清不同喀斯特流域类型"三水"转换规律和水资源赋存规律的基础上，围绕水资源高效持续开发利用与保护的薄弱环节，还需开展以下研究工作。

(1)不同喀斯特流域类型区人口—土地—粮食—能源与水资源耦合演变关系水资源开发利用阈值、潜力及适应性开发技术、模式研究。

(2)喀斯特地区水库的渗漏规律及防渗技术(含防渗材料)研究，喀斯特地下水库的成库条件、库容估算方法研究。

(3)地下水、地表水、雨水开发利用的合理配置与调控技术，喀斯特地区的生活用水、生产用水与生态用水的合理配置技术，适合喀斯特地区分散村落和耕地的分散供水技术模式等研究。

(4)小水池、小水窖、小山塘、输配水灌渠等五小工程储、输水后的水质保护、改善技术及其水质处理成套设备研发。

(5)喀斯特地区雨洪资源开发利用与海绵城市建设适用技术研究。

(6)喀斯特地区地表地下水污染的扩散规律及其阻隔技术研究。

(7)不同喀斯特区域(流域)水土生资源耦合类型及开发利用(供水)技术方案，石漠化治理的生态用水供水技术等。

(8)典型河流湖库水环境生态修复、健康评价及预测预警技术研究。

(9)河长制背景下水生态资产、水生态系统服务功能及提升管控技术研究。

(10)新方法新技术在喀斯特地区水资源安全利用中的应用，如压裂技术在找水中的应用，喀斯特地区水资源的低碳低成本开发利用技术模式等。

(11)加大云水、绿水等资源开发技术的研发。除对传统形式上地表、地下水进行开发利用，云水、绿水开发也是重要水资源利用方式。所有形式的水资源都来自雨水，但通过水汽自然变化转变成大气降水的转化率均降低，如贵州省铜仁市全年流经上空的水汽总量估算为2199.7亿t，只有220.4亿t水汽转化成降水降落，自然转化率仅10.02%（杨幸福 等，2013）。可见空中的水汽资源十分丰富，可通过人为措施增加水汽的降水量，进行以人工增雨为主要手段的云水资源开发利用是水资源开发的重要形式。在自然降水形成过程中，对某些可利用的环节，采用一定的技术手段进行人工引晶催化，影响自然降水，达到人工增加降水的目的，从源头上增加西南喀斯特地区水资源利用量。绿水是源于降水、存储于土壤并通过土壤蒸发和植被蒸腾消耗掉的水资源，中国绿水资源总量为3.4万亿 m³，占降水资源总量的54%，西北地区绿水占降水的比例在70%以上，而南方地区平均比例为48%，绿水资源开发潜力较大（李小雁 等，2007）。结合种植区自然条件（气温、降水、土壤结构等）和植物本身特性，通过集雨和覆盖等综合措施减少径流、增加水分入渗和降低土壤蒸发的技术和方法，提高绿水利用效率，在促进粮食增产方面具有一定的潜力和应用前景。

(12)基于3S技术的喀斯特地下水资源勘察、动态监测研究及喀斯特区域水资源信息管理系统的研发等。

7.1.3　因地制宜加大喀斯特地区水资源高效开发利用试验示范力度

因地（形）制宜、因土（地）制宜、因水（量）制宜、因需制宜地选择合适的水资源开发利用工程。例如，在居民集中的地区建立大型水库集中供水，而对于土地、人居分散的地区选择以水窖、水池、塘坝等小微型工程为主的分散拦蓄、分散供水模式，通过化整为零的方式，整体性地解决喀斯特地区工程性缺水。集中式水资源开发利用模式主要是解决喀斯特地区城市或乡村集镇的生活用水或具有省级意义的商品粮基地的生产用水；而对于居住地和耕地分布零星分散的地区，采用集中式供水方法投入大，供水调度及输水设施管理、收费管理难度大，因此，除居民较集中的村寨及大坝子外的面积广大的喀斯特峰丛山区，可采用以小微型水窖、水池、塘坝（小于 10 万 m³）等为主的分散拦蓄、分散供水的水资源开发利用模式，通过化整为零的方式解决喀斯特地区整体性的干旱缺水。例如，贵州省除在建立"滋黔水利工程、黔中水利工程"等大中型水利工程，在农村等居民十分分散的石山区、深山区，应合理采用分散式、多层次、多类型的水资源开发利用模式，建设小山塘、小水池、小水窖及输配水管渠"五小"工程，以增强粮食生产中的抗灾能力，发挥"五小"工程在贵州农业稳定发展中的重要保障作用。

通过选择不同喀斯特地貌类型区、不同水资源类型（如雨水、坡面水、裂隙水、管道水等）进行水资源合理开发利用试验示范，总结、提炼、调整、完善并形成水资源安全高效利用成套技术体系和技术指南与规程，为改善和解决喀斯特地区工程性缺水提供科学支撑和科技示范。

7.2　推进节水型产业体系的形成和发展

推进节水型工业体系建设：贵州喀斯特地区，除了烟酒等产业，冶金、采矿（煤、磷等）、能源（火力发电）等也占比较大，耗水较多，要按照"3R"原则，即减少原料、重新利用和物品回收的原则，推进喀斯特地区节水型工业体系建设，建立和完善循环用水系统，提高工业冷却水的重复利用率，开发和推广超临界水处理、光化学处理、新型生物法、活性炭吸附法、膜法等技术在工业废水处理中的应用，研究推广矿井水作为矿区工业用水和农田用水等替换水源应用技术，发展装备节水清洗技术等，探讨复杂下垫面条件下海绵城市建设技术体系和模式。

研发和推广适合的农业节水技术体系，对于喀斯特地区而言，水资源消耗占比最大的是农业灌溉用水，占总用水量的 60％以上，农业节水是缓和水资源供需矛盾的基本措施之一，农业节水潜力巨大。如贵州喀斯特地区农业用水有效利用系数较低，我国近年来已建成了一批农业用水有效利用系数在 0.7～0.9 的节水灌溉工程。如果贵州喀斯特地区通过推行节水灌溉，把有效利用系数从现在的 0.4 提高到 0.6（国外发达国家平均为0.8），贵州省一年可节约水 10 亿 m^3 以上，相当于可增加水稻灌溉面积 28 万 hm^2（每 hm^2 按 $3600m^3$ 需水量计）（朱文孝 等，2006）。在喀斯特地区坝子和连片旱耕地可因地制宜地推进节水农业的实施，提高农业用水效率，推广喷滴灌、管道灌等节水设备和技术。从农业节水灌溉的条件类别来看，可分为工程节水、农艺与生物节水、化学节水和管理节水等几大类。

重点围绕喀斯特地区适生优势农经作物、高效特色农经作物（包括中药材、经济果木林等）的生态习性和不同生长季节的用水定额、灌溉方式等开展工程节水、农艺节水、生物节水、化学抗旱节水等技术的引进、组装、集成及产业化示范应用，形成具有喀斯特地域特色的节水型现代农产业体系，实现缺水区主要农经作物的精准用水和高产高效。

7.3　多渠道增加喀斯特地区水资源开发的资金投入

喀斯特地区大多数属于经济欠发达地区，仅依靠地方财政投资水利建设困难较大。除水利部门的专项资金，还应考虑从国债资金、山区农业综合开发资金、西部开发生态建设（退耕还林还草）资金、地方土地拍卖收入等及国际组织（如涉及西部地区扶贫的世行贷款项目等）等方面增加水资源开发资金的划拨比例。同时，充分鼓励社会群体、民间力量等投资水资源与水环境开发利用和保护领域。对水资源开发资金要专款专用、严格核算成本，以提高资金的使用效率。

7.4　"开源与节流"并举，多管齐下，提高水资源的利用效率

一是在源头上因地制宜开发利用各种水资源，如喀斯特峰丛洼地，要充分利用雨水、坡面水、各种裂隙水（层间水、洞穴滴水、溶蚀裂隙等）及管道溶洞水；在喀斯特高原斜坡用水困难地区，除雨水、坡面水及裂隙水外，还可适度利用过境水等。在喀斯特城市及工业园区，则尽可能开展废水的循环利用等。同时合理利用绿水、云水资源，在省级层面上发展虚拟水贸易等。二是通过"节流"的方式提高水资源利用效率。例如在工业生产中，改进工业生产技术，采用新的技术设备，进行系统优化等工程建设，降低万元

工业产值用水量,加强一水多用、循环利用,尽可能减少水资源利用量。农业生产中,种植品种尽可能选用耐瘠耐旱的林草品种;在耕作上采用聚垄耕作、秸秆覆盖、地膜覆盖的技术,减少蒸发,实现农艺节水;在灌溉方面可结合当地的地形及耕地的分布特点,分别采用吊袋节水、滴灌、点(浇)灌技术并施用适当的节水剂和保墒剂等工程(材料)节水技术措施(范荣亮,2007),加上居民日常生活加强节水等,多管齐下,实现节水效率最大化,在节水基础上实现工农业生产及社会经济发展。

7.5　强化喀斯特地区水质管理

在广大喀斯特地区特别是农村地区,虽然工业欠发达,化学污染程度相对较轻,水质的化学指标以及毒理学指标大多符合饮用水要求,但依然存在如农田施肥、生活污水排放污染水质、蓄积在水窖水池中的裂隙水时间过长会引起细菌指标超标等水质问题,因此,加强水质管理,才能确保饮水安全。

(1)注重水源及蓄水池卫生保护。重要饮用水源点及蓄水水池、水窖周围应设立水源点保护区,避免农药、生活污水、人畜粪便及其他污染物质污染水源。人畜饮水构筑物必须经常进行维修养护,发现问题及时处理。敞开式水池,取水设备应该保持清洁,避免因取水设备不洁带进杂质,要经常清理池中的污物,池底每年至少清淤两次,防止牲畜粪便长期积蓄在水池中,保持水质卫生。

(2)加强水质检测。为使喀斯特农村供水的水质符合国家现行《生活饮用水水质标准》,解决农村人畜饮水安全,应加强水质检测设施建设,结合美丽乡村建设和农村环境综合整治,应有相关专业人员对水质进行定期检验和检测,尤其是在枯水季节应加大对蓄积在水池、水窖中作为饮用的裂隙水进行检测。有条件的地方按照农村人畜饮水工程管理水质标准,包括物理性状、化学性状、毒理学及细菌学四大类指标进行分析,发现超标及时进行处理,以确保农村饮用水的安全。

此外,应推广农村水质简易处理实用技术,培养相关技术人员。

7.6　加强水源涵养林建设,守住集中饮水水源地的生态红线

生态系统的变化对喀斯特水资源安全具有重要影响,生态恶化是引起西南喀斯特区水资源短缺的一个重要因素,良好的植被通过对降雨的拦截、调蓄作用,能使喀斯特地下水系统处于一个可持续的循环状态,提高林地系统的水文生态效益对于稳定喀斯特水资源总量和调节水量具有重要意义。

喀斯特地区水土流失、石漠化等生态环境问题严重,生态环境治理涉及学科多、范围广,是一项庞大的工程系统,需要高度重视生态保护及退化生态的治理工作。因此,要进一步加强喀斯特地区土地利用结构的调整和优化,减少土地利用变化对地表水地下水造成的不利影响。进行开发建设时,严禁陡坡开荒,防止水土流失,减少汛期洪峰流量及河流含沙量,恢复生态平衡。推进以石漠化治理为核心的山水林田湖综合治理,优化土地利用结构,完善排灌系统,使喀斯特生态向良性发展。

加强水源涵养林建设。水源涵养林具有良好的林分结构和林下地被物层,能够防治水源地水土流失,调节河流洪枯流量,同时,水源涵养林能够通过对降水的吸收调节,将地表径流转变为壤中流和地下径流,起到显著的"森林水库""土壤水库"作用。因

此，在适地适树原则指导下，营造相应的水源涵养林以保持水土、改善和净化水质

调整能源结构、保护植被。过去很长时间内缺乏燃煤的喀斯特地区，特别是偏远贫困山区，居民需要砍伐大量的植被作为薪材满足日常的生活需要，导致长期以来偏远贫困农村、石漠化山区生态建设进展缓慢；近年来，随着农村电网改造和居民生活用电比例提高，依托薪材作为能源的村户明显减少，但在黔东南、毕节等部分深山区，将薪材作为农村能源主要来源的居民仍然存在，因此，需要继续调整农村能源结构，适度发展液化气灶、煤炭灶和厨房家用电器，持续推进农户用电比例提升。

守住水源地生态红线。饮用水源地生态红线保护区对人民群众身体健康、经济社会和谐发展等至关重要。科学确定集中饮水水源地的生态红线范围和管理措施。在水源地生态红线保护范围内，禁止使用化肥农药、禁止棚室种植及旅游开发等影响水资源安全的各类活动。对集中饮用水水源地保护区定期开展现场巡查和水质监测，进行饮用水水源地保护区周边环境安全隐患排查和风险评估等，确保区域群众饮水安全。

7.7　加大生态环境治理和水污染防治，提高水资源承载力

要特别重视农业面源污染和养殖污染问题，要科学施肥，降低农业面源污染的风险。喀斯特地区耕地以旱地为主，降水量主要集中在 5～9 月，与农业耕种时间大致相同，这样降水和洪涝灾害容易将农田施用的化肥和农药带入水体，造成面源污染。有关部门应该加强引导农药和化肥的科学使用，积极研究、开发和推广生态农业技术（如生物农药等），改善因农业面源污染带来的喀斯特地区水环境污染问题。除重要饮用水源区，在村落和城镇上风向和上游地区，要严格控制大型养殖场建设。推进立体生态农业发展、实施退耕还林、坡改梯工程，对环境极端恶劣区域，优先安排生态扶贫移民工程。优化喀斯特地区工业和城镇布局，针对工农业生产对水资源有可能造成的影响进行环境影响评价，要严格控制工业污水的排放，实行达标排放和总量控制相结合，以减少人类活动对水资源的污染。加大对废弃矿山修复，复绿，重视陈量废渣的清零治理。对目前污染较重的河段要高度重视，特别是磷、煤矿等矿产开采、金属冶炼以及造纸等污染大的企业要进行技术改造，明确治污时间表和路线图。

加大对废弃矿山的生态修复工作，重视废矿渣等固体废弃物的清除或资源化处理。

7.8　加强和完善应急供水水源建设

应急水源建设是解决城市供水风险的重要手段，也是抵御突发性污染事件、应对干旱等极端天气等特殊时期供水安全保障的有效措施。目前喀斯特地区大部分城市虽已建有应急水源，但部分城市水源单一或因缺水等原因，实质上已不具备相应的应急功能。贵州等为代表的喀斯特地区地表崎岖破碎，复杂的地表环境和特殊的水文地质条件，应急水源建设及管护的成本高，建设难度大，因此应高度重视。加强应急水源建设，测算应急水源需求规模，按照不同水源类型和需水要求，科学制定应急水源工程建设思路和布局及路线图，构建完备的应急水资源管理方案体系，为区域供水安全提供有效支撑和保障。

7.9　完善相关法律法规、逐步推动水资源价格市场化和生态补偿机制的建立与实施

完善相关的法律法规，保护水源及其生态环境；通过逐步推进水资源利用市场化机制，借助水价和水权交易等手段，促进节约用水意识的形成和生态补偿机制的建立。确定合理的水价，促使人们珍惜水、节约用水；制定鼓励和奖励政策，使为节水付出的代价得到合理补偿，奖励对节水做出贡献的单位和个人。建立健全节水管理组织和节水技术推广服务体系，完善节水管理规章制度，把节水管理责任落到实处。

1. 完善相关的法律法规和制度措施

借鉴国内外先进经验，完善相关的法律法规和制度措施。例如以色列，不仅对地表水、地下水实行统一管理，而且对废水循环利用、人工降水、海水淡化和盐水灌溉，甚至抽水站和输水管线等也实行统一管理，并通过立法，实行严格的奖惩制度，如农业用水实行阶梯水价，按配额使用为 1.5 元/m³；在配额 50% 以内的，按配额水价的 2/3 收费，每立方米约为 1.0 元；超过配额用水的加价 300% 以上，即每立方米 4.5 元以上。美国 1992 年通过立法，为全国家庭用水固定装置的用水量规定了统一标准，这项措施使家庭用水从每人每日 291L 下降到 204L，削减了约 30%。同时，推广了家庭供水循环系统，所用的水有 5% 取自下水道，提高了水资源的重复利用率。

2. 推动水权交易市场发展

为了使用水配额交易和取水许可证交易顺利进行，水政主管部门可考虑出台一系列制度安排。

(1)开设水权交易市场，为供需双方提供更多的交易机会。

(2)明确界定水权，使交易行为可在地区、县乡及各产业部门之间顺利进行。

(3)建立和完善水权交易的规则等。通过逐步推进水资源利用市场化机制，借助水价和水权交易等手段，促进节约用水意识的形成和区域水资源的可持续利用。

(4)实行阶梯水价制度。已有相关研究表明，统一水价后由于缺乏弹性，对用水的调节功能有限，实施阶梯水价对节约用水效果显著。实行阶梯水价，可充分发挥市场、价格等因素在水资源配置、水需求调节等方面的作用，拓展水价上调的空间，增强居民的节水意识，避免水资源浪费。实施阶梯水价可提升水资源使用效率，由于喀斯特地区经济发展较为落后，贫困人口较多，因此，阶梯水价还应兼顾弱势群体的福利保障。

3. 建立科学的生态补偿机制

考虑到以贵州为核心的西南喀斯特地区是长江和珠江上游的重要生态屏障和"水塔"，"两江"中下游受益区应给予喀斯特地区一定的生态补偿，用于喀斯特地区水资源的开发利用和水源地生态环境的保护，实现喀斯特地区水资源的持续安全利用。应尽快研究流域上下游生态补偿的标准、模式、补偿途径和资金来源。由国家发展和改革委员会、水利部等协调，流域上下游省份参与制定流域生态补偿长效机制。

7.10　提高居民节水意识、倡导低碳生活

喀斯特地区社会经济发展较为落后，人口密度大，受教育程度相对较低，多数居民

节水意识较为薄弱，须采取相关措施提高居民的节水意识并践行节水行为，是应对水资源短缺的有效措施之一。节水意识会受到各方面因素的影响，如水资源知识、风险感知、个体内部认知等因素（陈岩 等，2018）。须加强宣传，通过举办讲座，印制展板、图书资料等形式提高居民对水资源知识，如西南喀斯特地区可方便利用水资源量少、旱涝灾害频率较高、农地灌溉保障率低、饮水安全胁迫因素多、地表地下水联动污染的危害性大等，认识到当前水资源安全利用的艰巨性，提高居民的节水意识。例如，可以在喀斯特农村地区的宣传板上，开辟有关如何节约用水的专栏，细到作物、蔬菜等灌溉时间的选择，雨水的储存利用，生活用水的循环利用（洗菜废水集中收集后进行灌溉等），衣物的集中清洗以及洗衣机的选购等，进行详实的介绍。其次，加强居民对洪涝灾害、水质恶化等风险与自身行为的关联性的了解，认识到水资源水环境安全对自身生产生活的影响，进而意识到保护水环境、节约用水的重要性。总结交流推广先进经验，通过对水资源与水环境保护、节水型社会建设等相关知识和具体节水行动的宣传，提高居民的节水意识，进而产生节水行为。特别要重视对农民的培训教育，农民是直接用水者，量大面广，应通过各种形式让农民参与灌溉用水管理，使其在节水灌溉、节水社会建设工作中发挥更大的作用，提高水资源利用效率。

7.11　加强喀斯特地区重点区域水文水资源和水环境的动态监测

喀斯特水资源管理、水资源的可持续开发利用与水文水环境相关问题的研究和防治，都建立在长期、有序、可靠的监测资料基础之上。然而，喀斯特地区水文、水资源受特殊地形地貌的影响，其降水、地表产水、地下蓄水条件复杂，空间异质性强。在有限条件下需开展增强重点区域水文水资源与水环境的动态监测，为全面掌握喀斯特地区水文水资源转化规律提供重要基础数据。

借助大数据和3S技术等，在喀斯特代表性站点和重要工矿区、重要饮用水源地、重点生态功能区和生态敏感区建立监测站点网络，完善监测体系建设，研发水资源、水环境信息管理系统，构建"喀斯特水资源水环境云"，及时发布、更新水质、水量、水生态资源等相关信息，并对极端变化环境下水资源动态进行预测预警。提高水资源监测、管控能力。

参 考 文 献

陈岩，徐娜，王赣闽，等，2018. 中国居民节水意识和行为的典型区域调查与影响因素分析——以河北省和福建省为例. 资源开发与市场，34(3)：335-341.

范荣亮，2007. 喀斯特流域水资源安全评价及调控研究. 贵阳：贵州大学.

李小雁，马育军，宋冉，等，2007. 陆地生态系统绿水资源开发与雨水集流技术潜力分析. 科技导报，25(24)：52-57.

杨幸福，孙涛，田英，等，2013. 铜仁市空中云水资源开发与潜力分析. 贵州省气象学会年学术年会论文集.

朱文孝，李坡，贺卫，等，2006. 贵州喀斯特山区工程性缺水解决的出路与关键科技问题. 贵州科学，24(1)：1-7.